普通高等教育"十一五"国家级规划教材

（高职高专教育）

农业固体废物处理与处置技术

胡华锋　介晓磊　主编

中国农业大学出版社

主　编　胡华锋（郑州牧业工程高等专科学校）
介晓磊（郑州牧业工程高等专科学校）

副主编　席　磊（郑州牧业工程高等专科学校）
李自刚（郑州牧业工程高等专科学校）

参　编　王新民（郑州牧业工程高等专科学校）
程　璞（郑州牧业工程高等专科学校）
王立河（河南农业职业学院）
袁彩凤（河南省环境保护科学研究院）
陈开碇（河南桑达能源环保有限公司）
张　蕊（驻马店农业学校）

出 版 说 明

高等职业教育作为高等教育中的一个类型，肩负着培养面向生产、建设、服务和管理第一线需要的高技能人才的使命。大力提高人才培养的质量，增强人才对于就业岗位的适应性已成为高等职业教育自身发展的迫切需要。教材作为教学和课程建设的重要支撑，对于人才培养质量的影响极为深远。随着高等农业职业教育发展和改革的不断深入，各职业院校对于教材适用性的要求也越来越高。中国农业大学出版社长期致力于高等农业教育本科教材的出版，在高等农业教育领域发挥着重要的作用，积累了丰富的经验，希望充分利用自身的资源和优势，为我国高等职业教育的改革与发展做出自己的贡献。

经过深入调研和分析以往教材的优点与不足，在教育部高教司高职高专处和教育部高职高专农林牧渔类专业教学指导委员会的关心和指导下，在各高职高专院校的大力支持下，中国农业大学出版社先后与100余所院校开展了合作，共同组织编写了一系列以“十一五”国家级规划教材为主体的、符合新时代高职高专教育人才培养要求的教材。这些教材从2007年3月开始陆续出版，涉及畜牧兽医类、食品类、农业技术类、生物技术类、制药技术类、财经大类和公共基础课等的100多个品种，其中普通高等教育“十一五”国家级规划教材22种。

这些教材的组织和编写具有以下特点：

精心组织参编院校和作者。每批教材的组织都经过以下步骤：首先，征集相关院校教师的申报材料。全国100余所高职高专院校的千余名教师给予了我们积极的反馈。然后，经由高职高专院校和出版社的专家组成的选题委员会的慎重审议，充分考虑不同院校的办学特色、专业优势、地域特点及教学改革进程，确定参加编写的主要院校。最后，根据申报教师提交的编写大纲、编写思路和样章，结合教师的学习培训背景、教学与科研经验和生产实践经历，遴选优秀骨干教师组建编写团队。其中，教授和副教授及有硕士以上学历的占70%。特别值得一提的是，有5%的作者是来自企业生产第一线的技术人员。

贴近国家高职教育改革的要求。我国的高等职业教育发展历史不长，很多院校的办学模式和教学理念还在探索之中。为了更好地促进教师了解和领会教育部的教学改革精神，体现基于职业岗位分析和具体工作过程的课程设计理念，以真实工作任务或社会产品为载体组织教材内容，推进适应“工学结合”人才培养模式的课程教材的编写出版，在每次编写研讨会上都邀请了教育部高教司高职高专处、教育部高职高专农林牧渔类专业教学指导委员会的领导作教学改革的报告；多次邀请教育部职业教育研究所的知名专家到会，专门就课程设置和教材的体系建构作专题报告，使教材的编写视角高、理念新、有前瞻性。

注重反映教学改革的成果。教材应该不断创新，与时俱进。好的教材应该及时体现教学改革的成果，同时也是教育教学改革的重要推进器。这些教材在组织过程中特别注重发掘各校在产学结合、工学交替实践中具有创新性的教材素材，在围绕就业岗位需要进行知识的整合、与实际生产过程的接轨上具有创新性和非常鲜明的特色，相信对于其他院校的教学改革会有启发和借鉴意义。

瞄准就业岗位群需要，突出职业能力的培养。这些教材的编写指导思想是紧扣培养"高技能人才"的目标，以职业能力培养为本位，以实践技能培养为中心，体现就业和发展需求相结合的理念。

教材体系的构建依照职业教育的"工作过程导向"原则，打破学科的"系统性"和"完整性"。内容根据职业岗位（群）的任职要求，参照相关的职业资格标准，采用倒推法确定，即剖析职业岗位群对专业能力和技能的需求——→关键能力——→关键技能——→围绕技能的关键基本理论。删除假设推论，减少原理论证，尽可能多地采用生产实际中的案例剖析问题，加强与实际工作的接轨。教材反映行业中正在应用的新技术、新方法，体现实用性与先进性的结合。

创新体例，增强启发性。为了强化学习效果，在每章前面提出本章的知识目标和技能目标。有的每章设有小结和复习思考题。小结采用树状结构，将主要的知识点及其之间的关联直观表达出来，有利于提高学生的学习效果和效率，也方便教师课堂总结。部分内容增编阅读材料。

加强审稿，企业与行业专家相结合，严把质量关。从选题策划阶段就邀请行内专家把关，由来自于企业、高职院校或中国农业大学有丰富生产实践经验的教授审核编写大纲，并对后期书稿进行严格审定。每一种教材都经过作者与审稿人的多次的交流和修改，从而保证内容的科学性、先进性和对于岗位的适应性。

这些教材的顺利出版，是全国100余所高职高专院校共同努力的结果。编写出版过程中所做的很多探索，为进一步进行教材研发提供了宝贵的经验。我们希望以此为基点，进一步加强与各校的交流合作，配合各校教学改革，在教材的推广使用、修订完善、补充扩展进程中，在提高质量和增加品种的过程中，不断拓展教材合作研发的思路，创新教材开发的模式和服务方式。让我们共同努力，携手并进，为深化高职高专教育教学改革和提高人才培养质量，培养国家需要的各行各业高素质技能型专门人才，发挥积极的推动作用。

中国农业大学出版社

2008年6月

内 容 提 要

本书为普通高等教育"十一五"国家级规划教材。内容包括农业固体废物概述，农业固体废物的收集与预处理技术，农业固体废物的肥料化技术，农业固体废物的能源化技术，农业固体废物的饲料化技术，农业固体废物的材料化技术和农村生活垃圾与塑料残膜的综合处置技术。教材立足高职高专教学要求，体现"理论必需、够用为度，强化技能培养"的原则，注重内容的先进性、实践性、新颖性、适用性；同时为方便学生学习和扩大视野，各章设置了"知识目标"、"能力目标"和"阅读材料"等栏目。

本书可作为高职高专院校、本科院校开办的职业技术学院农业环境工程、农业环境保护类专业教材以及其他专业的选修课教材，也可作为五年制高职、成人教育类相关专业的教材，还可供农业及相关行业的技术和管理人员参考。

前　言

高职高专教育是我国高等教育的重要组成部分。经济发展、科技进步、教育的国际化趋势都对高职高专教育提出了更新、更高的要求。根据教育部《关于加强高职高专教育教材建设的若干意见》的有关精神，吸收有关高职高专人才培养模式和教学内容体系改革的研究成果，围绕培养高素质技能型人才目标，我们编写了本教材。

农业固体废物主要包括种植业固体废物、养殖业固体废物、农村生活垃圾和农用塑料残膜等。农业固体废物是重要的环境污染源和疾病传播源，它以固态物质、渗出液态物质、释放气态物质以及传播疾病等方式污染环境，危害人体健康。随着我国社会经济的快速发展和农业结构与耕作方式的改变，农业固体废物呈现产生量增加、组分复杂化、污染程度加剧的趋势。在环境污染负荷中，农业固体废物已占有重要比例，已成为最主要的环境污染源。同时，农业固体废物又是重要的资源，含有大量的有机物，如碳水化合物、脂肪、蛋白质等，是重要的工农业原料。农作物秸秆、畜禽粪便等农业固体废物都可以通过肥料化、能源化、饲料化、材料化等技术途径进行转化利用，而不能利用的废物也需要得到环境无害化的处理与处置。

我国人口众多、资源有限、生态环境整体性脆弱的国情决定了农业固体废物的处理、处置和资源化是发展农业循环经济、建设社会主义新农村的重要内容。当前我国正在开展新农村建设，迫切需要有关农业固体废物处理与处置技术的支撑。农业固体废物处理与处置技术是农业环境类专业的主干课程，但还缺乏与专业课程建设及培养专业人才相适应的教材，因此编写《农业固体废物处理与处置技术》教材显得十分必要。

本教材的编写，旨在让学生了解与掌握农业固体废物处理与处置技术的基础知识、基本理论和基本技能。在编写中，坚持以基础知识“必需”、基本理论“够用”、基本技能“会用”为原则，以农业固体废物处理与处置技术为主线，紧紧围绕农业固体废物肥料化、能源化、饲料化和材料化等组织内容，较为全面地介绍了农业固体废物组成、特性、污染特征、处理处置技术和资源化方法。本教材在编写过程中体现以下特色：一是实用性强，以技术为模块编写，具有较强实用性；二是内容新颖，在注重基础知识、基本理论与基本技能的基础上，充分反映当前农业固体废物处理与处置技术领域的新知识、新技术、新成果，体现了高职高专教学改革成果；三是体系创新，将基础知识、基本理论、基本技能融为一体，为方便学生学习和扩大视野，设置了“知识目标”、“能力目标”和“阅读材料”等栏目，使得教材的结构体系新颖，具有发展观念；四是突出技能，强调基础知识的巩固，注意基本理论的应用性，突出职业技能培训，具有较强的实践性。

本教材内容包括7章。第一章农业固体废物概述，介绍农业固体废物的来源与产生量、特征与危害、处理与处置技术和管理体系。第二章农业固体废物的收集与预处理技术，介绍农业固体废物的收集、运输和预处理技术、工艺及设备。第三章农业固体废物的肥料化技术，介绍好氧堆肥工艺及参数、影响堆肥化的因素、堆肥设备及堆肥工艺系统、堆肥腐熟度评价及质量指标、堆肥二次污染控制技术和堆肥产品强化技术。第四章农业固体废物的能源化技术，介绍农业固体废物的沼气发酵技术、气化技术、生产乙醇技术、固化技术和炭-气-油联产技术。第五章农业固体废物的饲料化技术，主要介绍农业固体废物饲料化的方法。第六章农业固体废物的材料化技术，主要介绍农业固体废物材料化的方法、工艺流程和设备等。第七章农村生活垃圾与塑料残膜的综合处置技术，介绍了农村生活垃圾和塑料残膜的综合处置技术。本教材可作为高职高专院校、本科院校举办的职业技术学院农业环境工程、农业环境保护类专业教材以及其他专业的选修课教材，也可作为五年制高职、成人教育类相关专业的教材，还可供农业及相关行业的技术和管理人员参考。在编写过程中，参考了大量有关的教材和文献资料，编者对这些教材和文献资料的作者深表感谢。

本教材参编单位和编写人员是：郑州牧业工程高等专科学校胡华锋、介晓磊、席磊、李自刚、王新民、程璞，河南农业职业学院王立河，河南省环境保护科学研究院袁彩凤，河南桑达能源环保有限公司陈开碇，驻马店农业学校张蕊。全书由胡华锋统稿、审核。本书在申请和编写过程中承蒙郑州牧业工程高等专科学校刘太宇教授的关心和支持，在此致以诚挚的谢意。

由于编写者水平有限，加之编写时间仓促，不足之处在所难免，恳请各院校师生批评指正，以便今后修改完善。

编　者

2008年8月

目　录

第一章　农业固体废物概述

知识目标：

- 掌握农业固体废物的概念与分类。
- 充分认识农业固体废物的危害。
- 熟悉农业固体废物处理与处置技术。
- 了解农业固体废物的管理体系。

固体废物是指在生产、生活和其他活动中产生的丧失原有利用价值或者虽未丧失利用价值但被抛弃或放弃的固态、半固态和置于容器中的气态的物品、物质以及法律、行政法规规定纳入固体废物管理的物品、物质。如工业生产活动产生的废渣、居民生活活动产生的垃圾及农业生产活动产生的农作物秸秆、畜禽粪便等。宏观上讲，固体废物来源于两个方面，一是生产过程中产生的废物，二是社会产品使用消费过程中产生的生活废物。人类在开发资源和制造产品的过程中必然产生废物，这就是生产废物；而任何产品经过使用和消耗后最终也将变成废物，这就是生活废物。

固体废物实际只是针对原所有者而言，随时间和空间的变迁而具有相对性。从时间上讲，它表示相对于目前的科学技术和经济条件一时无法利用，但随着科学技术的发展，自然资源的日益枯竭，昨日的废物必然将成为明日的资源；从空间上讲，废物仅仅相对于某一过程或某一方面没有使用价值，而并不是一切过程和方面都没有使用价值，某一过程的废物也可能是另一过程的原料。例如，高炉矿渣、煤矸石等过去都是作为冶金废物，可现在却成为重要的建筑材料用来制砖；人畜粪便在城市是无用之物，在农村则成了重要的肥料来源。所以，固体废物不是无用之物，只是被“放错地方的资源”。

固体废物按成分可分为有机固体废物和无机固体废物；按对环境危害的程度分为一般固体废物和危险固体废物。通常按来源将其分为矿业固体废物、工业固体废物、城市生活垃圾、放射性固体废物和农业固体废物五类。农业固体废物是指在农业生产建设及农村居民生活活动过程中产生的固体废物，主要来自于植物种植业、动物养殖业、居民生活垃圾及农用塑料残膜等。常见的农业固体废物有稻草、麦秸、玉米秸、稻壳、秕糠、根茎、落叶、果皮、果核、畜禽粪便、死禽死畜、羽毛、皮毛和塑料残膜等。

第一节 农业固体废物的来源与产生量

农业固体废物来源广泛，种类复杂，主要来自于种植业、养殖业、居民生活及农用塑料残膜等。

一、种植业固体废物

种植业固体废物是指农作物在种植、收割、交易、加工利用和食用等过程中产生的源自作物本身的固体废物，主要包括作物秸秆及蔬菜、瓜果等加工后的残渣等。据估计，地球上每年光合作用生产的生物质约 1 500 亿 t，其中 11%（约 160 亿 t）来自于种植业，可作为人类食物或动物饲料的部分约占其中的 1/4（约为 40 亿 t）；在这 40 亿 t 中，经过加工最后供人类直接食用的大约仅为 3.6 亿 t：因此，地球上每年生产的种植业固体废物约 135 亿 t。

我国的各类种植业废物资源十分丰富，目前仅重要作物秸秆就有近 20 种，且产量巨大，年产约 7 亿 t，其中稻草为 2.3 亿 t，玉米秆为 2.2 亿 t，豆类和杂粮的作物秸秆为 1.0 亿 t，花生和薯类藤蔓、蔬菜废物等为 1.5 亿 t。此外还有大量的饼粕、酒糟、甜菜渣、蔗渣、废糖蜜、锯末、木屑、草和树叶等。资源化潜力巨大，如按现有发酵技术的产气率 0.48 m^3/kg 估算，每年可产生甲烷量约为 850 亿 m^3。

二、养殖业固体废物

养殖业固体废物指在畜禽养殖加工过程产生的固体废物，主要包括畜禽粪便、畜禽舍垫料、废饲料、散落的毛羽等固体废物以及含固率较高的畜禽养殖废水等。改革开放以来，随着我国人民生活水平的不断提高，对肉类、奶类和禽蛋类的消费需求量急剧增加，以每年 10%以上的速度递增，由此带来了养殖业的快速发展。1983 年全国畜禽存栏数达到 5.69 亿头（只），是 1949 年的 3.55 倍；1999 年全国畜禽存栏数已达到19.28亿头(只),是1983年的3.39倍,1949年的12.03倍,其中生猪11 647.95万头,蛋鸡38 871万只,肉鸡138 417.76万只;2006年全国畜禽存栏数已达到63.19亿头(只),是1999年的3.28倍。

畜禽养殖业规模的不断扩大,不可避免地带来养殖及加工生产废物的大量产生。国家环保总局的调查显示,1999年我国畜禽粪便产生总量约为19亿t,是工业固体废物产生量的2.4倍,而目前畜禽粪便产生总量已高达27亿t,是工业固体废物产生量的3.4倍。仅规模化养殖企业所排放的粪便量已占工业固体废物总量的30%。而全国约80%的规模化畜禽养殖场没有污染治理设施,畜禽粪污一般未经任何处理即就地排放。畜禽养殖业已经成为农业面源污染的主要因素。

三、农用塑料残膜

农用塑料残膜主要来源于以下几个方面:①农膜(包括地膜和棚膜),是应用最多、覆盖面积最大的一个品种,在农用塑料中,农膜产量约占50%。②编织袋(如化肥、种子和粮食的包装袋等)和网罩(包括遮阳网和风障)。③农用水利管件,包括硬质和软质排水输水管道。④渔业用塑料,主要有色网、鱼丝、缆绳、浮子以及鱼、虾、蟹等水产养殖大棚和网箱等。⑤农用塑料板(片)材,广泛用于建造农舍、羊棚、马舍、仓库和灌溉容器等。上述塑料制品的树脂品种多为聚乙烯树脂(如地膜和水管、绳索与网具),其次为聚丙烯树脂(如编织袋等),还有聚氯乙烯树脂(如排水软管、棚膜等)。国家统计局数据显示,2005年我国农用塑料薄膜使用量达176万t,已成为世界上农膜产量和使用量最大的国家,大致相当于世界其他国家总和的1.6倍。农膜在老化、破碎后形成残膜,由于其使用量大并难以降解,不断增加的残膜带来了严重的环境污染问题,被农民称为“白灾”。农业部调查结果显示,目前我国农膜残留量一般在60～90 kg/hm^2,最高可达到165 kg/hm^2。

四、农村生活垃圾

农村生活垃圾是指在农村这一地域范畴内,在日常生活中或者为日常生活提供服务的活动中产生的固体废物。主要有两种类型,一是农民日常生活所产生的垃圾,主要来自农户家庭;二是集团性垃圾,主要来自学校、服务业、乡村办公场所和村镇商业、企业等单位。生活垃圾的成分主要是厨余垃圾(蛋壳、剩菜、煤灰等)、废织物、废塑料、废纸、陶瓷玻璃碎片、废电池以及其他废弃的生活用品及生产用品等。由于我国农村人口较多,因此农村生活垃圾的产生量和堆积量较大。按我国2000年第五次人口普查结果,我国农村人口数为80 739万,以农村人均垃圾产生量0.5 kg/d估算，目前我国农村生活垃圾年产生量约1.47亿 t。且随着我国国民经济的发展和农村居民生活水平的不断提高，垃圾产生量也呈增加趋势。

第二节 农业固体废物的特征与危害

一、农业固体废物的特征

农业固体废物的特征主要包括物理特征、化学特征和生物特征等。

(一)物理特征

农业固体废物的物理特征与其成分组成有密切的关系，组成成分不同，其物理特征也不同。农业固体废物的物理特征常用组分、粒径、含水率和容重4个物理量来表示。

1. 组分

组分是指固体废物中各类废物的质量分数。可用湿基表示，也可以用干基表示。农业固体废物的组分较为复杂，并受多种因素的影响。自然环境、气候条件、产业结构、生产规模、农民生活习性、家用燃料以及经济发展水平等都将对其有不同程度影响。从生活垃圾的物理组分来讲，经济发达地区的垃圾有机物含量较高，无机物较少；东部地区比西部地区有机物多，无机物少；南方农村较北方农村有机物多，无机物少。

2. 粒径

粒径是固体废物预处理的重要参数，尤其对于可做资源回收再利用的废物，粒径大小可显著影响降解速率和资源转化率。往往用通过筛网的网目代表粒径大小。

3. 含水率

含水率是指固体废物在(105±1)℃下烘干至恒重后所失去的水分的量，常以单位质量的样品所含水的质量百分比即水的质量分数表示。需要注意的是，当固体废物主要为可燃物时，温度以70～75℃为宜，烘烤时间24 h。农业固体废物的含水率受气候、季节、区域状况和废物种类的影响而有很大差异。当固体废物中动植物含量高、无机物含量低时，固体废物含水率就高；反之则含水率低。此外，固体废物含水率还受到收运方式如收集容器、储存时间、收集时间等的影响。

4. 容重

在自然状态下的固体废物单位体积的质量称为容重，以 kg/L、kg/m^3 或 t/m^3

表示。容重是农业固体废物的重要特性之一,它是选择和设计储存容器、收运机具大小及计算处理利用构筑物和填埋处置场规模等必不可少的参数。测定容重的方法常用小样测定法和钻孔法。小样测定法是将经“四分法”缩分后的固体废物,装满一定容积的广口容器,然后按下式计算其容重值:

$$D=(W_2-W_1)/V$$

式中:D 为废物容重,kg/L、kg/m^3 或 t/m^3;W_2 为装有试样的容器总质量,kg;W_1 为容器质量,kg;V 为容器体积,L 或 m^3。钻孔法常用于填埋场固体废物容重测定。通常需测定 3 个以上试样,用平均值来求得固体废物的容重。

(二)化学特征

表示农业固体废物化学特征的参数主要有挥发分、灰分、元素组成及热值等。这些参数不仅反映了废物的化学特征,同时也是选择固体废物加工处理、回收利用方法的重要依据。

1. 挥发分

挥发分又称挥发性固体含量,是反映固体废物中有机物含量的指标,用 V_s(%)表示。

挥发分的测定方法是:用天平称取一定量在(105±1)℃下烘干的试样,装入坩埚,然后将坩埚置于马弗炉内,在 600℃温度下灼烧 2 h,之后冷却到室温再称量。计算式为:

$$V_s=\frac{m_1-m_2}{m_1}\times100\%$$

式中:V_s 为固体废物的挥发性固体含量,%;m_1 为烘干固体废物样品的质量,g;m_2 为灼烧后的残留量,g。

2. 灰分

灰分是指固体废物中既不燃烧也不挥发的物质,其数值即是灼烧残留量(%),用符号 A(%)表示。灰分反映的是固体废物中无机物的含量。其测定方法同挥发分的测定方法相同,计算式为:

$$A=1-V_s$$

式中:A 为灰分含量,%;V_s 为挥发性固体含量,%。典型固体废物的灰分如表 1-1 所示。测定灰分可预测可能产生的熔渣量及排气中粒状物含量。

表 1-1 典型固体废物的灰分 %

废物种类	范围	平均	废物种类	范围	平均
食品废物	2～8	5	稻壳	5～15	13
纸张	4～8	6	玻璃	96～99	98
纸板	3～6	5	金属罐	96～99	98
塑料	6～20	10	非铁金属	90～99	96
纺织品	2～4	2.5	铁金属	94～99	98
橡皮	8～20	10	泥土、砖	60～80	70
庭园修剪物	2～6	4.5	废木材	0.6～2	1.5

注：引自蒋建国，2005。

3. 元素组成

农业固体废物作为多种物质的混合物，其构成元素相当复杂，但主要可分为三大类：①大量元素，包括碳、氢、氧、氮、磷、钾、钠、镁、钙和硫等。②微量元素，包括硅、锰、铁、钴、镍、铜、锌、铝和铍等。③有毒元素，包括铅、汞、镉、砷等。其中碳、氢、氧、氮是农业固体废物的主要元素，也是影响农业固体废物能源化利用的主要成分。

4. 热值

热值指单位质量的固体废物完全燃烧时所放出的热量。它是分析固体废物燃烧性能、设计焚烧设备、选用焚烧处理工艺的重要依据。固体废物的热值与含水率、有机物的含量和成分等关系密切。通常有机物含量越高，热值越高；含水率越高，则热值越低。根据燃烧产物中水分存在状态的不同，固体废物的热值分为高位热值与低位热值。高位热值 Q_H（简称高热值）是指单位质量固体废物完全燃烧后，燃烧产物中的水分冷凝为 0℃的液态水时所放出的热量。低位热值 Q_L（简称低热值）又称有效发热量、净发热值，是指单位质量固体废物完全燃烧后，燃烧产物中的水分冷却为 20℃的水蒸气时所放出的热量。两者的关系是：$Q_L = Q_H - 600W$，式中 W 为 1 kg 固体废物燃烧时产生的水分，kg。典型固体废物的热值如表 1-2 所示。

一般当固体废物的低热值大于 3 350 kJ/kg(800 kcal/kg)时，燃烧过程无需加助燃剂，可实现固体废物的自燃烧。但当固体废物的低热值低于该值时，其燃烧过程中则需添加助燃剂。

表 1-2　典型固体废物的热值　kJ/kg

废物种类	热值	废物种类	热值
食品垃圾	4 650	庭园废物	6 510
废纸	16 750	废木材	18 610
废纸板	16 300	碎玻璃	140
废塑料	32 570	破皮革	7 450
破布	7 450	废橡胶	3 260

固体废物热值的测定方法有直接试验测定法和经验公式法。当固体废物的成分未知时，常用燃烧测定仪器——氧弹量热计进行直接试验测定。当固体废物元素组成已知时，可用经验公式法估算固体废物的热值。经验公式：

$$Q_H = 81w(C) + 300w(H) - 26[w(O) - w(S)]$$

$$Q_L = 81w(C) + 300w(H) - 26[w(O) - w(S)] - 6[W + 9w(H)]$$

式中：$w(C)$、$w(H)$、$w(O)$、$w(S)$分别为固体废物元素组成中碳、氢、氧、硫的质量分数，%；W 为固体废物含水率，%。

(三)生物特征

农业固体废物的生物特征主要指固体废物的可生化性，即农业固体废物可生物降解的程度，它与废物中有机物质的可生物降解性能、生物处理过程、微生物的环境条件及营养物质的满足程度有关。

通常用 BOD_5 与 COD 的比值来评价固体废物的可生化性。BOD_5 粗略代表可生物降解的还原性物质的含量，COD 粗略代表还原性物质的总量。由此可知，BOD_5/COD 为还原性物质中可生物降解部分所占的比例，能粗略代表还原性物质可生物降解的程度，即农业固体废物的可生化性。一般情况下，BOD_5/COD 的值越大，固体废物的可生化性越强，具体评价标准可参照表 1-3。

表 1-3　农业固体废物可生化性评价标准

BOD_5/COD	<0.25	<0.3	0.3～0.45	>0.45
可生化性	不宜	难生化	可生化	易生化

二、农业固体废物的危害

露天存放或置于处置场的固体废物，其中的有害成分在物理、化学和生物的作用下发生浸出，有害成分可通过环境介质——大气、土壤、水体等直接或间接传至人体，威胁人体健康。其中有些是直接进入环境的，如通过蒸发进入大气，而更多的则是间接方式，如通过接触、食用或饮入受污染的食物或饮用水等进入人体内。

(一)种植业固体废物

在种植业固体废物中农作物秸秆的产生量最大，难降解的成分最多，如不妥善处置将给环境及人们的生产、生活带来如下影响。

1. 侵占土地

农作物收获后，随之产生的秸秆被任意堆放在河道中、沟渠里、马路上和田埂上。由于其产生量大而侵占大量土地。此外，秸秆废物的随意堆放也阻碍交通，影响农村的面貌和感观形象，也影响到人们的身心健康。

2. 污染水体

堆积秸秆往往是露天放置，在雨季易被雨水冲入沟渠、河道，最终进入江河、湖泊等水体。这些秸秆在好氧和厌氧条件下，通过矿化等作用，其中的N、P、S等元素都基本转化为可溶性物质和矿物元素，成为水体富营养化的污染源，导致水质恶化，从而影响水环境。

3. 污染空气

当前，秸秆露天焚烧是农民处置秸秆的主要方式之一，由此将导致大气污染，直接影响民航、铁路、高速公路等交通的正常运营。据统计，1997 年 5 月 14—18 日期间，双流机场有 10 个航班无法降落而不得不降落到其他机场，有 22 架进出港的航班延误，滞留旅客 1 000 多人。同时焚烧秸秆还易引起火灾，如 2005 年河南省安阳县夏收期间 1 天接到火警 20 多个，全都是燃烧秸秆引起的。

4. 影响灌溉

堆积在沟渠尤其是小型沟渠中的秸秆废物极容易堵塞沟渠，造成断流、漫沟，给农业水利灌溉带来很大不便。尤其在暴雨季节，由于废物造成的沟渠堵塞，使得泄洪功能受阻，暴雨漫进农田的情形十分严重。

(二)养殖业固体废物

养殖业固体废物主要有畜禽粪便、畜禽舍垫料、废饲料、散落的毛羽等，其中含有大量的有毒、有害物质，如不进行处理将会引起大气、水体、土壤和畜禽产品等污染及传播疾病。

1. 大气污染

由于畜禽粪便中含有大量的未被消化吸收的有机物，主要为碳水化合物和含氮、磷、硫化合物。在有氧条件下，这些物质最终分解为硝酸盐、磷酸盐和硫酸盐类；在无氧条件下，可分解成氨、乙烯醇、二甲基硫、硫化氢、甲胺、三甲胺等恶臭气体而污染大气环境。这些气体如进入呼吸道，能引起呼吸困难、窒息，或直接刺激机体组织，引起碱性化学性灼伤，或导致中枢神经系统麻痹、中毒等。不仅危及周围居民的健康，而且也会影响场内畜禽的生长。研究表明，家畜长期处在恶臭气体超标的环境中，体质会变弱，对某些疾病的易感性增强，采食量、日增重、生产力都会下降。此外畜禽粪便中含氮化合物如不经处理直接排放，部分氮将被挥发到大气中，增加大气氮含量，将造成酸雨，而危害农作物。

2. 水体污染

研究资料表明，一头小猪从断奶至养到 100 kg 时上市屠宰，共需消耗氮 8～9 kg，但能够被吸收沉积到瘦肉中的氮不足 3 kg，剩余 5～6 kg(占饲料总量的 50%～70%)的氮均以粪尿的形式被排泄到体外。排泄的大部分氮将被氧化成硝酸盐渗入地下或随地表水流入江河，从而造成水体氮污染。磷是畜禽生长所必需的矿物质。畜禽口粮中的磷主要以植酸磷的形式存在，单胃动物消化道中缺乏植酸酶，故不能利用植酸磷，因而大部分磷也将随粪便排出，造成水体的磷污染。据测定，畜粪中磷的含量 0.001%～0.002%；全国每年由猪粪中排出的磷多达 106.2 万～212.4 万 t。

3. 土壤污染

近年来，随着饲料工业的发展，一些新型饲料添加剂中含有铜、砷、汞、硒等重金属元素，这些含有重金属元素的饲料饲喂动物后，大部分随畜禽粪便排出体外，由此给环境带来不可忽视的影响。以砷为例，据预测，一个万头猪场按美国 FDA 允许使用的砷制剂剂量(对氨基苯砷酸 250～400 mg/kg)推算，若连续使用含砷饲料，16 年土壤中砷含量可翻一番。而土壤中砷含量每增加 1 mg/kg，则甘薯块根中砷含量即增加 0.28 mg/kg。10 年的时间，该地所产甘薯中砷含量会全部超过国家食品卫生标准。

4. 畜禽产品污染

在畜禽养殖过程中，为了防治畜禽的多发性疾病，多在饲料中添加抗生素。我国已有 17 种抗生素、抗氧化剂和激素类药物和 11 种抗菌剂作为饲料添加剂用于喂养畜禽。据报道，我国每千克猪肉、猪肝和肾脏分别含土霉素 0.31 mg、0.49 mg 和 1.23 mg。每千克鸡肉、鸡肝和肾脏中分别含有氯丙嗪 0.2 mg、0.5 mg 和 0.65 mg。为此，世界各国已明确规定不允许在饲料中使用抗生素和激素类物质作为添加剂。

5. 传播疾病

一般情况下，畜禽饲养中的垫料、饲料残渣及畜禽粪便排泄物都含有大量的病毒微生物；资料表明，在 1 g 猪粪污水中含有 83 万个大肠杆菌、69 万个肠球菌以及寄生虫卵、沙门氏菌等。如这些含有病毒微生物的固体废物不经妥善处理而直接进入环境，不仅会直接威胁畜禽自身的生存，影响畜禽生产力水平和经济效益，还会导致“人畜共患传染病”而严重危害人体健康。据世界卫生组织（WHO）和联合国粮农组织（FAO）的有关资料，目前“人畜共患传染病”已有250多种，如炭疽、禽流感、五号病、布氏杆菌病、结核病和猪链球菌病等。较为严重的“人畜共患传染病”至少有89种，其中由猪传染的约25种，由鸟（含家禽）传染的约24种，由牛传染的约26种，由羊传染的约25种，由马传染的约13种。如1997年3月我国台湾暴发的猪口蹄疫流行；2003年我国暴发的传染性非典型肺炎；2004年初至2005年底，世界20多个国家和地区再次发生的高致病性禽流感。

（三）农用塑料残膜

塑料残膜是一种高分子材料，具有不易腐烂、难以降解的性能，散落在土地中会产生永久性污染，其危害也比较严重。

1. 破坏土壤，降低作物产量

塑料残膜残片不透气、不透水，在土壤中将影响土壤含水率、土壤孔隙率、土壤透气性和渗透性，从而破坏土壤肥力。一般来说，残片越大影响越严重，特别是聚烯烃类薄膜在土壤中抗机械破碎性强，妨碍气、热、水和肥等的流动和转化，使土壤物理性能变差，养分运输困难，根系伸展受阻，最终造成作物减产。据环保部门测定，土壤中残膜含量为58.5 kg/hm^2 时，可使玉米减产11%～23%，小麦减产9.0%～16.0%，大豆减产5.5%～9.0%，蔬菜减产14.6%～59.2%。

2. 产生毒气，毒害作物

农用塑料膜多是聚乙烯化合物，在生产过程中需加40%～60%的增塑剂，即邻苯二甲酸二异丁酯，对植物的生长发育毒性很大，特别是对蔬菜毒性更大。邻苯二甲酸二异丁酯从农膜散发到空气中，再经叶子气孔进入叶肉细胞，而植物的生长点和嫩叶生理活动旺盛，易受伤害。它的毒性作用主要是破坏叶绿素和阻碍叶绿素的形成。据对白菜叶切片的显微镜观察发现，受害叶细胞内叶绿素明显减少。由于叶绿素减少，影响了作物的光合作用，导致作物生长缓慢，严重者黄化死亡。

3. 污染环境

农用塑料膜中添加的邻苯二甲酸酯增塑剂，经雾、水、汽的浸沥作用析出后进入土壤，除对作物生长发育有抑制作用外，还造成环境污染。由于此类化合物的低水溶性、高脂溶性以及显著的生物累积性，已成为最普遍的一类污染物。

4. 传播疾病

农用塑料膜在人们使用以后成为塑料残膜，往往还携带有细菌、病毒等，如处理不当还能传染疾病。

此外，农用塑料残膜随风飘移，挂在田间地头、树枝及建筑物上，破坏自然景观；漂到河流、水渠、水库中沉积后影响排灌质量，同时造成水体污染，影响鱼类生长；混到饲料中，对牲畜有害。

(四)农村生活垃圾

我国大部分农村地区没有或很少有生活垃圾的收集和处理系统。生活垃圾一般堆放在村中和村边的马路两旁及土坑和沟渠中，易腐垃圾得到自然降解，难降解部分长期堆放，由此对农村地区环境造成危害和污染。

1. 占用土地

生活垃圾的堆放需要占用土地，其累积的存放量越多，所需的面积也越大。随着我国经济发展和人们生活水平的提高，农村生活垃圾的产生量均呈上升趋势，使得在农村垃圾侵占土地的问题变得更加严重，加剧了可耕地面积短缺的矛盾。

2. 污染水体

农村生活垃圾可随地表径流进入河流、湖泊，或随风迁徙落入水体，从而将有毒、有害物质带入水体，杀死水中生物，污染人类饮用水水源，危害人体健康。特别是在落后农村，由于没有自来水供水系统，如果还以河流作为饮用水水源，很容易暴发大规模传染病。农村生活垃圾在堆放过程中易产生富含酸碱性物质和有毒有害重金属的渗滤液，它们进入土壤后能使地下水受污染，或通过地表径流流入河流、湖泊和海洋，造成水资源的水质型短缺。如哈尔滨市韩家洼子垃圾填埋场，地下水浊度，锰、铁、酚、汞含量，细菌总数和大肠杆菌数等都大大超标，锰含量超标大于3倍，汞含量超标大于20倍，细菌总数超标大于4.3倍，大肠杆菌超标大于11倍。贵阳市的哈马井和望城坡两个垃圾场使其附近的饮用水源大肠菌值超过国家标准770倍以上，为此，市政府拨款20万元治理，并关闭了这两个堆放场。

3. 污染大气

生活垃圾中的塑料袋和粉尘可随风飞扬，四处飘散，不仅影响农村景观面貌，还会对大气环境造成污染。生活垃圾堆放过程中会产生恶臭物质，包括氨气、硫化氢、甲硫醇等，若不加以妥善处理，会对大气环境造成不同程度的影响。露天堆放和简易填埋的垃圾会由于有机组分的分解而产生沼气，其中甲烷是主要成分。甲烷不仅是温室气体，而且其无组织释放并在相对密闭条件下累积，还容易发生爆炸（当空气中含量达到5%～15%时），对人身安全造成威胁。

4. 污染土壤

农村生活垃圾由于没有有效处置系统，垃圾在长期堆放过程中，其本身及渗滤液中所含的有害物质进入土壤后不仅会改变土壤的性质和土壤结构，并将对土壤中微生物的活动产生影响，导致土壤质量下降。而这些有害成分进入农田后，不仅有碍植物根系的发育和生长，而且还会在植物有机体内蓄积，通过食物链危及人体健康。尤其是农村生活垃圾中时常混有农药和重金属等有毒物质，危害极大。

阅读材料

传染性非典型肺炎

传染性非典型肺炎是由SARS冠状病毒(SARS-CoV)引起的一种具有明显传染性、可累及多个脏器系统的特殊肺炎，世界卫生组织(WHO)将其命名为严重急性呼吸综合征(severe acute respiratory syndrome,SARS)。临床上以发热、乏力、头痛、肌肉关节酸痛等全身症状和干咳、胸闷、乏力、头痛、肌肉关节酸痛等全身症状和干咳、胸闷、呼吸困难等呼吸道症状为主要表现，部分病例可有腹泻等消化道症状；胸部X线检查可见肺部炎性浸润影、实验室检查外周血白细胞计数正常或降低、抗菌药物治疗无效是其重要特征。重症病例表现明显的呼吸困难，并可迅速发展成为急性呼吸窘迫综合征(acute respiratory distress syndrome,ARDS)。截至2003年8月7日，全球累计发病例数为8 422例，依据报告病例计算的平均病死率达到了9.3%。

高致病性禽流感

禽流感是禽流行性感冒的简称，是一种由甲型流感病毒的一种亚型引起的传染性疾病综合征，被国际兽疫局定为A类传染病，又称真性鸡瘟或欧洲鸡瘟。不仅是鸡，其他一些家禽和野鸟都能感染禽流感。按病原体的类型，禽流感可分为高致病性、低致病性和非致病性三大类。非致病性禽流感不会引起明显症状，仅使染病的禽鸟体内产生病毒抗体；低致病性禽流感可使禽类出现轻度呼吸道症状，食量减少，产蛋量下降，出现零星死亡；高致病性禽流感最为严重，它是由H_5N_1血清型引起的禽流感，发病率和死亡率高，感染的鸡群常常“全军覆没”。

2004年初至2005年底，全世界有20多个国家和地区再次发生高致病性禽流感疫情。2005年我国内地先后有9个省份发生19起高致病性禽流感疫情，其中候鸟疫情1起。从11月初起，辽宁、湖北、安徽、新疆、山西5个省份的12个县(区、市)先后发生高致病性禽流感疫情，并形成“面上多点散发，重点地区局部连片发生，人感染禽流感的危险性增强”态势。如新疆乌鲁木齐市连续发生4起疫情，湖北省发生3起疫情。辽宁省黑山县发生的疫情共死亡家禽11.54万只，扑杀家禽1 900多万只，是目前为止我国最为严重的一起禽流感疫情。禽流感病毒可永久性地存在于世界各地的水禽或候鸟中，并高度集中于粪便中，通过粪便排泄到水系和其他区域，造成大范围的污染，直接或间接传播给大量家禽，特别是户外饲养的家禽。

猪链球菌病

猪链球菌病属国家规定的二类动物疫病，是一种人畜共患传染病。

猪链球菌病是由C、D、E及L群链球菌引起的猪的多种疾病的总称，常发于16周龄以下猪，3～12周龄的猪最易感。自然感染的部位是上呼吸道、消化道和伤口。表现为急性出血性败血症、心内膜炎、脑膜炎、关节炎、哺乳仔猪下痢和孕猪流产等。本病流行无明显季节性，但有夏秋季多发、潮湿闷热的天气多发的特点。有时甚至可呈地方性暴发，发病率和死亡率都很高。

自1968年荷兰首次报道人感染脑膜炎病例以来，全球已有200多人因感染猪链球菌死亡，其地理分布主要在北欧和南亚一些养殖和食用猪肉的国家和地区。1968—1984年荷兰有30人感染，1984—1993年香港有25人感染。1998年江苏省在猪群暴发猪链球菌病期间有25人感染发病，14人死亡。2003年在英国、德国、新加坡、日本、克罗地亚和泰国都有人-猪链球菌病的病例报道。

人-猪链球菌病已成为一种重要的职业性传染病。流行病学调查表明病人均为病猪处理工人、接触过病猪肉的人群以及打猎者。病原菌主要通过伤口或经口感染人。我国1998年发生的一次猪链球菌病流行就导致14人死亡，是一个严重的教训。

第三节　农业固体废物的处理与处置技术

一、农业固体废物的处理技术

农业固体废物处理技术通常是指通过物理、化学、生物、物化及生化方法把固体废物转化为适于运输、储存、利用或处置的过程。

（一）物理处理

物理处理是指通过浓缩或相变化改变固体废物的结构，使之成为便于运输、储存、利用或处置的形态。物理处理方法包括压实、破碎和分选等。

1. 压实技术

压实是一种通过对废物实行减容化、降低运输成本、延长填埋场寿命的处理技术。压实是一种普遍采用的固体废物处理方法，如易拉罐、塑料瓶等通常首先采用压实处理。对于那些可能使压实设备损坏的废物或某些可能引起操作问题的废物，如焦油、污泥或液体物料，一般不宜做压实处理。

2. 破碎技术

为了使进入焚烧炉、填埋场、堆肥系统等废物的外形尺寸减小，预先必须对固体废物进行破碎处理。经过破碎处理的废物，由于消除了大的空隙，不仅使尺寸大小均匀，而且质地均匀，在填埋过程中更容易压实。固体废物的破碎方法很多，主要有冲击破碎、剪切破碎和挤压破碎等，此外还有专用的低温破碎和湿式破碎等。

3. 分选技术

固体废物分选是实现固体物资源化、减量化的重要手段，通过分选可将有用的成分选出来加以利用，而将有害的成分分离出来。分选是利用物料的某些性质方面的差异将其分选开。例如利用废物中的磁性和非磁性差别进行分离，利用粒径尺寸差别进行分离，利用比重差别进行分离等。根据不同性质，可以设计制造各种机械对固体废物进行分选。分选方法包括手工拣选、筛选、重力分选、磁力分选、涡电流分选和光学分选等。

（二）化学处理

化学处理是采用化学方法破坏固体废物中的有害成分从而达到无害化，或将其转变成为适于进一步处理、处置的状态。化学处理方法通常只用在所含成分单一或所含几种化学成分特性相似的废物处理方面。化学处理方法包括氧化、还原、中和、沉淀和溶出等。有些有害固体废物，经过化学处理还可能产生含毒性成分的残渣，须对残渣进行进一步解毒处理或安全处置。

（三）生物处理

生物处理是利用微生物分解固体废物中可降解的有机物，从而达到无害化和综合利用。固体废物经过生物处理，在容积、形态、结构、组成等方面均发生重大变化，因而便于运输、储存、利用和处置。与化学处理相比，生物处理在经济上一般比较便宜，应用也相当普遍，但处理过程所需时间较长，处理效率有时不够稳定。目前生物处理方式主要为生物转化技术。

生物转化技术就是利用微生物对有机固体废物的分解作用使其无害化。这种技术可以使有机固体废物转化为能源、食品、饲料和肥料，还可以用来从废品和废渣中提取金属，是固体废物资源化较有效的技术方法。目前应用比较广泛的有堆肥化、沼气化、废纤维饲料化和蛋白质化等。

（四）热处理

热处理是指通过高温破坏和改变固体废物组成和结构，同时达到减容、利用的目的。方法主要有焚烧和热解等。

1. 焚烧法

焚烧法是指固体废物高温分解和深度氧化的综合处理过程。其优点是把大量有害的废料分解成无害的物质，并可以处理各种不同性质的废物，焚烧后可减少废物体积的 90%（取决于其灰分的不同而不同），便于填埋处理。此种方法处理固体废物，占地少，处理量大，在保护环境、提供能源等方面可取得良好的效果。目前日本及瑞士每年把超过 65%的都市废料进行焚烧而使能源再生。但是焚烧法也有缺点，例如，投资较大，焚烧过程排烟造成二次污染，设备锈蚀现象严重等。

2. 热解法

热解法是将有机固体废物在无氧或缺氧条件下高温（500～1 000℃）加热，使之分解为气、液、固 3 类产物。与焚烧法相比，热解法则是更有前途的处理方法。它的显著优点是基建投资少。主要包括热解、气化和干馏。

二、农业固体废物的处置技术

农业固体废物处置技术是指将固体废物焚烧或用其他改变固体废物的物理、化学、生物特性的方法，减少已产生的固体废物数量、缩小固体废物体积、减少或者消除其危险成分的活动；或者将固体废物最终置于符合国家环境保护规定要求的填埋场的活动。它也被称作最终处置或安全处置，是固体废物污染控制的末端环节，是解决固体废物的归宿问题，包括海洋处置和陆地处置。

（一）海洋处置

海洋处置主要分为海洋倾倒与远洋焚烧两种方法。海洋倾倒是将固体废物直接投入海洋的一种处置方法。进行海洋倾倒时，首先要根据有关法律规定，选择处置场地，然后再根据处置区的海洋学特性、海洋保护水质标准、处置废物的种类及倾倒方式进行技术可行性研究和经济分析，最后按照设计的倾倒方案进行投弃。远洋焚烧是利用焚烧船将固体废物进行船上焚烧的处置方法。废物焚烧后产生的废气通过净化装置与冷凝器，冷凝液排入海中，气体排入大气，残渣倾入海洋。这种技术适于处置易燃性废物，如含氯的有机废物。

（二）陆地处置

陆地处置的方法有多种，包括土地填埋、土地耕作和深井灌注等。土地填埋是从传统的堆放和填埋处置发展起来的一项处置技术，是目前处置固体废物的主要方法，一般可分为卫生填埋法和安全填埋法。

1. 卫生填埋法

卫生填埋法是处置一般固体废物使之不会对公众健康及安全造成危害的一种处置方法，主要用来处置生活垃圾。通常把运到土地填埋场的废物在限定的区域内铺撒成一定厚度的薄层，然后压实以减少废物的体积，每层操作之后用土壤覆盖，并压实。压实的废物和土壤覆盖层共同构成一个单元。在进行卫生填埋场地选择、设计、建造、操作和封场过程中，应该考虑防止浸出液的渗漏、降解气体的释出控制、臭味和病原菌的消除、场地的开发利用等问题。

2. 安全填埋法

安全填埋法是卫生填埋法的进一步改进，对场地的建造技术要求更为严格。对土地填埋场必须设置人造或天然衬里；最下层的土地填埋物要位于地下水位之上；要采取适当的措施控制和引出地表水；要配备浸出液收集、处理及监测系统，采用覆盖材料或衬里控制可能产生的气体，以防止气体释出；要记录所处置的废物的来源、性质和数量，把不相容的废物分开处置。

第四节　农业固体废物的管理体系

制定固体废物管理的法律法规及技术标准是固体废物管理的重要基础、依据和手段。美国 1976 年颁布的《资源保护和回收法》、英国 1974 年颁布的《污染控制法》、日本 1970 年颁布的《废弃物处理和清扫法》和德国 1996 年生效的《资源循环和废物管理法》都对固体废物管理作出了详细的规定。我国关于固体废物管理的法律法规制定较晚，于 1995 年 10 月 30 日制定了首部《中华人民共和国固体废物污染环境防治法》(简称《固废法》)，并于 2004 年 12 月 29 日进行修订。此外，我国还对一些农业固体废物制定了专门的法律法规，如 1999 年 4 月颁布的《秸秆禁烧和综合利用管理办法》、2001 年颁布的《畜禽养殖污染防治管理办法》、《畜禽养殖业污染物排放标准》和《畜禽养殖业污染防治技术规范》。目前，我国正在制定针对整个农业固体废物污染控制的《农业固体废物污染控制技术规范》。这些法律法规的制定为我国农业固体废物的管理提供了原则和政策，初步构造了我国农业固体废物的管理体系。

一、基本原则

(一)“三化”原则

《固废法》规定，国家对固体废物污染环境的防治实行减少固体废物的产生量和危害性、充分合理利用固体废物和无害化处置固体废物的原则，即“减量化、资源化和无害化”的“三化”原则。

1. 减量化

减量化是指通过合适的技术手段减少固体废物的产生量和排放量。统计数字表明，我国农村年产生活垃圾已达 1.47 亿 t，如按清运垃圾的实际成本每吨 35 元计算，垃圾处理（以无害化处理中最经济的卫生填埋方式计算）每吨 60 元，总计 95 元。要使这些垃圾全部进行无害化处理，我国仅处理农村生活垃圾每年得花去 139.65 亿元人民币。如果按 50%进行减容，仅农村生活垃圾处理的费用我国每年就能节省 69.83 亿元。因此，固体废物减量化势在必行。

要达到固体废物减量的目的，首先要尽量减少和避免固体废物的产生，从源头上解决问题，这也就是通常所说的“源削减”；其次，要对产生的废物进行有效的处理和最大限度地回收利用，以减少固体废物的最终处置量。例如，通过采取“清洁生产工艺”来有效地减少生产过程中废物的产生。减量化是防止固体废物污染环境优先考虑的措施，亦即在“三化”中首先要考虑的是如何减量化。对我国而言，应当改变粗放经营的发展模式，鼓励和支持开展清洁生产，开发和推广先进的生产技术和设备，充分合理地利用原材料、能源和其他资源等，通过这些政策措施的实施达到固体废物减量化的目的。

2. 资源化

资源化是指采取管理和技术措施从固体废物中回收有用的物质和能源。

通过资源化，可回收有用物质和能源，创造经济价值和节约资源，并可减少固体废物的产生量。资源化的途径包括：①回收物质：直接从废物中回收可用物质，如回收纸张、玻璃、金属等。②物质转换：利用废物制取新形态的物质，如养殖废物肥料化和种植废物材料化等。③能量转换：从废物处理过程中回收能量，作为热能或电能，如秸秆气化、液化，固体废物的沼气化等。

3. 无害化

无害化是指对已经产生又无法或暂时尚不能利用的固体废物，经过物理、化学或生物等方法进行对环境无害的处理和处置，防止并减少固体废物的污染危害，满足国家有关标准的处理处置，即可视为无害化处理处置。可见无害化是一个相对概念，具有一定的时间性和空间性。满足目前标准的处理处置技术，并不一定能够满足未来的标准。因此，目前得到无害化处理处置的废物，将来仍可能视为是有害的。由于地方法规的差异，在某地区得到无害化处理处置的废物，在另一地区则可能并不满足无害化的要求。目前，符合标准的垃圾卫生填埋技术、焚烧技术等都是无害化处理处置技术。

（二）全过程原则

《固废法》确立了对固体废物进行全过程管理的原则。所谓全过程管理是指对固体废物的产生、收集、运输、利用、储存、处理和处置的全过程及各个环节都实行控制管理和开展污染防治。这一原则包括了从固体废物的产生到最终处置的全过程。实施这一原则，是基于固体废物从其产生到最终处置的全过程中的各个环节都有产生污染危害的可能性。如固体废物的填埋处置，从废物的收集、运输、入场到填埋、稳定化、封场以及封场之后，都可能产生环境污染，因而有必要对整个过程及其每一个环节都实施控制和监督。

二、管理制度

（一）分类管理制度

我国实施固体废物的分类管理。对工业固体废物，实施安全分类存放；对城市生活垃圾，逐步做到分类收集；对可以用作原料的固体废物，实行进口分类管理；对于危险废物，必须按照其特性分类收集、储存，禁止混合收集、储存、运输、处置性质不相容而未经安全性处置的危险废物；对于农业固体废物，虽然没有专门的要求，但从后续利用和处理的角度出发，也应实施分类收集，农村生活垃圾、秸秆和粪便的混合收集会给其资源化带来很大的困难。

（二）环境影响评价制度

《固废法》规定，建设产生固体废物的项目及建设储存、利用、处置固体废物的项目，必须依法进行环境影响评价，并遵守国家有关建设项目环境保护管理的规定。建设项目的环境影响评价文件确定需要配套建设的固体废物污染环境防治设施，必须与主体工程同时设计、同时施工、同时投入使用。固体废物污染环境防治设施必须经原审批环境影响评价文件的环境保护行政主管部门验收合格后，该建设项目方可投入生产或使用。对固体废物污染环境防治设施的验收应当与对主体工程的验收同时进行。

（三）限期治理制度

违反规定，造成固体废物严重污染环境的，由县级以上人民政府环境保护行政主管部门按照国务院规定的权限决定限期治理；逾期未完成治理任务的，由本级人民政府决定停业或者关闭。

（四）污染者责任制度

《固废法》规定“国家对固体废物污染环境防治实行污染者负责的原则”，同时进一步明确“产品的制造者、进口者、销售者和使用者对其产生的固体废物承担污染防治责任”。为了减少固体废物产生量和危害性，目前有很多国家已经开始要求生产者不仅要对生产过程中的环境污染承担责任，还需要对报废后的产品或使用过的包装物承担回收利用或者处置的责任。

（五）危险废物管理制度

我国有一系列危险废物管理制度，包括国家危险废物名录制度、危险废物的排污收费制度、危险废物行政代处置制度、危险废物经营许可证制度、危险废物转移联单制度、工业固体废物和危险废物申报登记制度等。

三、相关政策

（一）"排污收费"政策

"排污收费"即根据固体废物的特点，征收总量排污费和超标排污费。排污收费制度是国内外环境保护最基本的经济政策之一。我国实行的是"谁污染谁治理"的环保政策，也就是说，谁排放的污染物污染了环境，谁就必须承担相应的社会责任，自己花钱治理，或交纳一定的费用由专门的环保企业治理。固体废物产生者除了需承担正常的排污费外，如超标排放废物，还需额外负担超标排污费，以促使企业加强废物管理，减少废物的产生，减轻对环境的污染。例如，日本于 1990 年实施了垃圾收费制，韩国从 1995 年也开始实行"垃圾计量收费制"，这些收费制度实行后，两国的垃圾产生量有明显的减少。我国从 2002 年起开始实行垃圾收费制度。它一方面可解决我国城市垃圾服务系统的运行费用问题，另一方面也有利于促使每个家庭和有关企业减少垃圾的产生量，因而是一项促使垃圾减量化的重要经济政策。

（二）"税收、信贷优惠"政策

"税收、信贷优惠"政策就是通过税收的减免和信贷的优惠，鼓励和支持从事固体废物管理的企业，促进环保产业长期稳定的发展。由于固体废物的管理带来更多的是社会效益和环境效益，经济效益相对较低，甚至完全没有，因此，就需要国家在税收和信贷等方面给予政策优惠，以支持相关企业和鼓励更多的企业从事这方面的工作。例如，对回收废物和资源化产品的出售减免增值税，对垃圾的清运、处理、处置及已封闭垃圾处置场地的地产开发实行财政补贴，对固废处理处置工程项目给予低息或无息优惠贷款等。

思考题

1. 什么是农业固体废物？它有哪些特征？
2. 如何解释"固体废物是放错了地方的资源"？
3. 农业固体废物主要有哪些？
4. 农业固体废物对环境造成哪些危害？
5. 农业固体废物的处理与处置技术有哪些？
6. 农业固体废物的管理都有哪些科学的政策和手段？

阅读材料

世界上最大的垃圾公司

美国废物处理公司是世界上最大的环境服务公司。据统计,该公司每年在全世界的收入达100亿美元。它不仅是世界上最大的废物处理公司,还是全球唯一一家提供全套环保服务的公司,其服务范围包括环境咨询、建筑设计与工程管理和处理。它的业务也扩展到世界各地,从意大利的罗马到澳大利亚的墨尔本以及美国的佛罗里达州都有它的分公司。

该公司创始于1894年,刚创立时是清洁服务公司。到1956年,该家公司只有大约15辆卡车,年收入75万美元,仅是美国数千家这类公司中的一家,1968年成立了废物处理公司。今天废物处理公司实际是一家控股公司,它控制着另外4家经营公司的多数股权,这4家公司是国际废物处理公司、化学废物处理公司、带式喷丸清理机技术公司和拉斯特国际公司。废物处理公司自1956年以来已经兼并了500多家美国地方垃圾搬运公司,占领了美国的15%市场,成为世界上最大的环境服务公司。

第二章　农业固体废物的收集与预处理技术

知识目标：

- 了解农业固体废物收集与运输的方式及设备。
- 熟悉农业固体废物的各种预处理技术及相关设备。

能力目标：

- 能规划农业固体废物的收集与运输线路。
- 能熟练运用各种预处理技术及设备。

第一节　农业固体废物的收集与运输

农业固体废物主要集中于农田、畜禽养殖场及居民生产生活区，由于其场所分散且分布较广，残留物多与土地混集，因此集中收集运输成本较大，所以必须根据其性质、危害程度及处理方法采用不同的收集和运输方式。

一、农业固体废物收集与运输的原则

农业固体废物分类收集是指按固体废物的理化性质和组成成分分类收集，是农业固体废物再利用的最有效方式。对农业固体废物进行分类收集具有有助于回收大量废材料、减少废物产生量、降低废物运输量和处置费用、简化废物处置过程等优点，有利于农业固体废物的资源化和减量化。例如，对分类收集的有机废物进行堆肥处理，不仅可简化堆肥处理的分选过程，降低堆肥处理费用，还可提高堆肥质量。

分类收集是一个相当复杂、艰苦的工作,需要大量人力、物力,同时也受到多方面因素影响。畜禽粪便、秸秆等农业固体废物由于产量大且比较集中,往往采用就地处置方式或短距离运输到处置点,其收集和运输较为简单;而农业固体废物中的农村生活垃圾由于来源广,分散性大,收集和运输较为烦琐,可以从农户开始,按照有机垃圾、有毒有害垃圾、可回收垃圾和不可回收垃圾的分类原则,根据实际情况采用以下方式进行收集和运输。

(1)收集时间　可依当地交通量、道路状况、政策及居民作息时间来考虑什么时段收集垃圾。一般可按下列时段进行收集。

日间收集:上午9时至下午3时,垃圾可在早上8时以后到收集前依规定放至收集区。

清晨收集:上午6时至中午12时以前完成作业。由于垃圾需在晚间置放收集区,因此收集站呈散乱状态。

夜间收集:上午0时开始,至上午6时结束工作,适用于农村城镇餐饮业较多的繁华地区。因夜间交通量少,收集效率高,但有作业上存在安全性及噪声等问题。

晚间收集:下午6时开始至夜晚12时结束工作,可配合农村居民晚餐后将一日垃圾清理,并利于执行垃圾不落地政策。

(2)收集频率　收集频率关系着服务品质及清运成本,可考虑下列因素,以决定最佳的收集频率。

垃圾性质:一般垃圾含水量大及腐败物多时,收集频率须高。

气候:气温高低影响垃圾中有机物的分解速度,气温越高,频率越高。

储存容器:如果储存容器较大,可储放较多的垃圾,则可减小收集频率。

民众庆典活动:年节、庙会等常使垃圾激增,须加大收集频率。

民众资源回收情况:民众回收资源较多则可减少垃圾排出量,收集频率可酌情减小。

(3)收集方式

①上门收集　指由专门人员定点上门收集居民生活垃圾,然后送往附近的垃圾站,再转运到垃圾中转站或垃圾处理场的一种收集方式。这种方式采取直接上门服务的形式,不需设置垃圾收集点,这样既可避免因设置垃圾收集点而污染环境,又减少了建设垃圾收集点的投资,且方便居民和住户,使垃圾收运管理一步到位并易于管理。

②定点收集　生活垃圾定点收集是指在居民住宅区、街道等地带,按一定比例和要求设置垃圾收集设施,由居民和住户定时投放生活垃圾到收集设施中,然后由垃圾运输车定时送往附近的垃圾中转站或直接送到垃圾处理场的一种收集方式。

二、农业固体废物收集与运输的设备

地方政府财政投入、储存容器、收集方式以及道路交通状况等影响运输设备的选择。图 2-1 是国内外采用的主要运输设备：开放倾倒式收集车（通称卡车）、密封压缩式收集车、摆臂式收集车、桶式收集车以及人力车等。目前国内采用的车辆以前三种居多。其中开放倾倒式收集车价格低，收集、装卸容易，但易导致沿途恶臭。

开放倾倒式收集车

密封压缩式收集车

摆臂式收集车

桶式收集车

三轮垃圾收集车

二轮垃圾收集车

图 2-1　国内外采用的主要固体废物运输设备

三、农业固体废物收集与运输线路的规划

目前农业固体废物污染主要存在两个方面的原因：一是收集运输体系尚未建立，收集运输设施比较简陋，造成收集率低、收运过程遗撒等现象；二是处理大多是堆放，易对地下水、地表水和土壤造成污染。因此建立农业固体废物收运与处理体系对减少环境污染非常关键，特别是对于新农村环境建设意义重大。图 2-2 是目前几种主要收集运输模式，不同农业区可根据经济条件及固体废物性质采用不同收运模式。

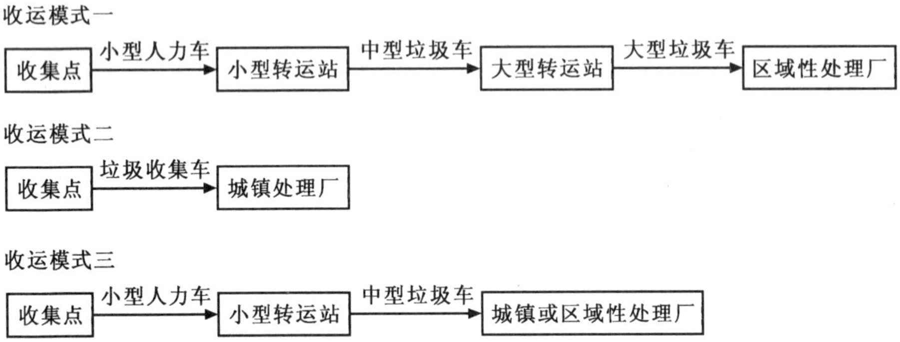

图 2-2　农业固体废物的几种主要收集运输模式

第二节　农业固体废物的预处理技术

农业固体废物纷繁复杂，其形状、大小、结构与性质各异，为了使其转变为更适合于运输、储存、资源化利用及某一特定的处理处置方式的状态，往往需要预先进行一些前期准备加工，即预处理。农业固体废物的预处理一般可分为两种情况：一是分选作业之前的预处理，主要包括筛分、分级、破碎等，以使农业固体废物单体分离或分成适当的级别，更利于下一步工序的进行；二是运输前或最终处理前的预处理，主要包括破碎、压实等，其目的是使废物减容，以利于运输、储存、填埋等。

一、农业固体废物的压实技术

压实又称压缩，即利用机械的方法增加物料的容重和减少其体积，以增加物料的聚集程度。压实有两个作用：一是增大容重和减小体积，以便于装卸和运输、确

保运输安全与卫生、降低运输成本和减少填埋占地；二是制取高密度惰性块料，便于贮存、填埋或做其他用途。废物经压缩后，其密度可达 1 380 kg/m^3，体积比压缩前可减少1半以上，因而可大大提高运输车辆的装载效率。而有些惰性固体废物经压缩成块后，用作地基或填海造地的材料，上面只需覆盖很薄土层即可恢复利用；还有些固体废物经压实后可提高其热值，如农作物秸秆。

（一）压缩比

由于固体废物复杂多样，且影响压实质量因素又较多，通常用压缩比来表示固体废物压实程度。压缩比是指固体废物压实前的体积与压实后的体积之比：

$$R=V_i/V_f$$

式中：R 为固体废物体积压缩比；V_i 为废物压缩前的原始体积；V_f 为废物压缩后的最终体积。

当固体废物为均匀松散物料时，其压缩比可以达到 3～10。对固体废物实施的压力，根据物料不同而不同，一般可以在几十万帕到几兆帕。

（二）压实流程

基于固体废物性质的差异和处理目的的不同，固体废物压实处理工艺流程也不尽相同。下面以生活垃圾压实处理为例介绍其工艺流程(图 2-3)。

垃圾先装入四周垫有铁丝网的容器中，然后送入压实机压缩，压力为 1 500～2 000 N，压缩为原体积的 1/5。压块由向上的推动活塞推出压缩腔，送入 180～200℃沥青浸渍池 10 s 涂浸沥青防漏，冷却后经运输皮带装入汽车运往垃圾填埋场。压缩污水经油水分离器进入活性污泥处理系统，处理水灭菌后排放。该压缩工艺在美国、日本已比较广泛地应用。

（三）压实程度影响因素

影响固体废物压实程度的因素很多，但主要有以下几种：

(1)废物组分　不同组分固体废物由于性质不同，在同样压实条件下，其压实程度不同。

(2)废物含水率　低含水率将导致固体废物内摩擦力和内聚力增大而阻碍压实程度提高，但含水率过高会把作业面压成烂泥，所以一般固体废物含水率达到50％左右时，压实程度最好。

(3)废物深度　废物深度对压实程度影响很大。一般废物堆积愈深，深处压实程度愈差。

(4)压实次数　压实机械在同一位置的压实次数直接影响废物压实程度。一般压实次数越多，压实程度越高。

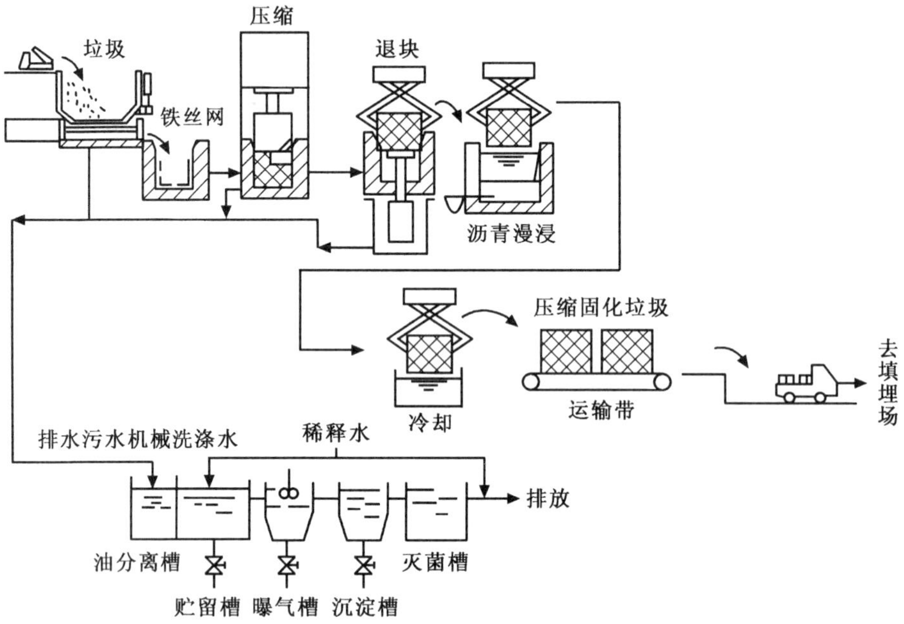

图 2-3 垃圾压实处理流程

(5)压实时间　压实程度与压实时间大致成正比，即压实时间越长，压实程度越高。

(四)压实设备

固体废物压实设备类型多种多样，根据移动性可以分为固定式压实器和移动式压实器。固定式压实器又可分为小型家用压缩机和工业大型压缩机。工业压缩机多为固定型的，分为水平压实器、三向联合压实器、回转式压实器等(图 2-4)。移动式压实器中最常用的是压实卡车和压路机等(图 2-5)。此外还有专用的压实设备，如秸秆饲料压块机。

(五)压实器的选择

在选择压实器时，应当注意以下几个方面。第一，因为农业固体废物尺度不均一，因此，选择的压实器装载面尺寸要能够容纳最大件的废物。第二，压头的压面从装料箱将废物压入容器后再回到原来静止位置所需的时间称作循环时间，循环时间短的压实器通常体积小、轻便，但压缩比低，牢固性差；而循环时间长的压实器一般能压大件，压缩比高，但耗时长，应当根据需要选择。第三，应注意压实器所标定的压力范围、压头行程和体积排率等参数。

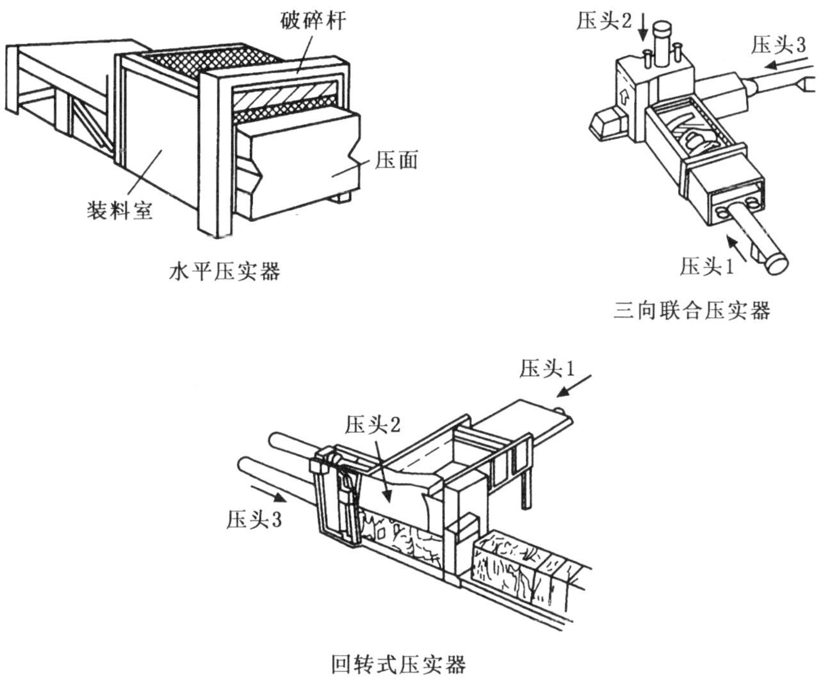

图 2-4　几种常用固定型压实器

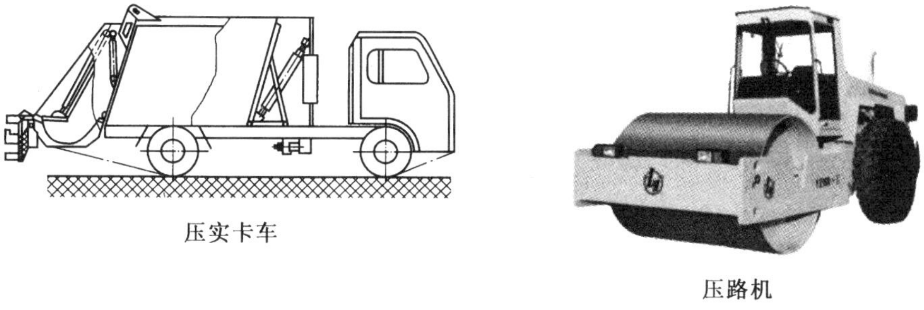

图 2-5　移动式压实器

二、农业固体废物的破碎技术

通过人力或机械等外力的作用，破坏物体内部的凝聚力和分子间作用力而使物体破裂变碎的操作过程统称破碎。破碎是固体废物处理技术中最常用的预处理方法。

经过破碎处理的固体废物的性质会发生改变，不但可以消除其中较大的空隙，使物料表观密度增加，而且可以达到使固体废物混合体颗粒尺寸分布更加均匀，使其更适合于各类处理处置工艺所要求的形状、尺寸与密度等。

(一)破碎的方法

固体废物破碎的方法可分为干式、湿式和半湿式 3 种。

干式破碎就是通常所说的破碎，按消耗能量形式的不同，干式破碎又可以进一步分为机械能破碎和非机械能破碎。机械能破碎是指利用破碎工具对固体废物施力而将其破碎，如球磨机的钢球、破碎机的齿板、锤子等；非机械能破碎则是指利用电能、热能等对固体废物进行破碎的新方法，主要有低温破碎、超声波破碎、热力破碎和减压破碎等。在农业固体废物预处理中，机械能破碎的应用更为广泛。目前广泛采用的破碎方式主要有压碎、劈碎、折断、磨碎和冲击破碎等(图 2-6)。

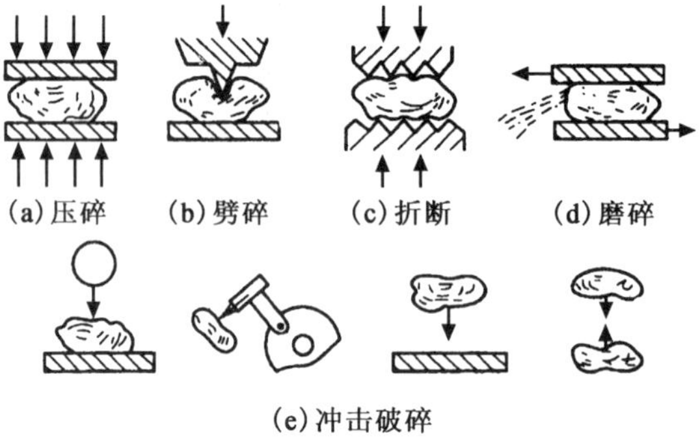

图 2-6 固体废物破碎方式

湿式破碎是利用特制的破碎机将投入机内的固体废物和大量水流一起剧烈搅拌，使其破碎成为浆液的过程。主要用于纸纤维的回收。

半湿式破碎是利用固体废物中各种不同物质的强度和脆性的差异，在一定湿度下破碎成不同粒度的碎块，然后通过不同筛孔加以分离的过程。

选择破碎方式时，需视固体废物的机械强度特别是废物的硬度而定。对于脆硬性废物，如各种废石和废渣等多采用压碎、劈碎、折断和磨碎方法破碎；对于柔硬性废物，如废器材和废塑料等，多采用冲击和剪切破碎。对于含有大量废橡胶、废纸的固体废物，多采用半湿式和湿式破碎。对于一般粗大固体废物，往往不是直接将它们送进破碎机，而是先剪切，压缩成形，再送入破碎机。

(二)破碎设备

破碎机是目前常用的破碎设备。主要有颚式破碎机、冲击式破碎机、辊式破碎机、剪切式破碎机及球磨机等，不同类型的破碎机通过不同的破碎方式来减小废物尺寸。如颚式破碎机主要利用冲击和挤压方式；辊式破碎机靠冲击剪切和挤压方式；冲击式破碎机则利用冲击、摩擦和剪切方式。此外还有专用的低温破碎和湿式破碎设备。

1. 颚式破碎机

颚式破碎机具有构造简单、工作可靠、制造容易、维修方便等特点，因此应用较为广泛，在固体废物破碎处理中主要用于破碎强度韧性高、腐蚀性强的废物。颚式破碎机通常有两种类型，即简单摆动颚式破碎机和复杂摆动颚式破碎机。

(1) 简单摆动颚式破碎机　图2-7为简单摆动颚式破碎机及其结构图。它主

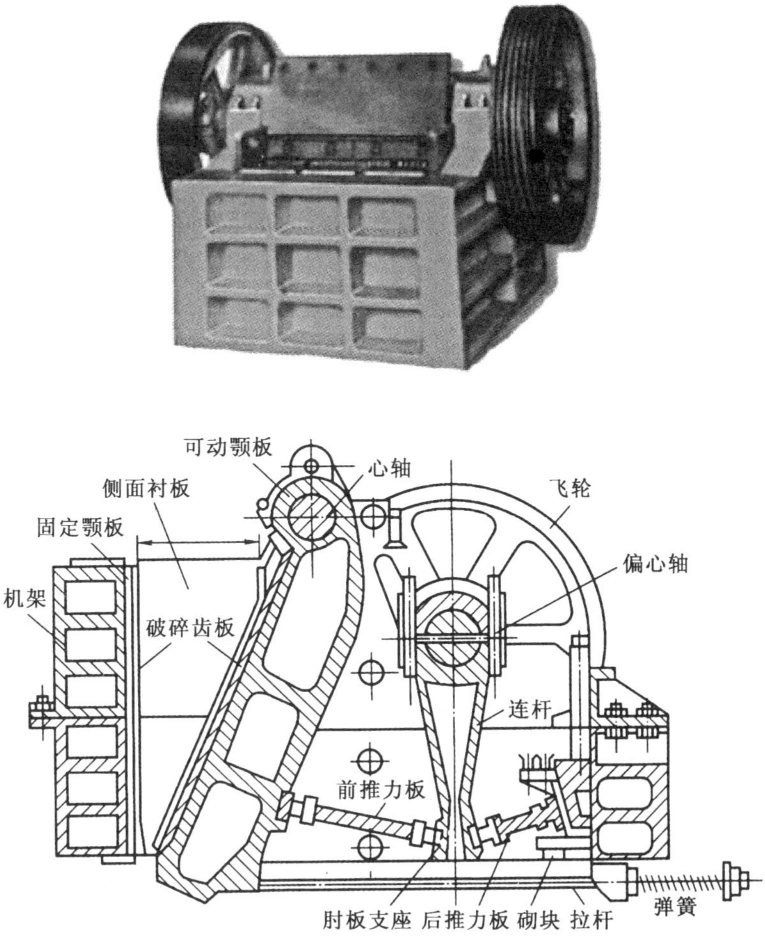

图 2-7　简单摆动颚式破碎机及其结构图

要由机架、工作机构、传动机构和保险装置等部分组成。皮带轮带动偏心轴旋转时，偏心顶点牵动连杆上下运动，也就牵动前后推力板作舒张及收缩运动，从而使动颚时而靠近固定颚，时而又离开固定颚。动颚靠近固定颚时就对破碎腔内的物料进行压碎、劈碎及折断。破碎后的物料在动颚后退时靠自重从破碎腔内落下。

(2)复杂摆动颚式破碎机　图 2-8 为复杂摆动颚式破碎机及其结构图。从构造上看，复杂摆动颚式破碎机与简单摆动颚式破碎机的区别是少了一根悬挂动颚的心轴，动颚与连杆合为一个部件，没有垂直连杆，肘板也只有一块。复杂摆动颚式破碎机构造简单，但动颚的运动却较简单摆动颚式破碎机复杂，它的动颚在水平方向有摆动，同时在垂直方向也有动作，因而是一种复杂的运动，故称复杂摆动颚

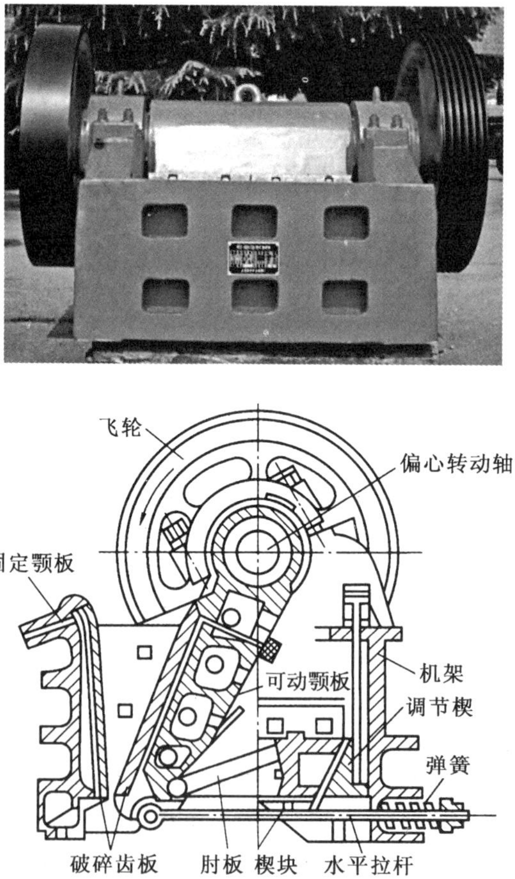

图 2-8　复杂摆动颚式破碎机及其结构图

式破碎机。复杂摆动颚式破碎机破碎较细，破碎比大（一般可达 4～8，简摆型只能达到 3～6），破碎能力高。规格相同时，复摆型比简摆型破碎能力可高出 20%～30%。

2. 冲击式破碎机

冲击式破碎机大多是旋转式，都是利用冲击作用进行破碎的。冲击式破碎机的主要类型有反击式破碎机和锤式破碎机。

（1）反击式破碎机　反击式破碎机是一种新型高效破碎设备，它具有破碎比大、适应性强（可破碎中硬、软、脆、韧性、纤维性物料）、构造简单、外形尺寸小、安全方便、易于维护等许多优点。图 2-9 为反击式破碎机及其结构图。该机装有两块冲撞板，形成两个破碎腔，转子上安装有两个坚硬的打击刀，机体内表面装有特殊钢制衬板，用以保护机体不受损坏。固体废物从上部给入，在冲击和剪切作用下被破碎。该机主要用来破碎家具、器具、电视机、草垫等大型固体废物，处理能力为 50～60 m^3/h，碎块规格为 30 cm；也可用来破碎瓶类、罐头等不燃废物，处理能力为 15～90 m^3/h。

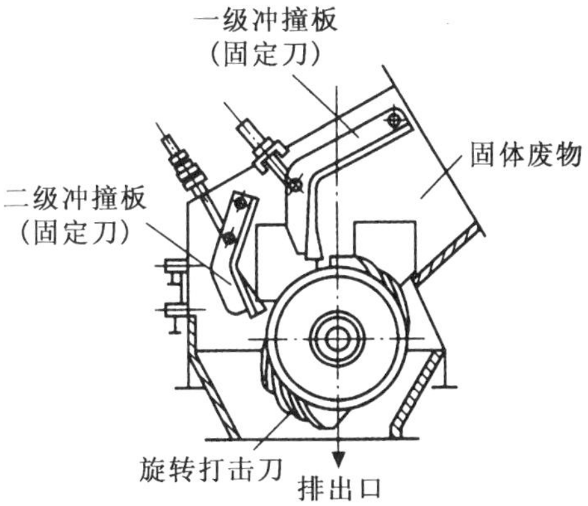

图 2-9　反击式破碎机及其结构图

（2）锤式破碎机　锤式破碎机可分为单转子和双转子两种。图 2-10 为单转子锤式破碎机及其结构图。固体废物自上部给料口进入机内，立即遭受高速旋转的锤子的打击、冲击、剪切、研磨等作用而被破碎。锤子以铰链方式装在各圆盘之间的销轴上，可以在销轴上摆动。电动机带动主轴、圆盘、销轴及锤子以高速旋转。这个包括主轴、圆盘、销轴和锤子的部件称为转子。在转子的下部设有筛板，破碎物料中小于筛孔尺寸的细粒通过筛板排出；大于筛孔尺寸的粗粒被阻流在筛板上，并继续受到锤子的打击和研磨，达一定颗粒度时通过筛板排出。

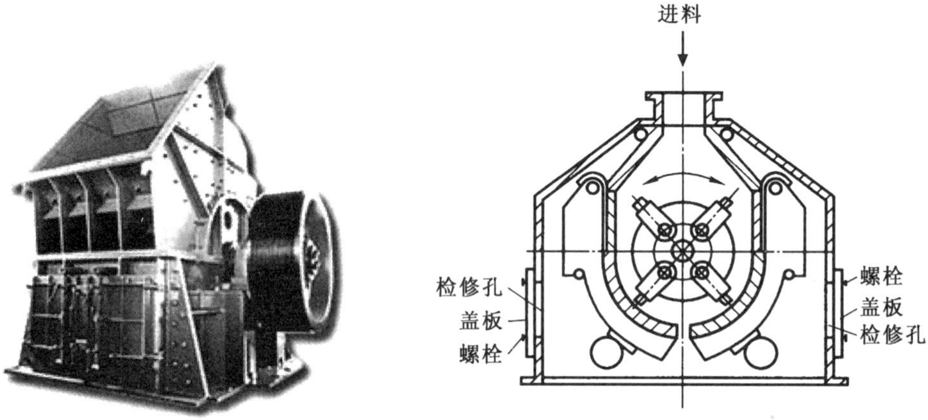

图 2-10 单转子锤式破碎机及其结构图

图 2-11 为双转子锤式破碎机及其结构图。物料经右方给料口送入，经磨碎后排至左方破碎腔，再经左方研磨板运动 3/4 圆周后借风力排至上部旋转式风力分级器。分级后的细粒产品自上方排出机外，粗粒产品返回破碎机再度破碎。该机破碎比可达 30。

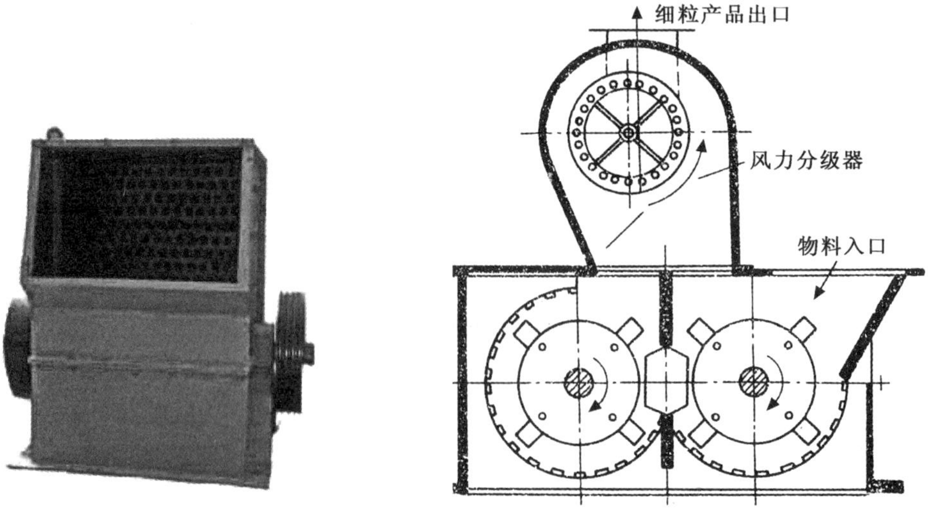

图 2-11 双转子锤式破碎机及其结构图

锤式破碎机主要用于破碎中等硬度且腐蚀性弱的固体废物，如硬质塑料、干燥木质废物以及废弃金属家用器物等。

3. 辊式破碎机

辊式破碎机又称对辊破碎机，具有结构简单、紧凑、轻便、工作可靠、价格低廉等优点，广泛用于处理脆性物料和含泥的黏性物料，作为中、细破碎之用。

图 2-12 为双辊式破碎机及其结构图。它由破碎辊、调整装置、弹簧保险装置、传动装置和机架等组成。旋转的工作转辊借助摩擦力将到达其上的物料块拉入破碎腔内，使之受到挤压和磨剥作用（有时还兼有劈碎和剪切作用）而破碎，最后由转辊带出破碎腔成为破碎产品排出。

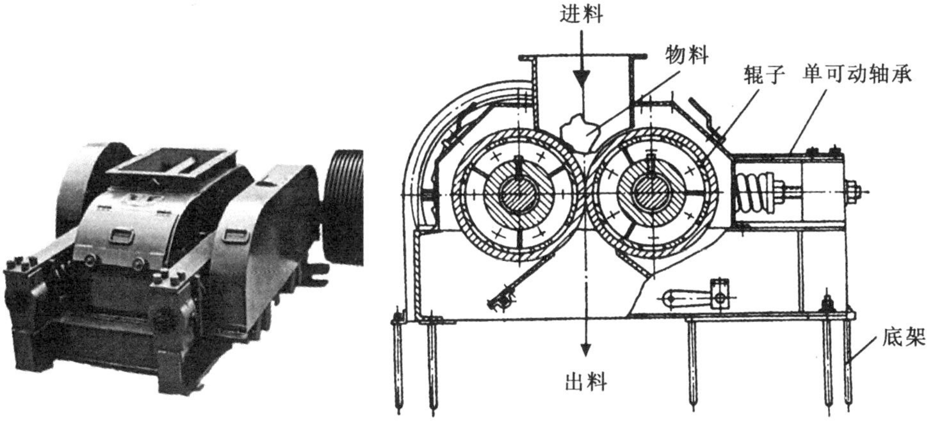

图 2-12　双辊式破碎机及其结构图

按辊子表面的构造，可分为光滑辊面和非光滑辊面（齿辊或沟槽辊）两大类。前者适用于处理硬性物料，后者适用于处理脆性物料。若按对辊机两个辊子的转速，可分为快速的（周速 4～7.5 m/s）、慢速的（周速 2～3 m/s）和差速的 3 种，其中快速的生产率高，用得最多。

4. 剪切式破碎机

这类破碎机安装有固定刃和可动刃，可动刃又分为往复刃和回转刃，其作用是将固体废物剪切成段或小块。剪切式破碎机可分为往复剪切式破碎机和旋转剪切破碎机。

（1）往复剪切式破碎机　往复剪切式破碎机及其构造如图 2-13 所示。固定刃和可动刃通过下端活动铰轴连接，犹似一把无柄剪刀，开口时侧面呈 V 字形破碎腔，固体废物投入后，通过液压装置缓缓将活动刃推向定刃，将固体废物剪成碎片（块）。

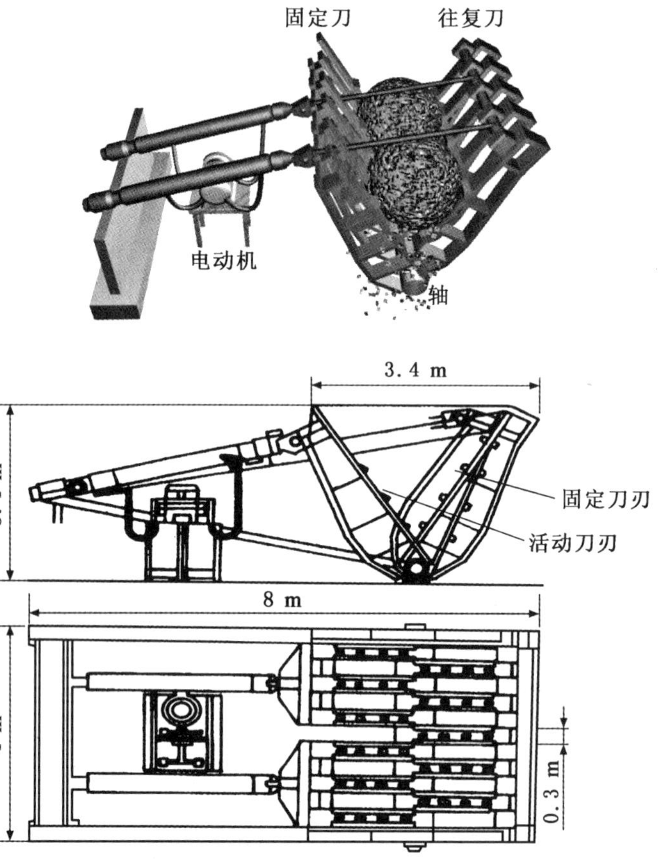

图 2-13 往复剪切式破碎机及其结构示意图

该机由若干固定刀刃和相应的活动刀刃构成，宽度为 30 mm，由特殊钢制成，磨损后可以更换。液压油泵最高压力为 12.8 MPa，处理量 80～150 m^3/h，可将厚度约 200 mm 的普通钢板剪至 30 mm。这种破碎机比较适于垃圾焚烧厂废物的破碎。

(2)旋转剪切破碎机　图 2-14 是旋转剪切破碎机及其结构图。该机由固定刀(1～2 片)、旋转刀(3～5 片)及投入装置等构成。投入的固体废物落入固定刀和旋转刀之间，并被剪断。该机的结构简单，但当混进硬度大的杂物时，易损坏固定刀和旋转刀。

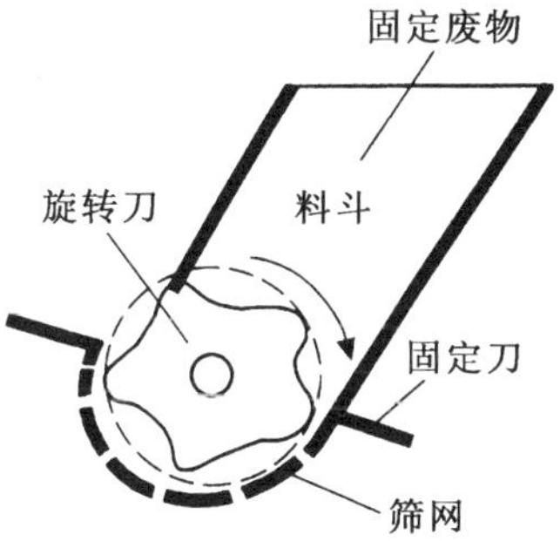

图 2-14　旋转剪切式破碎机及其结构示意图

5. 球磨机

图 2-15 是球磨机及其结构图。它主要由圆柱形筒体、端盖、中空轴颈、轴承和传动大齿圈等部件组成。筒体内装有直径 25～150 mm 的钢球；筒体两端的中空轴颈有两个作用：一是起支承作用，使球磨机全部重量经中空轴颈传给轴承和机座；二是起给料和排料的漏斗作用。电动机通过联轴器和小齿轮带动大齿圈和筒体缓缓转动。当筒体转动时，在摩擦力、离心力和衬板共同作用下，钢球和物料被衬板提升，当提升到一定高度后，在钢球和物料本身重力作用下，产生自由泻落和抛落，从而对筒体内底脚区的物料产生冲击和研磨作用，使物料粉碎。物料达到磨碎细度要求后，由风机抽出。

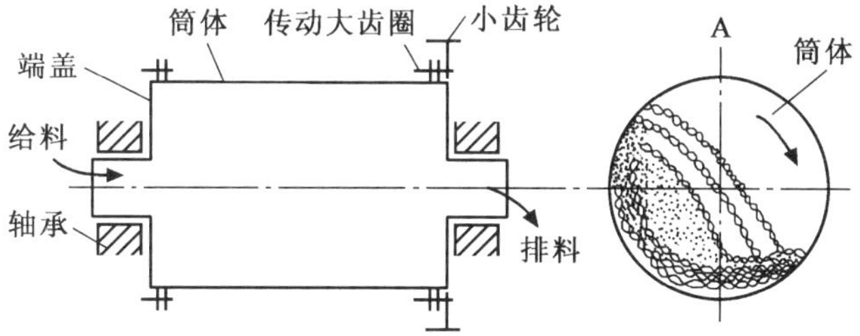

图 2-15　球磨机及其结构示意图

磨碎在固体废物处理与利用中占有重要位置。例如，对垃圾堆肥深加工需要使用球磨机。

6. 特殊破碎设备

对于一些常温下难以破碎的固体废物，如废旧轮胎、塑料、含纸垃圾等，常需采用特殊的破碎设备和方法，如低温破碎、湿式破碎和半湿式破碎等。

(1)低温(冷冻)破碎　对于常温下难以破碎的固体废物，可利用其低温变脆的性能进行有效的破碎，也可利用不同物质脆化温度的差异进行选择性破碎，这就是所谓的低温破碎技术。

低温破碎通常采用液氮做制冷剂。液氮具有制冷温度低、无毒、无爆炸危险等优点，但制取液氮需要耗用大量能源，故低温破碎对象仅限于常温难破碎的废物，如橡胶和塑料等。

典型低温粉碎的工艺流程如图 2-16 所示。将固体废物如钢丝胶管、塑料或橡胶包覆的电线电缆等先投入预冷装置，再进入浸没冷却装置进行冷冻处理，使橡胶、塑料等易冷脆物质迅速脆化，之后，再送入高速冲击破碎机进行破碎。破碎的产物进入各种分选设备进一步分选。

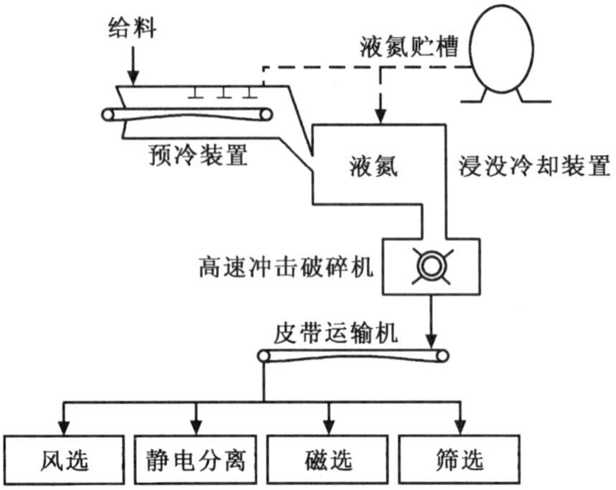

图 2-16　低温破碎工艺流程

①塑料低温破碎　首先要确定各种塑料的脆化点；然后对塑料进行冷冻处理，通常是让塑料在冷却槽内移动，同时，从槽顶喷入液氮，以把塑料的温度降至其脆化点温度；最后用冲击式破碎机对其进行破碎处理。常见塑料的脆化点是 PVC(聚氯乙烯)－20～－5℃，PE(聚乙烯)－135～－95℃，PP(聚丙烯)－20～0℃。

②从金属混合废物中回收铜、铝及锌的低温破碎　利用低温破碎技术可从废轮胎、有色金属等混合物中回收铜、铝。对于 25～75 mm 的混合金属，采用液氮冷却后冲击破碎(－72℃，1 min)，可从其破碎产物中回收 97.2%的铜、100%的铝(不含锌)。

(2)湿式破碎　图 2-17 为湿式破碎机的工作过程。含纸废物用传送带给入湿式破碎机，破碎机于圆形槽底上安装多孔筛，筛上带有6个刀片的旋转破碎辊，使投入的废物和水一起激烈回旋，废纸则破碎成浆状，通过筛孔落入筛下，然后由底部排出；难以破碎的筛上物（如金属等）则从破碎机侧口排出，再用斗式提升机送至装有磁选器的皮带运输机，以便将铁与非铁物质分离开来。

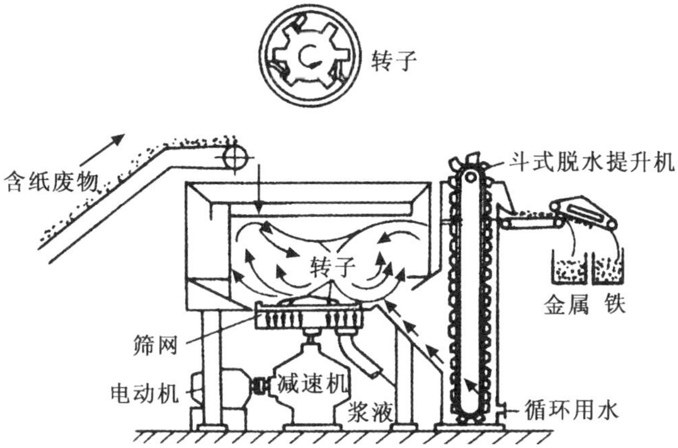

图 2-17　湿式破碎机工作过程

湿式破碎使含纸废物变为均质浆状物，可按流体处理；不会生蚊蝇和恶臭，卫生条件好；不会产生噪声、发热和爆炸的危险性；脱水有机残渣、质量、粒度大小和水分等变化小；在化学物质、纸和纸浆、矿物等处理中均可使用，但更适用于回收废物中的纸纤维、玻璃、铁和有色金属，剩余泥土等可做堆肥。

(3)半湿式破碎　该破碎技术将破碎和分选同时进行。其原理是各种不同物质在一定均匀湿度下，其强度、脆性（耐冲击性、耐压缩性、耐剪切力）不同而破碎成不同的粒度，达到破碎和分离的目的。

图2-18是半湿式破碎机构造图。半湿式破碎机是一种将破碎机和分选机合为一体的机械装置。由两种具有不同孔眼筛网的回转滚筒组成，滚筒内第一筛网和第二筛网分别安装有不同转速的刮板。分选机分为3段，第一、二两段装有筛网，第三段不设筛板。废物一旦进入圆筒筛即随筛壁上升，然后在重力作用下抛落，同时被反向旋转的破碎板撞击，废物中的玻璃、陶瓷等脆性物质被破碎，通过第一段筛网排出，剩余废物进入第二段筒筛，该段喷射水分，中等强度的纸类被破碎板破碎，从第二段筛孔排出。最后剩余的废物如金属、塑料、橡胶、木材、皮革等从第三段排出。

半湿式选择性破碎分选采用半湿式选择性破碎技术，将废物在同一台设备中

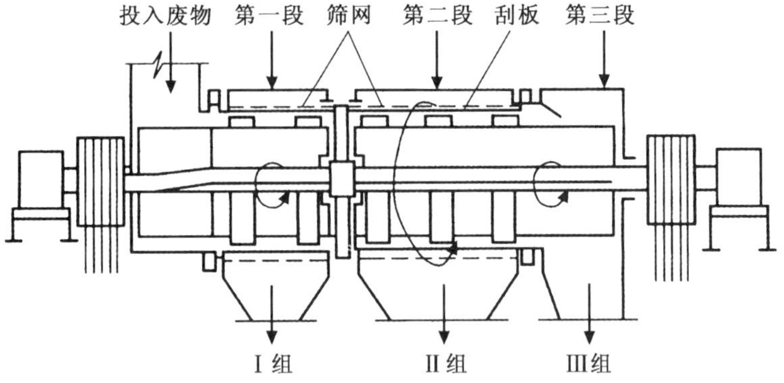

图 2-18 半湿式破碎机构造图

同时进行破碎和分选，可有效地回收废物中的有用物质。另外，该装置对进料的适应性好，易碎的废物破碎后能及时排出，避免了过度粉碎现象，且能耗低，处理费用低。

三、农业固体废物的分选技术

固体废物分选是指通过各种方法把固体废物中可回收利用的或不利于后续处理、处置工艺要求的物料分离出来的过程。可依据废物的粒度、密度、磁性、电性、光电性、摩擦性、弹性和表面湿润性等物理化学性质选择不同的分选方法。

（一）筛分

1. 筛分原理

筛分是利用筛子使物料中小于筛孔的细粒物料透过筛面，而大于筛孔的粗粒物料滞留在筛面上，从而完成粗、细料分离的过程。该分离过程可看作是物料分层和细粒透筛两个阶段组成的。物料分层是完成分离的条件，细粒透筛是分离的目的。为了使粗细、物料通过筛面分离，必须使物料和筛面之间具有适当的相对运动，使筛面上的物料层处于松散状态，即按颗料大小分层，形成粗粒位于上层、细粒位于下层的规则排列，细粒到达筛面并透过筛孔。细粒透筛时，尽管粒度都小于筛孔，但它们透筛的难易程度却不同。粒度小于筛孔 3/4 的颗粒，很容易通过粗粒形成的间隙到达筛面而透筛，称为“易筛粒”；粒度大于筛孔 3/4 的颗粒，很难通过粗粒形成的间隙到达筛面而透筛，而且粒度越接近筛孔尺寸就越难透筛，称为“难筛粒”。

2. 筛分效率

由于筛分过程较复杂，影响筛分效果的因素也多种多样，通常用筛分效率来描述筛分过程的优劣。筛分效率是指筛分时实际得到的筛下物的质量与原料中所含粒度小于筛孔尺寸的物料的质量之比。筛分效率的简易表达式为：

$$E=Q_1/Q\times100\%$$

式中：E 为筛分效率，%；Q_1 为筛下物的质量，kg；Q 为固体废物原料中小于筛孔尺寸的颗粒质量，kg。

影响筛分效率的因素主要有：①入筛物料的性质，包括物料的粒度状态、含水率和含泥量及颗粒形状。②筛分设备的运动特征。③筛面结构，包括筛网类型及筛网的有效面积、筛面倾角。④筛分设备防堵挂、缠绕及使物料沿筛面均匀分布的性能。⑤筛分操作条件，包括连续均匀给料、及时清理与维修筛面等。

3. 筛分作业类型

根据筛分在工艺过程中应完成的任务，筛分作业可分为以下 6 类：

(1)独立筛分　目的在于获得符合用户要求的最终产品的筛分，称为独立筛分。

(2)准备筛分　目的在于为下步作业做准备的筛分，称为准备筛分。

(3)预先筛分　在破碎之前进行筛分，称为预先筛分，目的在于预先筛出合格或无需破碎的产品，提高破碎作业的效率，防止过度粉碎和节省能源。

(4)检查筛分　对破碎产品进行筛分，又称为控制筛分。

(5)选择筛分　是利用物料中的有机成分在各粒级中的分布或性质上的显著差异所进行的筛分。

(6)脱水筛分　脱出物料中水分的筛分，常用于废物脱水或脱泥。

4. 筛分设备

在固体废物处理中，最常用的筛分设备是固定筛、滚筒筛、惯性振动筛和共振筛等。

(1)固定筛　固定筛的筛面由许多平行排列的筛条组成，筛面固定不动，筛子可以水平安装或倾斜安装，物料靠自身重力作下落运动。由于其构造简单、不耗用动力、设备费用低和维修方便，在固体废物处理中应用广泛。图 2-19 所示为固定筛结构示意图。

固定筛主要用于粗碎和中碎之前，其安装倾角应大于废物对筛面的摩擦角，一般为 30°～35°，以保证废物沿筛面下滑。棒条筛孔尺寸为要求筛下粒度的 1.1～1.2 倍，一般筛孔尺寸不小于 50 mm。筛条宽度应大于固体废物中最大块度的 2.5 倍。该筛适用于筛分粒度大于 50 mm 的粗粒废物。

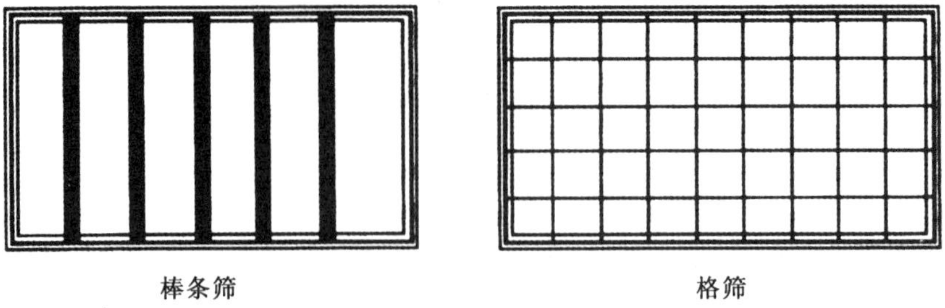

图 2-19　固定筛结构示意图

(2)滚筒筛　滚筒筛筛面为带孔的圆柱形筒体，在传动装置带动下，筛筒绕轴缓缓旋转。为使废物在筒内沿轴线方向前进，筛筒的轴线应倾斜 3°～5°安装。固体废物由筛筒一端给入，被旋转的筒体带起，当达到一定高度后因重力作用自行落下，如此不断地作起落运动，使小于筛孔尺寸的细粒透筛，而筛上物则逐渐移到筛的另一端排出(图 2-20)。

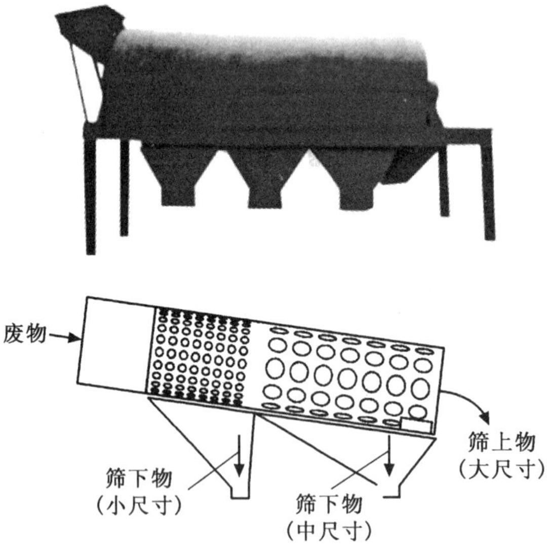

图 2-20　滚筒筛及其结构示意图

(3)惯性振动筛　惯性振动筛是通过由不平衡物体(如配重轮)的旋转所产生的离心惯性力使筛箱产生振动的一种筛子(图 2-21)。惯性振动筛适用于细粒废物(0.1～0.15 mm)的筛分,也可用于潮湿及黏性废物的筛分。

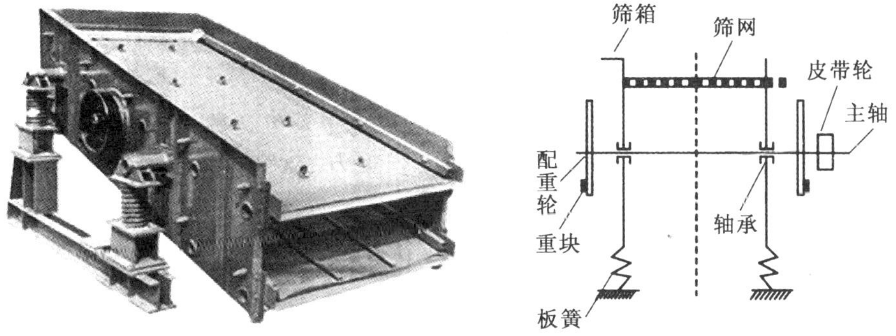

图 2-21　惯性振动筛及其结构示意图

(4)共振筛　共振筛是利用装有弹簧的曲柄连杆机构驱动,使筛子在共振态下进行筛分(图 2-22)。筛箱、弹簧及下机体组成一个弹性系统,筛箱在曲柄连杆机构驱动下作往复运动(如图中箭头所示),同时共振弹簧共振。该弹性系统固有的自振频率与传动装置的强迫振动频率接近或相同,使筛子在共振状态下做筛分,故称为共振筛。

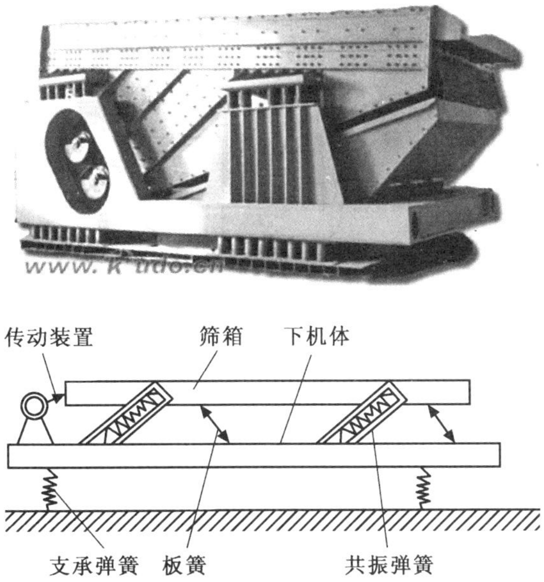

图 2-22　共振筛及其结构示意图

共振筛具有处理能力大、筛分效率高、耗电少以及结构紧凑等优点，功率消耗也较小。但其制造工艺复杂，机体笨重，橡胶弹簧易老化。共振筛的应用很广，适用于废物中细粒的筛分，还可用于废物分选作业的脱水、脱重介质和脱泥筛分等。

(二)重力分选

重力分选是根据固体废物在介质中的密度差进行分选的一种方法。它利用不同物质颗粒间的密度差异，在运动介质中受到重力、介质动力和机械力的作用，使颗粒群产生松散分层和迁移分离，从而得到不同密度的产品。

按介质不同，固体废物的重力分选可分为风力分选、重介质分选和跳汰分选等。

1. 风力分选

风力分选简称风选或气流分选，是以空气为分选介质，在气流作用下使固体废物颗粒按密度和粒度进行分离的过程。

风力分选装置在固体废物处理系统中应用非常广泛，其型式多种多样。按工作气流主流向的不同，可将它们分为水平、垂直和倾斜 3 种类型，其中垂直气流风选器应用最为广泛。

(1)水平气流风选机　水平气流风选机工作原理如图 2-23 所示。破碎后的物料随空气一起落入气流工作室内。水平方向吹入的气流使重质组分(如金属物)和轻质组分(如废纸、塑料等)分别落入不同的落料口，从而实现物料的分离。此种分选系统结构简单、紧凑，工作室内没有活动部件，分选效率较高。

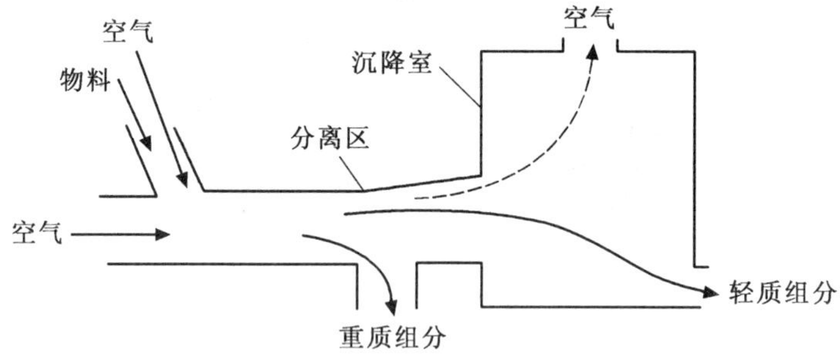

图 2-23　水平气流风选机工作原理图

(2)垂直气流风选机　垂直气流风选机常见的有两种结构形式，其主要区别在于垂直风道的型式，一种为直筒形，另一种为曲折形(图 2-24)。

在直筒形风选机的风道里，物料由上向下降落，而空气则由底部向上运动，物料中的轻质组分被上升的气流带出风道，重质组分则由于重量较大而降落到底部，从而实现组分的分离。曲折形风选机的风道呈弯曲状，因此，气流和物料的运动轨迹是曲线形的，这样有利于物料的分散和气流与物料的混合搅动，从而提高分选效果。

(3)倾斜式分选机　倾斜式分选机气流工作室是倾斜的，它有两种典型的结构型式(图 2-25)。两种装置的工作室都是倾斜的，但气流工作室的结构型式不同。为使工作室内的物料保持松散状，并使其中的重质组分较易排出，在图 2-25(a)的结构中，工作室的底板有较大的倾角，且处于振动状态，它兼有振动筛和气流分选的作用。而在图 2-25(b)的结构中，工作室为一倾斜的转鼓滚筒，它兼有滚筒筛和气流分选的作用。当滚筒旋转时，较轻的颗粒悬浮在气流中而被带往集料斗，较重和较小的颗粒则透过圆筒壁上的筛孔落下，较重的大颗粒则在滚筒的下端排出。倾斜式分选机既有垂直风选机的一些特色，又具有水平风选机的某些特点。

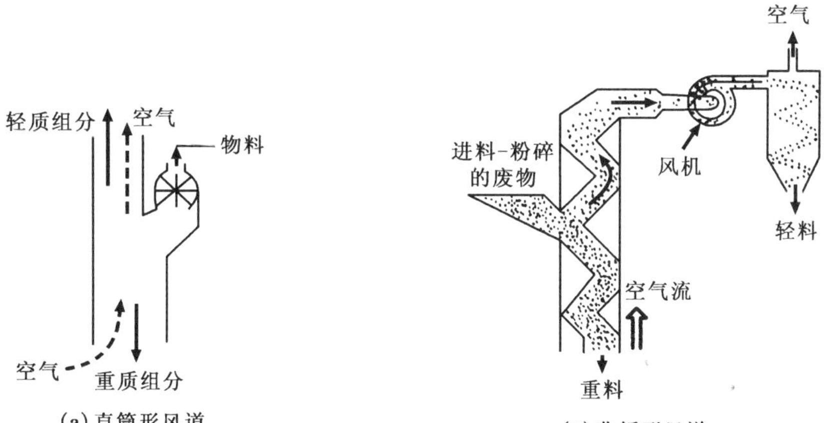

(a)直筒形风道　(b)曲折形风道

图 2-24　垂直气流风选机工作原理图

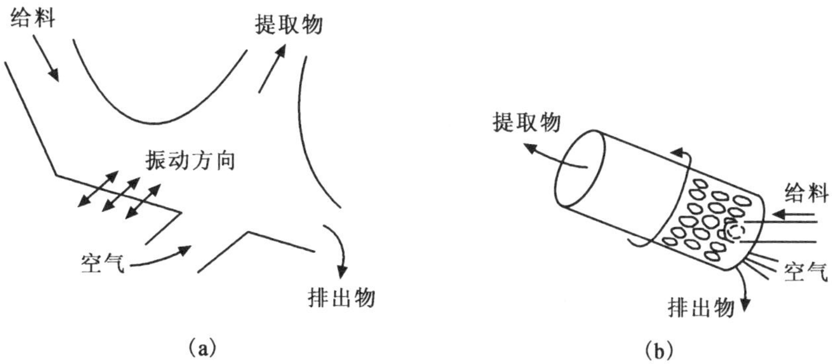

(a)　(b)

图 2-25　倾斜式分选机工作原理图

2. 重介质分选

通常将密度大于水的介质称为重介质。在重介质中使固体废物中的颗粒群按密度分开的方法称为重介质分选。为使分选过程有效地进行，选择的重介质密度(ρ_c)需介于固体废物中轻物料密度(ρ_L)和重物料密度(ρ_w)之间，即：

$$\rho_L < \rho_c < \rho_w$$

凡颗粒密度大于重介质密度的重物料都下沉，集中于分选设备的底部成为重产物；颗粒密度小于重介质密度的轻物料都上浮，集中于分选设备的上部成为轻产物。它们分别排出，从而达到分选的目的。

重介质是由高密度的固体微粒和水构成的固、液两相分散体系，是密度高于水的非均质介质。高密度的固体微粒起着加大介质密度的作用，故把这些固体微粒称为加重质。

用于重介质分选的常用加重质有硅铁、磁铁矿等。硅铁含硅量为13%～18%，其密度为6.8 g/cm^3，可配制成密度为3.2～3.5 g/cm^3 的重介质。硅铁具有耐氧化、硬度大、带强磁化性等特点，使用后经筛分和磁选可以回收再生。纯磁铁矿密度为5.0 g/cm^3，用含铁60%以上的铁精矿粉可配制得重介质，其密度达2.5 g/cm^3。磁铁矿在水中不易氧化，可用弱磁选法回收再生利用。

图2-26是鼓型重介质分选机及其工作原理图。该设备外形是一圆筒转鼓，由4个辊轮支撑，通过圆筒腰间的大齿轮由传动装置带动旋转。在圆筒的内壁沿纵向设有扬板，用以提升重产物到溜槽内。圆筒水平安装，固体废物和重介质一起由圆筒一端给入，在向另一端流动的过程中，密度大的重介质的颗粒沉于槽底，由扬板提升落入溜槽内，被排出槽外，成为重产物；密度小于重介质的颗粒随重介质流入圆筒溢流口排出，成为轻产物。

3. 跳汰分选

跳汰分选是在垂直变速介质流中按密度分选固体废物的一种方法，它使磨细的混合废物中的不同粒子群在垂直脉动运动介质中按密度分层，小密度的颗粒群位于上层，大密度的颗粒群(重质组分)位于下层，从而实现物料的分离(图2-27)。在生产过程中，原料不断地送进跳汰装置，轻重物质不断分离并被淘汰掉，这样可形成连续不断的跳汰过程。跳汰介质可以是水或空气，但目前用于固体废物分选的介质都是水。

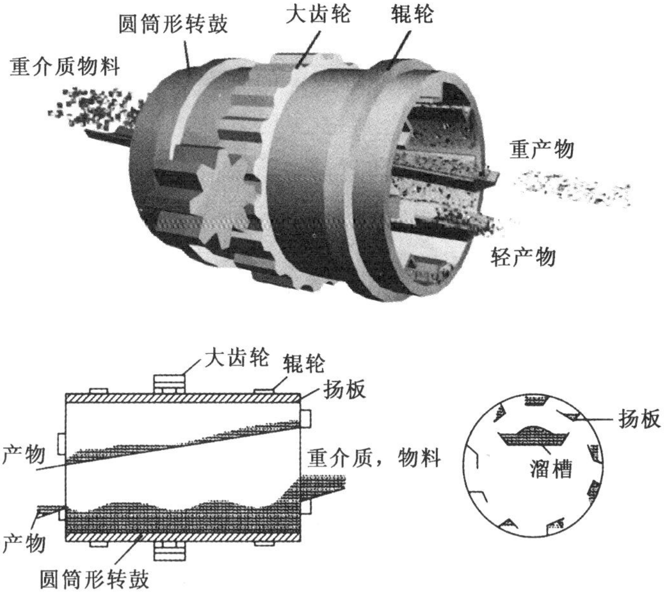

图 2-26　重介质分选机及其工作原理图

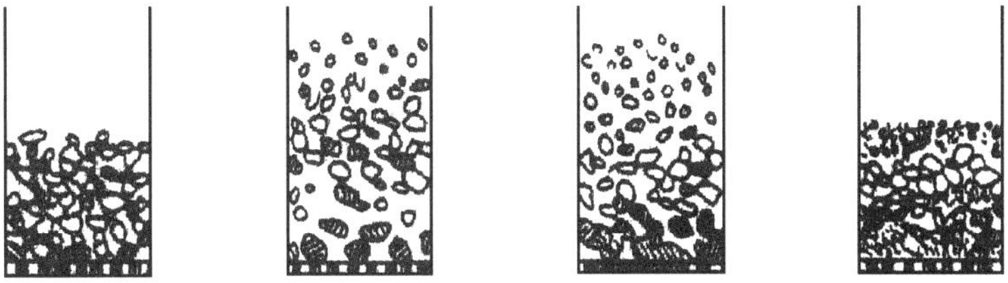

(a) 分层前颗粒混杂堆积　(b) 上升水流将床层抬起　(c) 颗粒在水中沉降分层　(d) 下降水流，床层紧密，重颗粒进入底层

图 2-27　颗粒在跳汰时的分层过程

图 2-28 为跳汰分选装置结构示意图。其机体的主要部分是固定水箱，它被隔板分为 2 个室。右为活塞室，左为跳汰室。活塞室中的活塞由偏心轮带动作上下往复运动，使筛网附近的水产生上下交变水流。在运行过程中，当活塞向下时，跳汰室内的物料受上升水流作用，由下而上升，在介质中成松散的悬浮状态；随着上升水流的逐渐减弱，粗重颗粒就开始下沉，而轻质颗粒还可能继续上升，此时物料达到最大松散状态，形成颗粒按密度分层的良好条件。当上升水流停止并开始下

降时,固体颗粒按密度和粒度的不同作沉降运动,物料逐渐转为紧密状态。下降水流结束后,一次跳汰完成。每次跳汰,颗粒都受到一定的分选作用,达到一定程度的分层。经过多次反复后,分层就趋于完全,上层为小密度的颗粒,下层为大密度的颗粒。在固体废物的分选中,主要用于混合金属废物的分离。

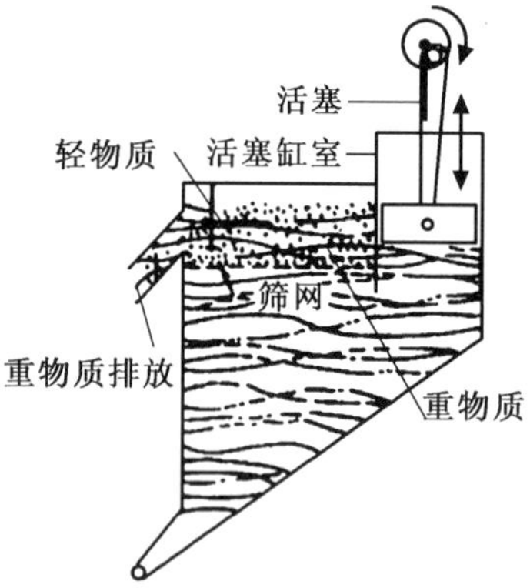

图 2-28 跳汰分选装置

(三)磁力分选

磁力分选(简称磁选)是借助设备产生的磁场使铁磁物质组分分离的一种方法。在固体废物的处理系统中,磁选主要用于回收或富集黑色金属,或是在某些工艺中用以排除物料中的铁质物质。

固体废物可依磁性分为强磁性、中磁性、弱磁性和非磁性等组分。这些不同磁性的组分通过磁场时,磁性较强的颗粒(通常为黑色金属)就会被吸附到产生磁场的磁选设备上,而磁性弱的和非磁性颗粒就会被输送设备带走或受自身重力(或离心力)的作用掉落到预定的区域内,从而完成磁选过程。

磁选机是常用的磁选设备,主要由磁力滚筒和输送皮带组成,磁力滚筒是其关键部件。磁力滚筒有永磁和电磁两类。电磁滚筒的主要优点是其磁力可通过激磁线圈电流的大小来加以控制,但电磁滚筒的价格比永磁滚筒高许多。因此,在实际中,永磁滚筒应用得较多。永磁滚筒的结构如图 2-29 所示,它的主要组成部件是一个回转的多极磁系和套在磁系外面的用不锈钢或铜、铝等非导磁材料制成的圆筒。一般磁系的包角为 360°,但也有小于此角度的。磁系与圆筒通常固定在同一个轴上,安装在皮带运输机的头部(代替驱动滚筒)。

目前,在废物处理系统中,最常用的磁选设备是滚筒式磁选机和带式磁选机。

1. 滚筒式磁选机

滚筒式磁选机由磁力滚筒和输送带组成(图 2-30)。磁力滚筒是皮带输送机的驱动滚筒。当皮带上的混合物料通过磁力滚筒时,非磁性物质在重力及惯性力的作用下,被抛落到滚筒的前方,而铁磁性物质则在磁力作用下被吸附到皮带上,并随皮带一起继续向前运动。当铁磁物质传到滚筒下方逐渐远离磁力滚筒时,磁力就会逐渐减小。这时,铁磁物质就会在重力和惯性力的作用下脱离皮带,并落入预定的收集区。

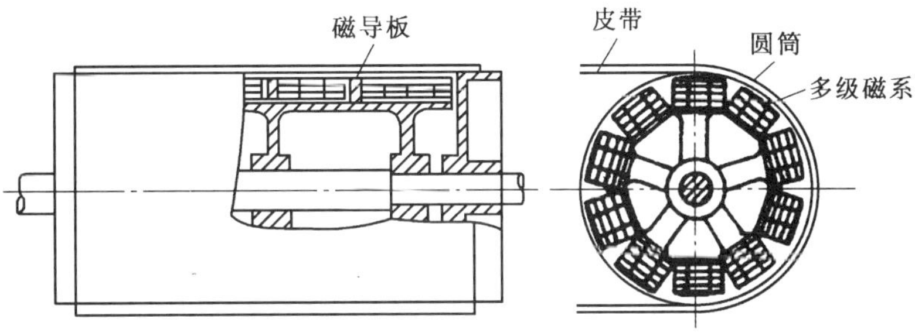

图 2-29　永磁滚筒结构示意图

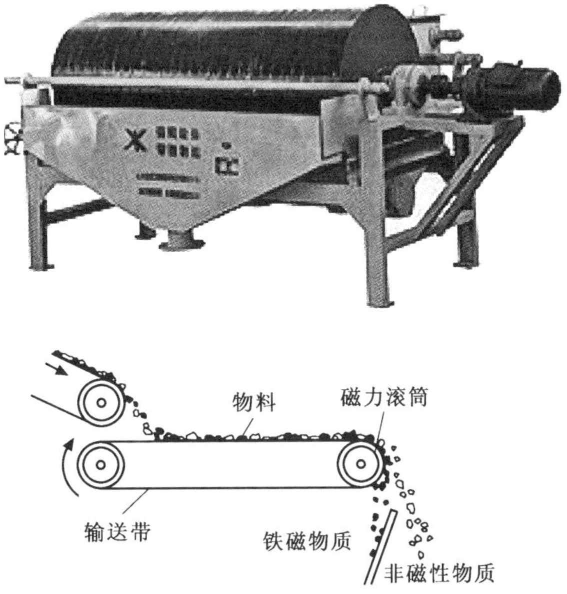

图 2-30　滚筒式磁选机及其工作原理图

2. 带式磁选机

图 2-31 为带式磁选机及其工作原理图。物料放置在输送带上，输送带以与书面垂直的方向缓慢向前运动。在输送带的上方，悬挂一大型固定磁铁，并配有一传送带。在传送带不停地转动的过程中，由于磁力的作用，输送带上的铁磁物质就会被吸附到位于磁铁下部磁性区段的传送带上，并随传送带一起向一端移动。当传送带离开磁性区时，铁磁物质就会在重力的作用下脱落下来，从而实现铁磁物质的

分离。需要注意的是，磁选机下通过的物料输送皮带的速度不能太高，一般不应超过 1.2 m/s，且磁铁离被分选的物料的高度通常应小于 500 mm。

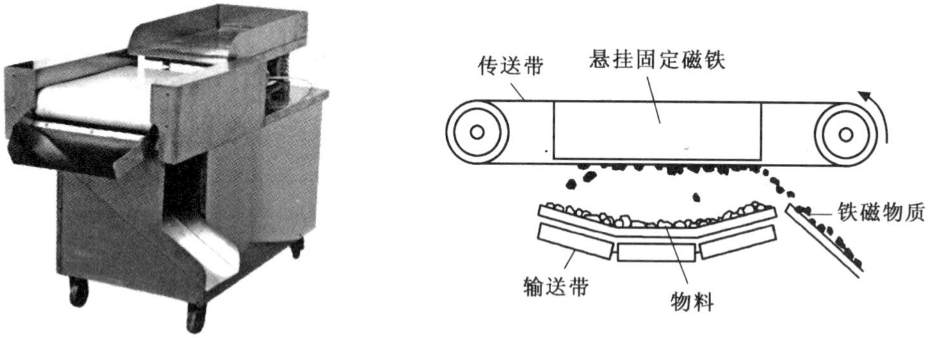

图 2-31 带式磁选机及其工作原理图

(四)电力分选

电力分选简称电选，是利用固体废物中各种组分在高压电场中电性的差异实现分选的一种方法。

电选分离过程是在电选设备中进行的。废物颗粒在电晕-静电复合电场电选设备中的分离过程如图 2-32 所示。给料斗把物料均匀地给入辊筒上，物料随着辊筒的旋转进入电晕电场区。由于电场区空间带有电荷，导体和非导体颗粒都获得负电荷，导体颗粒一面荷电，一面又把电荷传给辊筒(接地电极)，其放电速度快。因此当废物颗粒随辊筒旋转离开电晕电场区而进入静电场区时，导体颗粒的剩余电荷少，而非导体颗粒则因放电较慢，致使剩余电荷多。导体颗粒进入静电场后不再继续获得负电荷，但仍继续放电，直至放完全部电荷，并从辊筒上得到正电荷而被辊筒排斥，在电力、离心力和重力的综合作用下，其运动轨迹偏离辊筒而在辊筒前方落下。非导体颗粒由于较多的剩余负电荷，将与辊筒相吸，被吸附在辊筒下，带到辊筒后方，被毛刷强制刷下；半导体颗粒的运动轨迹则介于导体与非导体颗粒之间，从而完成电选分离过程。

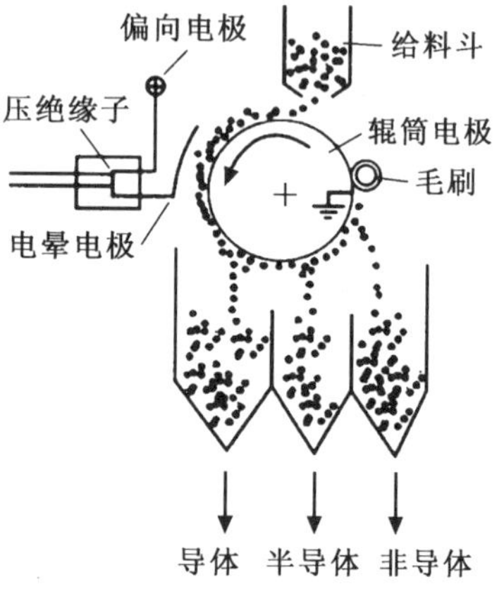

图 2-32 电选分离过程示意图

（五）浮选

1. 浮选原理

浮选是在固体废物与水调制的料浆中加入浮选药剂，并通入空气形成无数细小气泡，使欲选物质颗粒黏附在气泡上，随气泡上浮于料浆表面成为泡沫层，然后刮出回收；不浮的颗粒仍留在料浆内，通过适当处理后废弃。

固体废物浮选主要是利用欲选物质对气泡黏附的选择性。其中有些物质表面的疏水性较强，容易黏附在气泡上，而另一类物质表面亲水，不易黏附在气泡上。物质表面的亲水、疏水性能，可以通过浮选药剂的作用而加强。因此，在浮选工艺中正确选择、使用浮选药剂是调整物质可浮选的主要外因条件。

药剂根据在浮选过程中的作用不同，可分为捕收剂、气泡剂和调整剂三大类。

捕收剂能够选择性地吸附在欲选物质颗粒表面上，使其疏水性增强，提高可浮性，并牢固地黏附在气泡上而上浮。

常用的捕收剂有异极性捕收剂和非极性油类捕收剂两类。典型的异极性捕收剂有黄药、油酸等。从煤矸石中回收黄铁矿时，常用黄药做捕收剂。非极性油类捕收剂主要成分是脂肪烷烃（C_nH_{2n+2}）和环烷烃（C_nH_{2n}），最常用的是煤油，从粉煤灰中回收炭，常用煤油做捕收剂。

气泡剂是一种表面活性物质，主要作用在水-气界面上，使其界面张力降低，促使空气在料浆中弥散，形成小气泡，防止气泡兼并，增大分选界面，提高气泡与颗粒的黏附和上浮过程中的稳定性，以保证气泡上浮形成泡沫层。常用的气泡剂有松油、松醇油、脂肪醇等。

调整剂的作用主要是调整其他药剂（主要是捕收剂）与物料颗粒表面之间的作用，还可调整料浆的性质，提高浮选过程的选择性。调整剂的种类较多，它包括了活化剂、抑制剂、介质调整剂和分散与混凝剂等。

2. 浮选设备

浮选设备类型很多，我国使用最多的是机械搅拌式浮选机（图 2-33）。大型浮选机每两个槽为一组，第一个槽为吸入槽，第二个槽为直流槽。小型浮选机多以 4～6 个槽为一组，每排可以配置 2～20 个槽。每组有一个中间室和料浆面调节装置。

浮选时，料浆由进浆管进入，给到盖板与叶轮中心处。由于叶轮高速旋转，在盖板与叶轮中心处造成一定的负压，空气由进气管和套管吸入，与料浆混合后一起被叶轮甩出。在强烈的搅拌下，气流被分割成无数微细气泡。预选物质颗粒与气泡碰撞黏附在气泡上而浮升至料浆表面形成泡沫层，经刮泡机刮出成为泡沫产品，再经消泡脱水后即可回收。

浮选是固体废物资源化的一种重要技术。浮选法的主要缺点是有些固体废物浮选前需要破碎到一定的细度,浮选时要消耗一定数量的浮选药剂且易造成环境污染,另外还需要一些辅助工序如浓缩、过滤、脱水、干燥等,因此,在生产实践中究竟采用哪一种分选,应根据固体废物的性质经技术经济综合比较后确定。

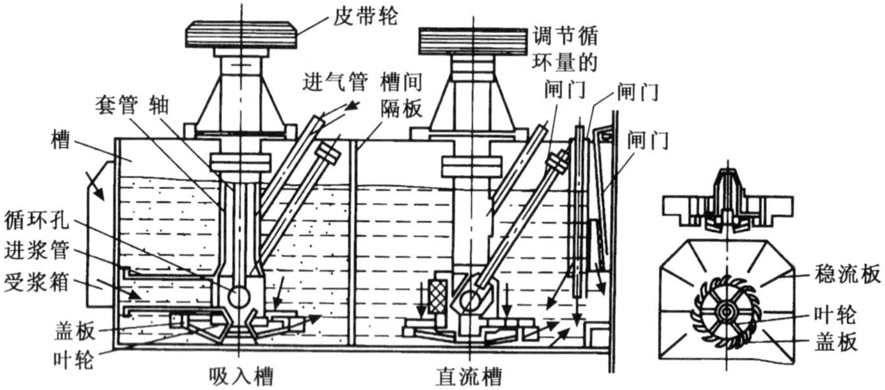

(a)空气吸式机械搅拌浮选机　　(b)吸气装置

图 2-33　机械搅拌式浮选机及其结构图

(六)其他分选方法

除了上面介绍的常见分选方法外,还有根据物料的电性、磁性、光学等性质差别进行物料的分选方法,如光电分选、涡电流分选等。

1. 光电分选

光电分选是利用物质表面反射特性的不同而分离物料的方法。图 2-34 为光电分选工作原理图。

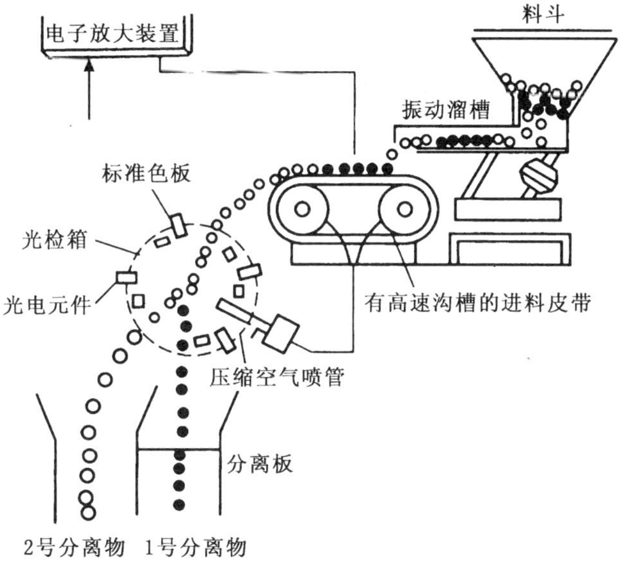

图 2-34 光电分选工作原理图

固体废物经预先分级后进入料斗，由振动溜槽连续均匀地落入有高速沟槽的进料皮带上，在皮带上拉开一定距离并排队前进，从皮带首端抛入光检箱受检。当颗粒通过光检测区时，受光源照射，背景板显示颗粒的颜色或色调，当欲选颗粒的颜色与背景颜色不同时，反射光经光电倍增管转换为电信号(此信号随反射光的强度变化)，电子电路分析该信号后，产生控制信号驱动高频气阀，喷射出压缩空气，将电子电路分析出的异色颗粒(即欲选颗粒)吹离原来下落轨道，加以收集。而颜色符合要求的颗粒仍按原来的轨道自由下落加以收集，从而实现分离。光电分选主要用于从废物中回收橡胶、塑料、金属等物质。

2. 涡电流分选

当含有非磁性导体金属(如铅、铜、锌等物质)的废物流以一定的速度通过一个交变磁场时，这些非磁性导体金属中会产生感应涡流。由于废物流与磁场有一个相对运动的速度，从而对产生涡流的金属片块有一个推力。利用此原理可使一些有色金属从混合废物流中分离出来。而作用于金属上的推力取决于金属片块的尺寸、形状和不规整的程度。分离推力的方向与磁场方向及废物流的方向均呈90°。图2-35为按此原理设计的涡电流分离器。在涡电流分离器上的直线感应器中由三相交流电在其绕组中产生交变的直线移动的磁场,此磁场的方向与输送机皮带的运动方向垂直。当皮带上的物料从感应器下通过时,物料中的有色金属将产生涡电流,从而产生向带侧运动的排斥力。此分离装置由上、下两个直线感应器组成,能保证产生足够大的电磁力,将物料中的有色金属推入带侧的集料斗中。但此种分选过程带速不宜过高。

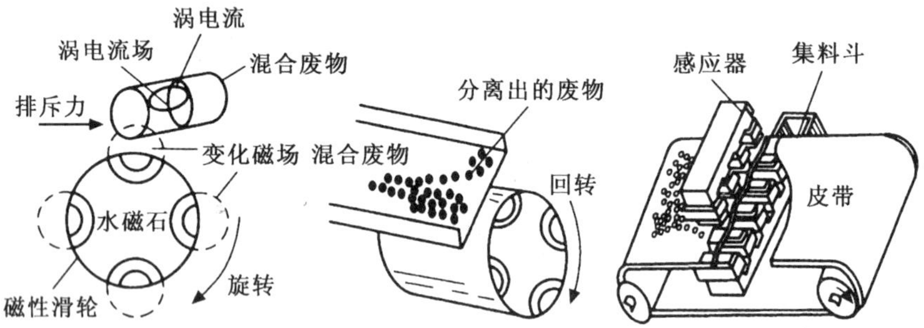

图 2-35 涡电流分选工作原理图

涡电流分离技术是从固体废物中回收有色金属的一种有效方法,具有广阔的应用前景。

四、农业固体废物的固液分离技术

固体废物含水量高,就难以运输、存放、直接利用或处置,因此固液分离往往是农业固体废物进行处理和综合利用的首要环节。固液分离的方法主要有两类:一类是根据固体物几何尺寸差异进行分离;另一类是根据固体物与溶液比重差异进行分离。常用的固液分离技术包括筛分、沉降分离、过滤分离和造粒脱水等。

(一)筛分

筛分是一种根据固体废物的粒度分布进行固液分离的方法。筛分的形式主要有固定筛、振动筛和转动筛等。

(二)沉降分离

沉降分离是利用固体物比重大于溶液比重的性质而将固体分离出来的方法,分为自然沉降、絮凝沉降和离心沉降。

1. 自然沉降

自然沉降速度慢、去除率低。如简易化粪池(图2-36)和浓缩池(图2-37)。

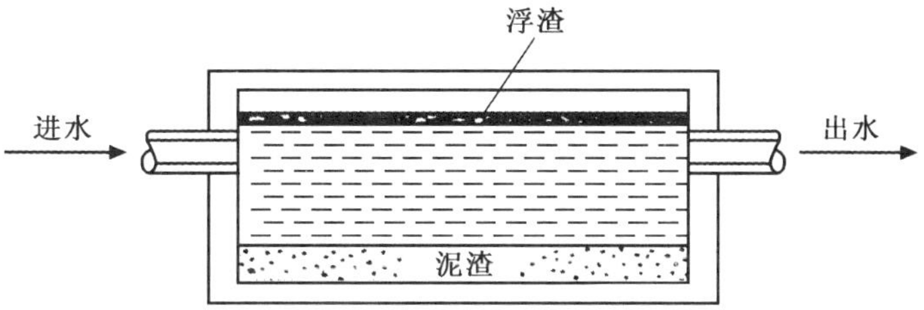

图 2-36　简易化粪池

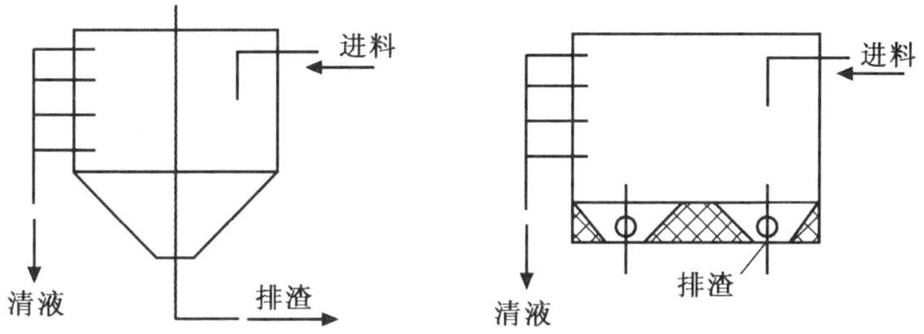

(a)间歇式浓缩池

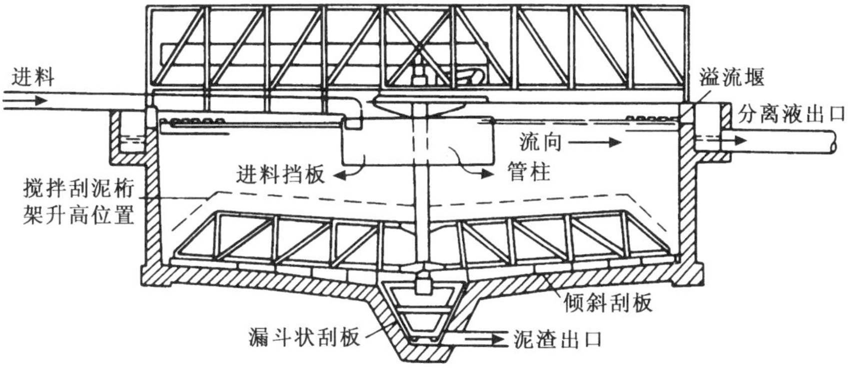

(b)连续式浓缩池

图 2-37　浓缩池

简易化粪池是将粪污等固体废物直接排入,进行固液分离。浓缩池按运行方式分为间歇式浓缩池和连续式浓缩池。间歇式浓缩池是粪污等固体废物间歇投入浓缩池,其池体体积较大,管理也较麻烦。连续式浓缩池一般是直径为 5～20 m 的圆锥状的钢筋混凝土构筑物,底面倾斜度很小,进料口设在池中心,池周围有溢流堰。自进料口进入的粪污等固体废物向池的四周缓慢流动过程中,固体粒子得到沉降分离，分离液则越过溢流堰流出。被浓缩到池底的泥渣，经过安装在中心旋转轴上的刮泥机很缓慢得旋转刮动，从排渣口由泵排出。

2. 絮凝沉降

絮凝沉降是使用絮凝剂，使小分子悬浮物凝聚形成大的颗粒，从而加快了沉降速度，提高去除率。其构筑物仍是简易化粪池和浓缩池。

3. 离心沉降

离心沉降通过离心脱水机来实现固液分离。通过此方法大大加快了颗粒的沉降速度，使分离性能大为改善。例如，含固率为 8%的猪粪，使用离心沉降可使含固率提高 30%。但离心沉降的缺点是设备投资大，运行能耗高，维修较为困难。常用的离心脱水机为转筒式。

(1)卧式螺旋转筒离心机　图 2-38 所示为卧式螺旋转筒离心机及其结构示意图。这种离心机的主体部件由螺旋输送器、转筒组成。螺旋输送器和转筒由驱动轮驱动，向同一个方向转动，但螺旋输送器的转速较转筒(1 200～8 500 r/min)低 5～100 r/min，依靠速度差的作用，螺旋输送器能够缓慢地输送浓缩的固体废物。

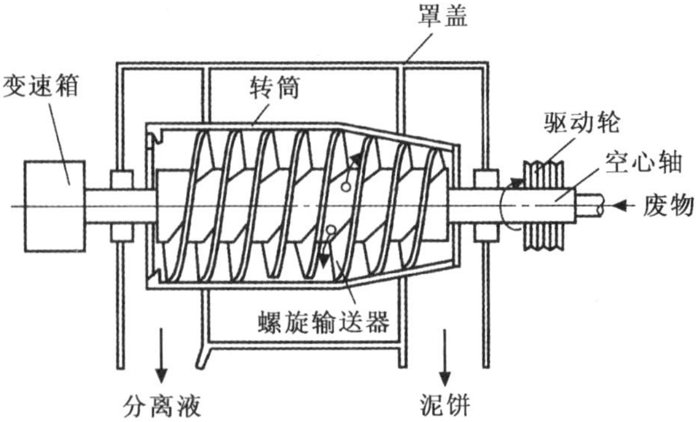

图 2-38　卧式螺旋转筒离心机及其结构示意图

转轴为变径空心轴，废物由空心轴腔输入至螺旋器内的扩大空心轴中，并由空心轴上的孔排到转筒。在高速旋转中，固体颗粒被甩至筒壁压实，水层则浮于泥饼的内表面，由尾端排放口流出。泥饼由螺旋器推动从锥体端排出。该机具有操作简便、设备紧凑、运行条件良好、脱水效率高等优点，适合于多种不同性质固体废物的脱水，缺点是能耗较大。

（2）圆锥形离心脱水机　图 2-39 为圆锥形离心脱水机及其结构示意图，其转筒为圆锥形，主体部件有转筒（1 200～1 900 r/min）、随转筒同步旋转的内部螺旋输送器和转速比转筒大 10～20 r/min 的主螺旋输送器组成。

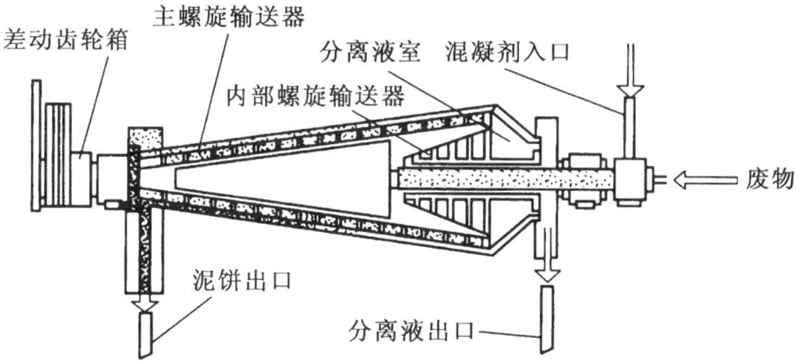

图 2-39　圆锥形离心脱水机及其结构示意图

废物由中心输料管送入分离液室，然后被分离成澄清液和泥饼。在分离室内，液体越接近分离液出口，其离心力越大。浓缩废物排出方向与分离液排出方向相同，因此，它的离心力也逐渐增大，结果提高了废物的脱水效果。废物被浓缩后，被推送到设置外筒里的主螺旋输送器上，并在推到泥饼排出口过程中继续缓慢地脱水，最后从泥饼出口排出。

(3)沉降过滤式离心机　沉降过滤式离心机是沉降与过滤组合的一种新型脱水设备,因而它兼有两者的优点。沉降过滤式离心脱水机及其工作原理如图 2-40 所示。进入离心机的物料,先经离心沉降段,使固体颗粒沉降于转筒壁上,并挤出其中大部分液体,随后螺旋将浓缩物料推入离心过滤段进一步脱水后排出机体。

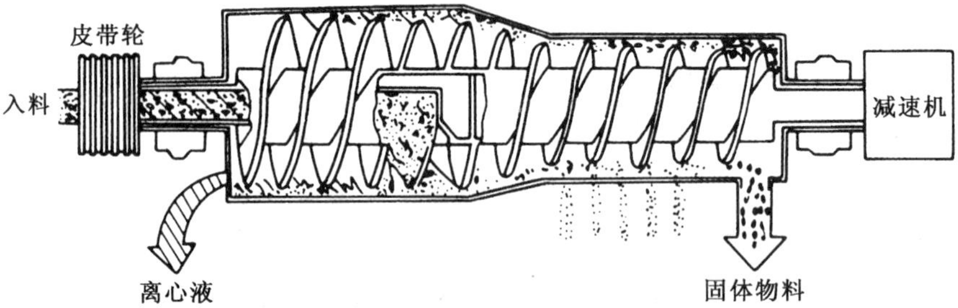

图 2-40　沉降过滤式离心机及其工作原理图

(三)过滤分离

虽然过滤与筛分有许多相同之处,但两者在分离过程上却有明显的不同,过滤分离中,未过滤的颗粒可以在滤网上形成过滤层,对上层的物料也能够起到过滤作用。过滤分离主要使用真空过滤机和压滤机等设备。

1. 真空过滤机

真空过滤是利用抽真空的方法造成过滤介质两侧的压力差,从而造成脱水推动力进行脱水。真空过滤所使用的机械称为真空过滤机,俗称真空转鼓。真空过滤机脱水的特点是能够连续生产,运行平稳,可自动控制。主要缺点是附属设备较多,工序较复杂,运行费用较高。国内常用的是转鼓式真空抽滤机,其工作原理与操作系统如图 2-41 所示。

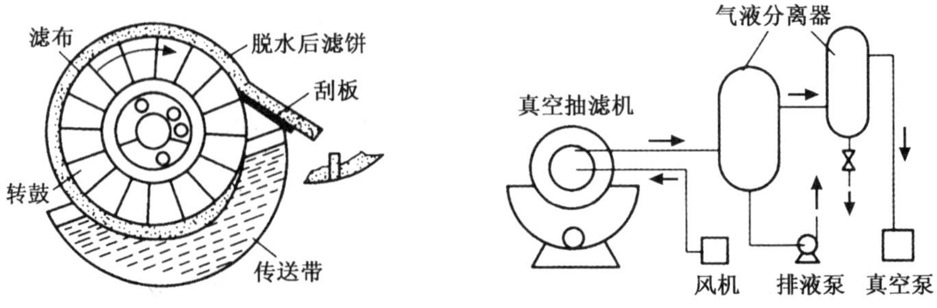

图 2-41　转鼓式真空抽滤机的工作原理与操作系统

这种过滤机的主要部件是一个外表面包有滤布、部分浸入料槽的转鼓。鼓内分隔为若干小室，于旋转轴附近连接真空与压缩空气系统。转鼓旋转的一个周期中，浸入料槽内的小室恰与真空系统相接，完成水分的吸滤，水通过滤布进入小室，经抽空管、气水分离器排出，固体废物均匀地吸附于滤布表面形成滤饼。小室脱离废物槽之后的一段行程中，仍处于负压下继续脱水。继续旋转至某一部位后，该小室脱离真空系统，开始与压气系统相接，滤饼被吸干、松动，由刮板刮下，落入料斗或传送带运走，转鼓即进入下一个循环。辊筒转速为 0.75～1.1 mm/s。

2. 压滤机

压滤是在外加一定压力的条件下使含水废物过滤脱水的操作，可分为间歇型与连续型两种。间歇型的典型压滤机为板框式压滤机，连续型的压滤机为带式压滤机。

(1)板框式压滤机　图 2-42 为板框式压滤机及其结构示意图。它由滤板与滤

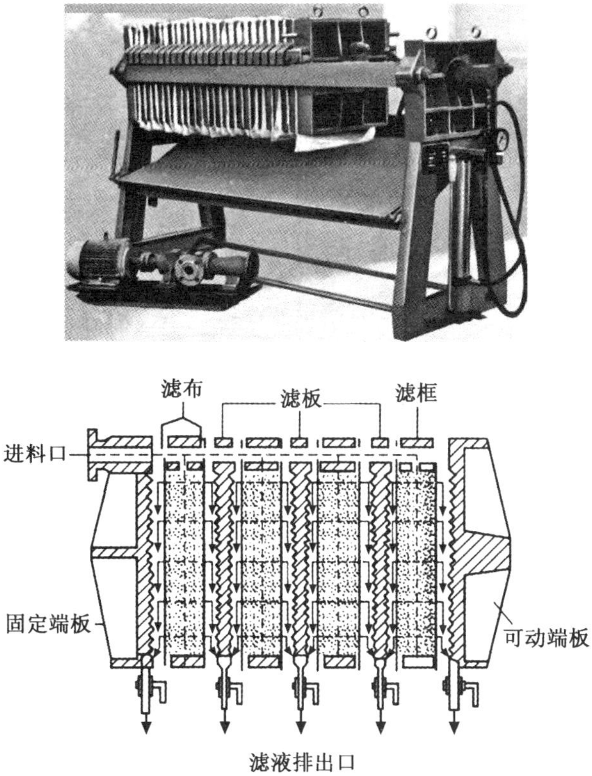

图 2-42　板框式压滤机及其结构示意图

框相间排列组成。滤框双侧用滤布包夹在中间,两端用夹板固定。板与框均开有沟槽与进泥孔相连,形成导管。过滤时,用泵将物料由导管压入机内,分别导入各滤框空间,滤液通过滤布,沿滤板沟槽汇集于排液管排出,滤饼留在框内。当一次操作完成后,压滤机自动拉开框板,卸出滤饼。

板框压滤机结构简单,处理固体废物含水率范围较大,适应性好,滤饼含水率与滤出液含悬浮物相对都比较低,滤布寿命较长,因而得到广泛应用。缺点是操作比较繁琐。压滤机操作压力一般要求在 392～784 kPa(4～8 kg/cm^2)。滤饼含水率为 45%～80%。

(2)带式压滤机　带式压滤机种类很多,但基本结构相同,都由滚压轴和滤布组成。主要区别在于挤压方式与装置不同。图 2-43 为滚压带式压滤机及其结构示意图。

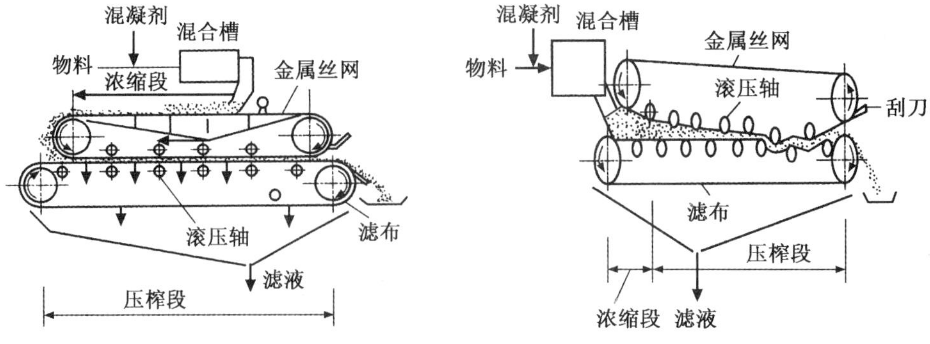

(a)对置滚压式　　(b)水平滚压式

图 2-43　滚压带式压滤机及其结构示意图

滚压方式一般分为对置滚压式和水平滚压式两种。对置滚压式的滚压轴处于上下垂直的相对位置，物料由双带之间通过，经上、下压滚挤压，滤液通过滤布而排出。水平滚压式的滚压轴上下错开，物料既受到挤压作用，又同时受到剪切作用，挤压作用力较对置滚压式的小，剪切作用力可使物料的脱水效率得到提高，并使滤饼容易从过滤带上剥离。

图 2-44 为三级皮带压滤机及其结构示意图。这是一种将重力脱水、转筒-压滚脱水、压滚-压滚脱水组合起来的脱水装置，使滤饼介于上、下两条金属网带之间而被挤压。压滚的挤压力可根据滤饼的性质调节弹簧而定。

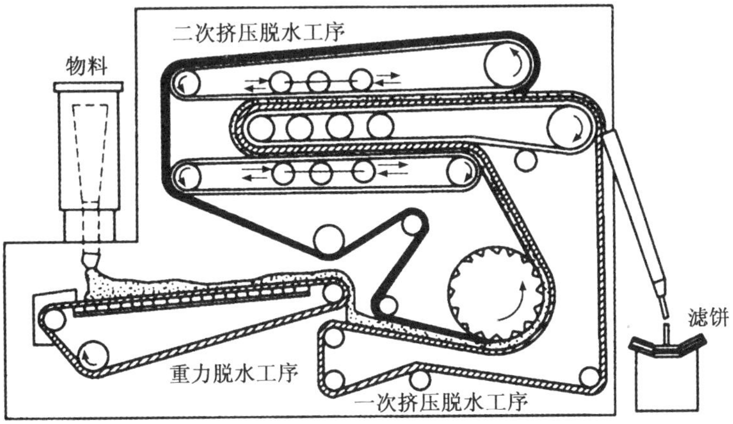

图 2-44　三级皮带压滤机及其结构示意图

(四)造粒脱水

造粒脱水是在将物料造粒的同时进行脱水，设备主要是造粒脱水机(图 2-

45)。它是由圆筒和圆锥组成的。水平放置，分为3段：造粒段、脱水段和压密段。圆筒的转速很低，线速度一般为0.5～3 m/min。

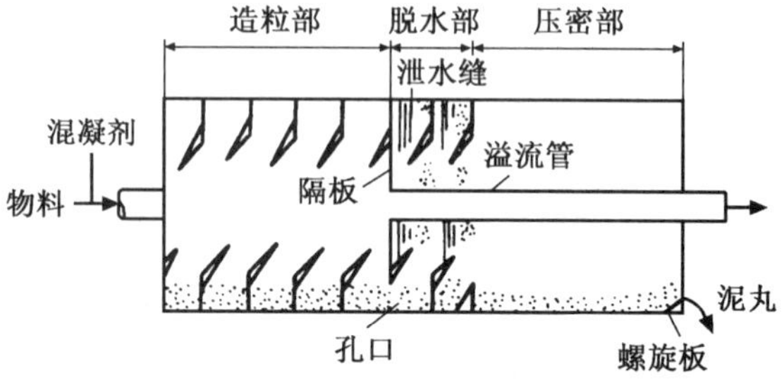

图 2-45 造粒脱水机构造图

造粒段的圆筒内壁上设有螺旋板形成螺旋输送器。加高分子混凝剂的物料首先进入造粒段。随着机体的缓慢旋转，滚动着的物料向前推进。在重力及高分子混凝剂的作用下，逐渐絮凝，形成泥丸。

在脱水段与造粒段之间有一隔板，隔板的中心位置设有溢流管，造粒段形成的泥粒从孔口进入脱水段脱水，水分从泄水缝泄出。泥丸在螺旋板提升作用下进入压密段压密脱水，形成粒大体重的泥丸，最后从筒体末端排出。溢流管在正常情况下不出水，只有超载时，多余的水才由溢流管溢出。

表2-1列出了以上几种固液分离设备的优缺点及适用范围。

表 2-1 几种固液分离设备的优缺点及适用范围

设备类型	优 点	缺 点	适用范围
真空过滤机	能连续操作，运行平稳，可以自动控制，处理量较大，滤饼含水率较低	物料固液分离前需进行预处理，附属设备多，工序复杂，运行费用较高	适用于各种物料的固液分离
板框式压滤机	制造较方便，适应性大，自动压滤机进料、卸料，滤饼可自动操作，滤饼含水量较低	间歇操作，处理量较低	适用于各种物料的固液分离
滚压带式压滤机	可连续操作，设备构造简单，滤饼含水率较低	操作麻烦，处理量较低	不适用于黏性较大的物料固液分离
离心脱水机	占地面积小，附属设备少，投资低，自动化程度高	分离液不清，电耗量较大，机械部件磨损较大	不适用于含砂粒量高的物料
造粒脱水机	设备简单，电耗低，管理方便，处理量大	钢材消耗量大，混凝剂消耗量较高，物料泥丸紧密性较差	适用于含油物料的固液分离

五、农业固体废物的干化技术

(一)自然干化脱水

自然干化脱水是一种古老而广泛采用的脱水方法，其原理是利用自然蒸发和底部滤料、土壤进行过滤脱水。其设施称为干化场，剖面布局如图 2-46 所示。

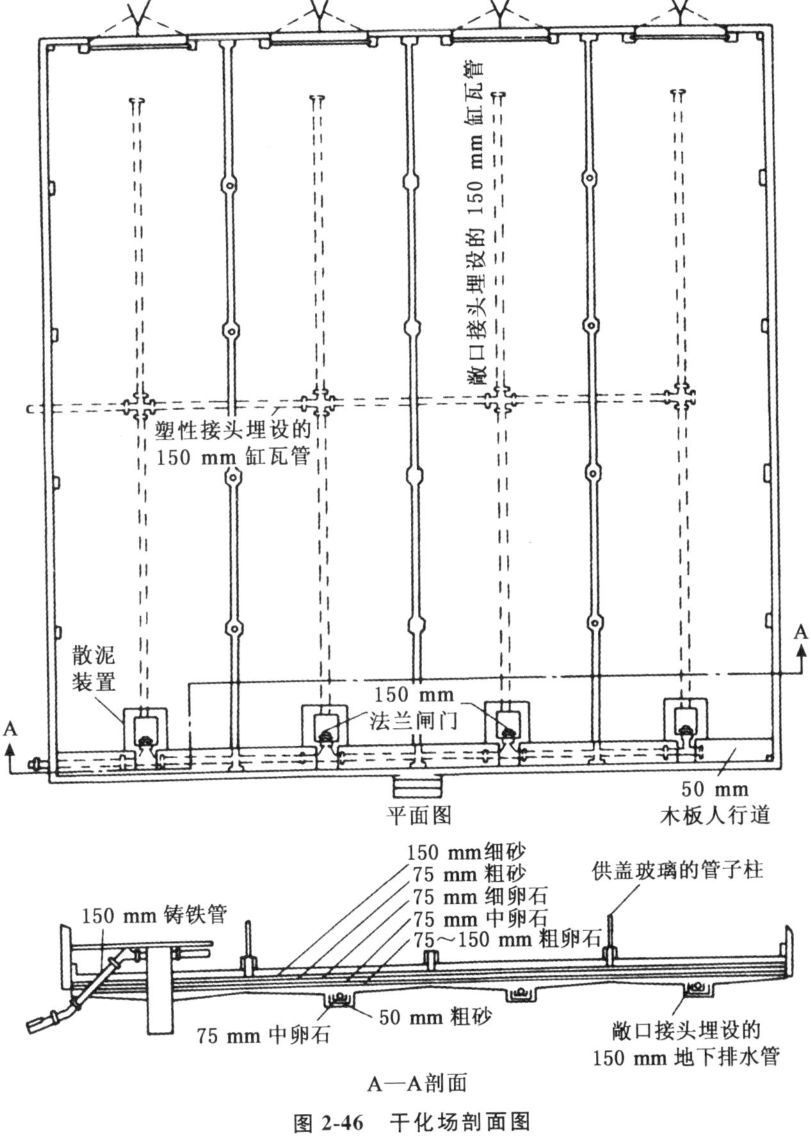

图 2-46　干化场剖面图

干化场四周建有土或板体围堤，中间用土堤或隔板隔成等面积的若干区段(一般不少于 3 块)。为便于起运脱水废物，一般每区段宽不大于 10 m，长 6～30 m。渗滤水经排水管汇集排出。废物分配装置的排泥口设有散泥板，使废物能均匀地分布于整个选择的区段面积上，并防止冲刷滤层。

干化场运行时，一次集中放满一块区段面积，放废物厚度为 30～50 cm。废物干化周期随季节而异，在良好条件下为 10～15 d。脱水后废物含水率可降低到 60%。

自然脱水设备简单，干化废物含水率低，但占用土地面积大，环境卫生条件差，适用于小规模应用。

(二)机械干化脱水

机械脱水后，固体废物的含水率仍很高，不利于进行焚烧或进一步处理。为进一步脱水可进行干燥处理，干燥处理后含水率可降至 20%～40%。干燥是利用加热使物料中水分蒸发，也就是随着相变化，水分与固体物料分离。

目前常用的机械干化设备是回转筒式干化器(图 2-47)。

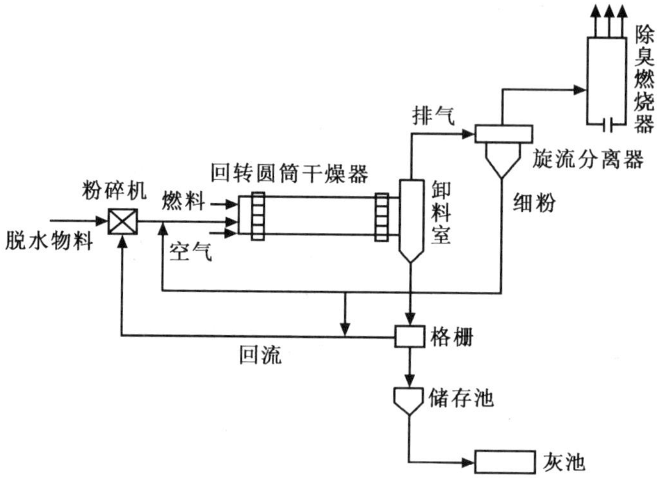

图 2-47　回转筒式干化器流程

回转筒式干化器的主要部件是与水平线稍有倾角安装的旋转圆筒，物料由上向下，高温气由下向上呈逆流操作，随圆筒的旋转，物料由筒内壁的螺旋板推动、分散，连续地从上端向下端传输，并由出口排出。一般情况下物料在干燥器内停留时间为 30～40 min，通过调节物料排出量控制物料或干燥气的停留时间。干燥气尾端装有带排气口的外壳，尾气由排气口进入除尘器，净化后排放。已干燥的物料由底部排出。

思考题

1. 农业固体废物收集与运输的原则是什么？
2. 农业固体废物的收集与运输工具主要有哪些？
3. 农业固体废物的收集模式有哪几种？
4. 固体废物的预处理技术有哪几种？如何运用？

阅读材料

巴塞尔公约

近年来，危险废物的越境转移和处置已成为国际重大环境问题之一。

联合国环境规划署执行理事会 1987 年 6 月 17 日通过 14/30 号决议，批准了“危险废物环境安全处理开罗准则和原则”，并授权执行主任组织法律和技术专家特别工作组起草“控制危险废物越境转移全球公约”。工作组于 1987 年 10 月 27—29 日在布达佩斯成立，1989 年 3 月 20—22 日在瑞士巴塞尔如期召开了“控制危险废物越境转移及处置全球公约”外交大会。

巴塞尔大会共有 117 个国家和 34 个国际组织与会。经过 3 天几乎是夜以继日的紧张讨论和协商，在 3 月 22 日下午一致通过了《控制危险废物越境转移及其处置巴塞尔公约》。105 个国家在最后文件上签字，其中 34 个国家签署了公约，中国政府在文件上签了字。

公约由序言、29 项条款和 6 个附件组成，内容包括公约的管理对象和范围、定义、一般义务、缔约国主管部门和联络的指定，缔约国之间危险废物越境转移的管理、非法运输的管制、缔约方的合作、秘书处的职能、解决争端的办法和公约本身的管理程序等。

第三章　农业固体废物的肥料化技术

知识目标：

- 理解农业固体废物肥料化的基本意义。
- 掌握农业固体废物肥料化的方法。

能力目标：

- 能利用现代堆肥技术对农业固体废物进行堆肥化处理。
- 能对农业固体废物堆肥化产品进行强化处理。

第一节　概　　述

农业固体废物的肥料化是指运用堆肥化技术将农业固体废物转化为可供农业利用的肥料。农业固体废物肥料化是实现农业固体废物资源化的重要途径，具有广阔的前景。

一、可肥料化农业固体废物的种类

农作物秸秆、畜禽粪便和生活垃圾等农业固体废物通常含有丰富的有机质及氮、磷、钾等营养元素，均是农业固体废物肥料化的原料。

通常情况下，农作物秸秆和养殖畜禽粪便等农业固体废物都不能直接用来做肥料。因为养殖畜禽粪尿排泄物除含有大量的有机物、氮、磷、钾外，还含有有害微生物、致病菌及寄生虫卵，施入土壤会对人类的健康甚至生命造成威胁，而农作物秸秆直接还田易造成土壤“表观性氮饥饿”或称之为“烧苗”，因此，这些农业固体废物用作肥料之前必须进行堆肥化(composting)处理。

堆肥化是指利用自然界中广泛存在的微生物，通过人为的调节和控制，促进可生物降解的有机物向稳定的腐殖质转化的生物化学过程。堆肥化的产品称为堆肥(compost),也称为有机肥料。

二、农业固体废物堆肥化原理

根据堆肥化过程中微生物对氧气需求情况的不同,可以把堆肥化分成好氧堆肥和厌氧堆肥两种。好氧堆肥是在通气条件好、氧气充足的条件下借助好氧微生物的生命活动降解有机物,通常温度高,一般在55～60℃,极限可达80～90℃,也称为高温堆肥;厌氧堆肥则是在通气条件差、氧气不足的条件下借助厌氧微生物发酵的堆肥。

(一)好氧堆肥原理

好氧堆肥技术经过近几十年的发展,生产技术相对比较先进,又称为现代化堆肥技术。在堆肥化过程中,有机废物中的可溶性物质可透过微生物的细胞壁和细胞膜被微生物直接吸收;而不溶的胶体有机物质,先被吸附在微生物体外,依靠微生物分泌的胞外酶分解为可溶性物质,再渗入细胞。微生物通过自身的生命代谢活动,进行分解代谢(氧化还原过程)和合成代谢(生物合成过程),把一部分被吸收的有机物氧化成简单的无机物,并释放出生物生长、活动所需要的能量;把另一部分有机物转化合成新的细胞物质,使微生物生长繁殖,产生更多的生物体。图3-1简要说明了好氧堆肥原理。

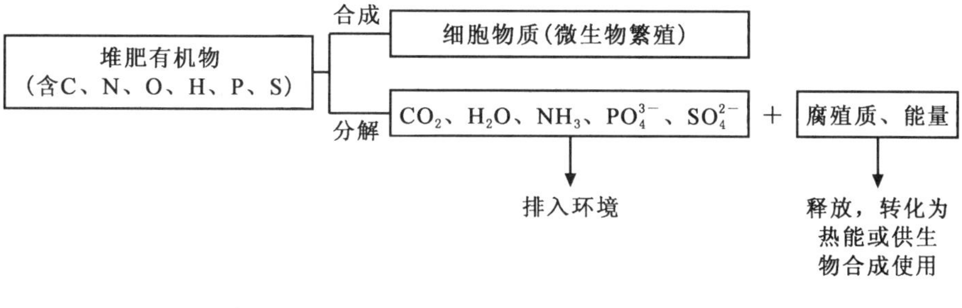

图3-1　好氧堆肥原理简图

下式可以反映好氧堆肥化过程中有机废物氧化分解关系:

$$C_sH_tN_uO_v \cdot aH_2O + bO_2 \rightarrow C_wH_xN_yO_z \cdot cH_2O(\text{堆肥}) + dH_2O(\text{气}) + eH_2O(\text{液}) + fCO_2 + gNH_3 + \text{能量}$$

由于堆温较高,部分水以蒸汽形式排出。堆肥成品 $C_wH_xN_yO_z \cdot cH_2O$ 与堆肥原料 $C_sH_tN_uO_v \cdot aH_2O$ 之比为0.3～0.5(这是氧化分解减量化的结果)。上式

中 w、x、y、z 通常可取如下范围：$w=5\sim10$，$x=7\sim17$，$y=1$，$z=2\sim8$。

好氧堆肥从废物堆积到腐热的微生物生化过程比较复杂，可把堆肥过程大致分成以下 3 个阶段。

(1)升温阶段　也称产热阶段，是指堆肥过程的初期，堆层的温度基本为 15～45℃(中温)，嗜温性微生物较活跃，利用堆肥中可溶性有机物进行旺盛的生命活动。这些嗜温性微生物包括真菌、细菌和放线菌，主要以糖类和淀粉类为基质。真菌菌丝体能够延伸到堆肥原料的所有部分，并会出现中温真菌的子实体。同时螨虫、千足虫等将摄取有机废物。腐烂植物的纤维素将维持线虫和线蚁的生长，而更高一级的消费者中弹尾目昆虫以真菌为食，缨甲科昆虫以真菌孢子为食，线虫摄食细菌，原生动物以细菌为食。

(2)高温阶段　当堆温升至 45℃以上时即进入高温阶段。在这一阶段，嗜温微生物受到抑制甚至死亡，取而代之的是嗜热微生物。堆肥中残留的和新形成的可溶性有机物质继续被氧化分解，堆肥中复杂的有机物如半纤维素、纤维素和蛋白质也开始被强烈分解。在高温阶段中，各种嗜热性的微生物的最适宜温度也是不相同的，在温度上升的过程中，嗜热微生物的类群和种群是相互接替的。通常在 50℃左右最活跃的是嗜热性真菌和放线菌；当温度上升到 60℃时，真菌则几乎完全停止活动，仅为嗜热性放线菌和细菌活动；温度升到 70℃以上时，大多数嗜热性微生物已不再适应，从而大批进入死亡和休眠状态。现代化堆肥生产的最佳温度一般为 55℃，《粪便无害化卫生标准》(GB 7959—87)要求堆肥最高温度达 50～55℃以上，持续 5～7 d，这是因为大多数微生物在 45～80℃范围内最活跃，最易分解有机物，病原菌和寄生虫大多数可被杀死。常见病原物致死温度和时间如表 3-1 所示。

表 3-1　常见病原物致死温度和时间

病原物	温度/℃	时间/min
沙门氏伤寒菌	55～60	30
沙门氏菌	55	60
志贺氏(杆菌)	55	60
内阿米巴组织的孢子	45	很短
绦虫	55	很短
螺旋状的毛线虫幼虫	55	很快
微球菌属化脓菌	50	10
链球菌属化脓菌	54	10
结核分枝杆菌	66	15～20
蛔虫卵	50	60
埃希氏杆菌属大肠杆菌	55	60

与细菌的生长繁殖规律一样，可将微生物在高温阶段生长过程细分为3个时期，即对数生长期、减速生长期和内源呼吸期。在高温阶段微生物活性经历了3个时期变化后，堆积层内开始发生与有机物分解相对应的另一过程，即腐殖质的形成过程，堆肥物质逐步进入稳定化状态。

(3)降温阶段　在内源呼吸后期，只剩下部分较难分解的有机物和新形成的腐殖质。此时微生物的活性下降，发热量减少，温度下降，嗜温性微生物又占优势，对残余较难分解的有机物做进一步分解，腐殖质不断增多且稳定化，堆肥进入腐熟阶段，需氧量大大减少，含水率也降低，堆肥物孔隙增大，氧扩散能力增强。此时只需自然通风。

(二)厌氧堆肥原理

厌氧堆肥是在缺氧条件下利用厌氧微生物进行的一种腐败发酵分解，其终产物除二氧化碳和水外，还有氨、硫化氧、甲烷和其他有机酸等还原性终产物。其中氨、硫化氢及其他还原性终产物有令人讨厌的异臭，而且厌氧堆肥需要的时间也很长，完全腐熟往往需要几个月的时间。传统的农家肥就是厌氧堆肥。

厌氧堆肥过程主要分成两个阶段。

第一阶段是产酸阶段，产酸菌将大分子有机物降解为小分子的有机酸和乙醇、丙醇等物质，并提供部分能量因子ATP，以乳酸菌分解有机物为例：

$$C_6H_{12}O_6 \rightarrow 2C_3H_6O_3(\text{乳酸}) + 2ATP$$

第二阶段为产甲烷阶段，甲烷菌把有机酸继续分解为甲烷气体：

$$2C_3H_6O_3 \rightarrow 3CH_4(\text{甲烷}) + 3CO_2 + \text{能量}$$

厌氧过程没有氧参加，酸化过程产生的能量较少，许多能量保留在有机酸分子中，在甲烷细菌作用下以甲烷气体的形式释放出来。厌氧堆肥的特点是反应步骤多，速度慢，周期长。

三、农业固体废物肥料化前景

农业固体废物肥料化技术是最常用的固体废物生物转换技术之一，是对固体废物进行稳定化、无害化处理的重要方式之一，也是实现固体废物资源化、能源化的系统技术之一。

有机肥料养分全面，肥效持久均衡，既能改善土壤结构，培肥改土，促进土壤养分的释放，又能供应作物养分，特别是对有机农业、绿色农业和无公害农业等现代农业的发展有着重要意义。传统农业是单纯依靠化肥农药大面积大幅度地提高作物产量，但消耗大量能源、牺牲环境生态、降低土壤肥力和农产品品质；现代农业是利用有机肥料发展有机农业、生态农业、生物农业等，保持了土壤肥力和可耕作性，提高了农产品品质。因此随着现代农业的发展，适用性强、高效优质的有机复混肥将具有广阔前景。但有机肥料使用时要注意下列事项：

①腐熟的有机肥不宜与碱性肥料混用，若与碱性肥料混合，会造成氨的挥发，降低有机肥养分含量。

②有机肥含有较多的有机物，不宜与硝态氮肥混用。

③在使用有机肥时，必须严格检验重金属量是否超标。如果超标，一般不能用于农业生产上，但若有可靠去除方法，可经严格去除后再进行综合利用。

第二节　好氧堆肥工艺及参数

一、堆肥工艺流程

现代化堆肥系统尽管多种多样，但其基本工序通常都由前处理、主发酵（一次发酵）、后发酵（二次发酵）、后处理、脱臭及储存等工序组成。堆肥化工艺流程见图 3-2。底料是堆肥系统处理的对象，一般可用生活垃圾、畜禽粪便、秸秆等。堆肥化过程中为了提高堆肥效果往往向堆料中加入调理剂。加入的调理剂按其功能可分为两种类型：①结构调理剂，是一种加入堆肥底料的物料（无机物或有机物），可减少底料容重，增加底料空隙，从而有利于通风。②能源调理剂，是一种加入堆肥底料的有机物，可增加可生化降解有机物的含量，从而增加了混合物的能量。

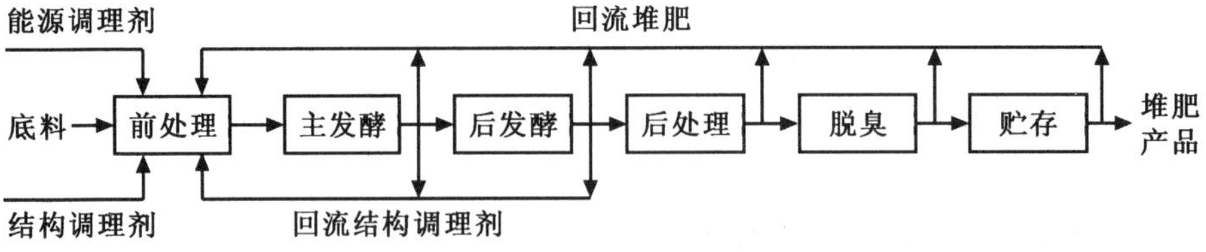

图 3-2　堆肥化工艺流程

（引自边炳鑫等，2005）

（一）前处理

前处理就是通过破碎、分选和筛分等预处理方法，除去粗大废物及不可堆肥化物质，使堆肥物料的粒度、含水率达到一定程度的均匀化。通常堆肥物料粒度范围是 12 ～ 60 mm。如用含水率较高的固体废物（如畜禽粪便等）为主要堆肥原料，前处理工艺的主要任务是调整水分和碳氮比，有时需要添加菌种和酶制剂，以使发酵过程顺利进行。

(二)主发酵(一次发酵)

主发酵阶段按堆体发酵温度的变化大致分成2个阶段。

(1)升温阶段(由环境温度升至45℃)　升温阶段属发酵堆肥初期，起作用的微生物是一些中温好氧细菌和真菌，这些中温好氧细菌和真菌将易分解的可溶性物质(淀粉、糖类)分解，产生CO_2和H_2O，同时由微生物新陈代谢产生的热量使温度上升(30～45℃)。现代化堆肥技术中此阶段一般需要1～3 d。

(2)高温阶段(>50℃的堆肥阶段)　随着堆肥温度的升高，最适宜在45～65℃生长的嗜热菌取代了嗜温菌，进一步将堆肥中残留的或者是由在堆肥升温阶段形成的可溶性有机物继续分解转化，而存在于堆肥原材料中的较为复杂且难以被降解的有机物质开始被降解，如木质素。此阶段一般需要3～8 d。

随着能够被堆肥微生物利用的有机物质被逐步降解，堆肥化将进入堆肥整个过程的降温阶段。我们通常将堆肥温度升高至开始降低为止的阶段称为堆肥化的一次发酵阶段，一般在4～12 d。一次发酵是决定堆肥产品品质好坏的最主要阶段之一。

(三)后发酵(二次发酵)

在整个堆肥发酵过程中，后发酵又被称为二次发酵或降温阶段。经过前面的一次发酵过程，大部分易于被堆肥微生物分解或较易于被分解的有机物质(如纤维素)已得到较为充分的分解，剩下的是诸如木质素等较难被分解的有机物质及其形成的腐殖质。

这时，堆肥微生物新陈代谢降低，产生的热量减少，温度逐渐下降，嗜温或中温微生物再次成为优势菌群，堆肥残余物质进一步分解，腐殖质继续积累，整个堆肥过程进入腐熟阶段。此阶段20～40 d。

(四)后处理

经过二次发酵的物料中，几乎所有的有机物都已细碎和变形，数量也有所减少，成为粗堆肥。根据堆肥应用的要求，常常需要进一步后处理。

堆肥的后处理工艺主要是除去预处理工艺中没有完全去除掉的塑料、玻璃、陶瓷、金属和小石块等杂物，为后面的堆肥产品强化处理工艺做准备。

(五)除臭

在堆肥过程中，由于堆肥物料局部或某段时间内的厌氧发酵会导致臭气产生，主要有NH_3、H_2S、甲基硫醇、胺类和低分子有机酸等，这些气体污染工作环境。因此，必须进行堆肥排气的脱臭处理。

(六)贮存

腐熟的堆肥要求储存于通风、干燥的地方，密闭或受潮会影响堆肥制品的质量，不利于有机肥料的强化处理。

堆肥一般在春、秋两季使用，夏、冬两季生产的堆肥只能储存，所以要建立储存6个月生产量的库房。储存时可直接堆存在二次发酵仓中或袋装，要求干燥而透气，如果密闭和受潮则会影响制品的质量。

二、堆肥工艺参数

堆肥工艺参数包括一次发酵和二次发酵工艺参数。

(1)一次发酵工艺参数　含水率：45%～60%；碳氮比：25～35；温度：55～65℃；周期：3～10 d。

(2)二次发酵工艺参数　含水率：<40%；温度：40℃；周期：30～40 d。

第三节　影响堆肥化的因素

影响堆肥化的因素很多，主要包括通风供氧量、含水率、温度、有机质含量、颗粒度、碳氮比(C/N 比)、碳磷比(C/P 比)、pH 值和腐熟度等。

一、通风供氧量

通风的目的是为好氧微生物提供生命活动所必需的氧，是影响堆肥化过程的最重要的因素之一。一个良好的堆肥生产系统，首先要具备提供足够氧气的能力；其次要能使氧气均匀地分布到物料中，以满足微生物氧化分解有机物的需要；此外，在高温堆肥化后期，一次发酵排出废气的温度较高，会从堆肥中带走大量水分，从而使堆肥产品干化，因此，还需考虑通风与干化之间的关系。

通风量主要取决于堆肥原料中有机物含量、有机物中可降解成分的比例和可降解系数等。堆肥材料中有机碳愈多，其堆肥过程中好氧率愈高。一般堆肥过程中合适的氧浓度为18%，一旦低于8%，就成为好氧堆肥中微生物生命活动的限制因素，容易使堆肥厌氧而产生恶臭。

一般一次发酵静态堆肥强制通风量为0.05～0.2 $m^3/(min \cdot m^3)$，动态堆肥则依生产性试验确定。常用的通风方式有：①自然通风供氧；②通过堆内预埋的管道通风供氧；③利用斗式装载机及各种专用翻堆机翻堆通风；④用风机强制通风供氧。后两者是现代化堆肥厂采用的主要方式，常配合起来使用。工厂化堆肥时，一般通过自动控制装置反馈和控制通风量。由于需氧量和物料水分和温度密切相关，故可利用堆肥过程中堆温的变化进行通风量的自动控制；也可利用耗氧速率与有机物分解程度之间的关系，通过测定排气中氧的含量（或 CO_2 含量）来进行控制。排气中氧的适宜体积浓度值是 14%～17%，可以以此为指标来控制通风供氧量。

二、含水率

微生物需要不断吸收水分以维持其生长代谢活动，水分是否适当直接影响堆肥发酵速度和腐熟程度，所以含水率是好氧堆肥的关键因素之一。按照堆肥原料特性（CJ/T 3059—1996）规定，堆肥原料含水率一般为 40%～60%。但由于固体废物有机质含量不同，实际堆肥过程对含水量要求不同，一般规律是：①有机物质含量小于 50%时，堆肥原料含水率应为 45%～50%。②有机物质百分含量大于 50%时，堆肥原料的最佳含水率应为 50%～65%。③当无机物灰分多、物料含水率小于 30%时，微生物繁殖慢，分解过程迟缓；当物料含水率小于 20%时，微生物的活动基本停止。

三、温度

对于堆肥化系统而言，温度是影响微生物活动和堆肥工艺过程的重要因素。堆肥中微生物对有机物进行分解代谢会释放出热量，这是堆肥物料温度上升的内在原因。通常，堆肥开始后的 40 h 为升温段，高温段为堆肥后的 40～80 h，堆肥进行到 80 h 后一般即进入降温段。但这只是一般的情况，当物料、堆肥条件和方法不同时，各温度段的变化是很大的（图 3-3）。

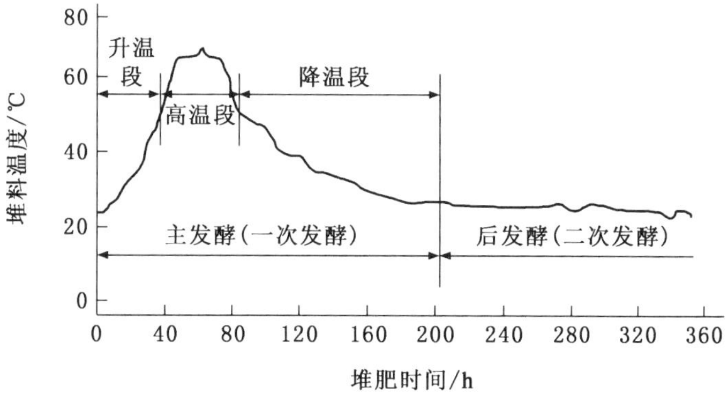

图 3-3　堆肥过程中堆料温度的变化

堆肥化过程中温度的变化受供氧状况以及发酵装置、保温条件等因素的影响，对其进行控制十分必要，在实际生产中往往通过温度-通风反馈系统来进行温度的自动控制。

四、有机质含量

有机质含量的高低影响堆料温度与通风供氧要求。如有机物质量过低，分解产生的热量不足以维持堆肥所需要的温度，会影响无害化处理，且产生的堆肥成品由于肥效低而影响其使用价值。如果有机质含量过高，则给通风供氧带来困难，有可能产生厌氧状态。研究表明，堆料最适合的有机质含量为20%～80%。

五、颗粒度

堆肥过程中供给的氧气是通过颗粒间的空隙分布到物料内部的，颗粒尺寸亦即颗粒度的大小对通风供氧有重要影响，因此，对堆肥原料颗粒尺寸有一定的要求。堆肥物料颗粒的平均适宜粒度为12～60 mm。最佳粒径随堆肥原料物理特性而变化，如稻壳、小麦糠等的最佳粒度尺寸为1.5～2.0 cm；材质比较坚硬的原料，如玉米芯，粒度要求小些，在0.5～1.0 cm之间。此外，决定堆肥原料粒径大小时，还应从经济方面考虑，因为破碎得越细小，密度越大，动力消耗越大，处理费用就会增加。根据堆肥原料特性（CJ/T 3059—1996）规定堆肥原料密度一般应为350～650 kg/m^3。

六、碳氮比(C/N比)

微生物分解所需的各种元素中碳和氮是最重要的。碳提供能源和组成微生物细胞50%的物质，氮是构成蛋白质、核酸、氨基酸和酶等细胞生长必需物质的重要元素。通常用C/N比来反映这两种关键元素。

微生物的生长不仅需要一定量的碳、氮元素，还要求碳和氮之间有合适的比例，有机物被微生物分解的速度随C/N比而变化。C/N比过高或过低都可能导致微生物活性不强，甚至无法存活，使堆肥化无法进行。为了使参与有机物分解的微生物营养处于平衡状态，堆肥C/N比应满足微生物所需的最佳值25～35，最多不能超过40。否则，应通过补加碳素材料（含碳较多的物质）的方法来调整C/N比，畜禽粪便废物均在可利用之列。如堆肥原料的C/N比较高，堆肥时常需添加C/N低的畜禽粪便或污泥等来调节C/N比。常见堆肥原料的C/N比如下：锯末屑300～1 000，秸秆70～100，垃圾50～80，人粪6～10，牛粪8～26，猪粪7～15，鸡粪5～10。

在堆肥化过程中，微生物以碳作为能源，一部分碳用于构成细胞物质，另一部分碳则被转化成 CO_2 而释放出来，氮主要用于合成细胞原生质而留于系统内。因此，发酵后物料的 C/N 比一般会减少 10%～20%，甚至更多。成品堆肥的 C/N 比以 10～20 较好，对植物的生长比较有利。

七、碳磷比(C/P 比)

除了碳和氮之外，磷也是微生物必需的营养元素之一，它对微生物的生长也有重要的影响。有时在堆肥时会添加一些污泥，其原因之一就是污泥含有丰富的磷，可用来调节物料的 C/P 比。堆肥原料适宜的 C/P 比为 75～150。

八、pH 值

微生物的生长需要适宜的环境条件，pH 值就是一个重要的环境参数。适宜的 pH 值可使微生物有效地发挥作用，而 pH 值太高或太低都会影响微生物的活动，进而影响整个堆肥过程。一般认为 pH 值在 7.5～8.5 时，可获得最大堆肥速率。当堆肥原料的 pH 值不在此范围时，常需通过添加其他物料进行调节。例如当 pH 值较低时可添加石灰以提高 pH 值。大部分植物残渣有很高的酸性，pH 值为 4.5～6.0，因此为了调节原料的 pH 值为 6.5，应向每吨堆料中加 0.6～6.1 kg 消石灰或 0.8～8.5 kg 的碳酸钙。利用秸秆堆肥，由于秸秆在分解过程中能产生大量的有机酸，因此需要添加石灰中和。如果采用畜禽粪便作为氮源，其中的氨气会中和堆腐材料中的有机酸。

九、微生物接种剂

向堆料中加入接种剂可以加快堆肥材料的发酵速度。可向堆料中加入分解较好的厩肥或加入占原始材料体 10%～20%的腐熟堆肥。

第四节　堆肥设备及堆肥工艺系统

一、堆肥设备

堆肥化系统设备的工艺流程如图 3-4 所示。

(一)原料运输设备

堆肥原料的运输常用农用拖拉机或农用运输车，如图 3-5 所示。

图 3-4 堆肥化系统设备的工艺流程

(a)农用拖拉机

(b)农用运输车

图 3-5 堆肥原料的常用运输设备

(二)进料与供料设备

堆肥原料的进料与供料常用传送带装置或铲车,如图 3-6 所示。

(a)传送带装置

(b)铲车

图 3-6 堆肥进料与供料常用设备

(三)预处理设备

1. 粉碎设备

堆肥中常用的粉碎设备有破碎机、槽式粉碎机、雷蒙旋转磨和切割机等,如图 3-7 所示,主要用于堆肥原材料的粉碎,可根据处理性能、维护要求、投资及运行费用选择设备。粉碎设备运行时要注意的是安全问题。

(a)破碎机

(b)槽式粉碎机

(c)雷蒙旋转磨

(d)切割机

图 3-7 堆肥中常用的粉碎设备

2. 混合设备

堆肥常用的混合设备主要有搅拌机、斗式装载机、转鼓混合机和间歇混合机，如图 3-8 所示。

混合设备直接影响物料的结构，这关系到整个堆肥过程能否顺利地进行，因此，混合设备是堆肥物料处理设备中最重要的一部分。可从工程和经济两个方面来评价混合设备，工程评价内容主要是不同配比的物料混合物容重、孔隙率和空气阻力；经济评价包括设备投资和运行费用。经济评价表明：混合设备运行成本费用的大小依次为：搅拌机＞斗式装载机＞移动式混合设备。

(a)搅拌机

(b)转鼓混合机

(c)间歇混合机

(d)斗式装载机

图 3-8 堆肥中常用的混合设备

3. 筛分设备

筛分设备的作用主要有 3 个：一是回收有用物品，如金属；二是去除有害物质，如废旧电池；三是除去惰性废物，如废旧农膜。常用的筛分设备有滚筒筛、可伸缩带筛、跳筛、螺旋槽等，如图 3-9 所示。这些分离设备根据处理性能、是否容易堵塞、投资及运行费用等来选择，不过分离效果是选择筛分设备的重要依据（一般分离效率>70%）。堵死筛眼是筛分设备运行过程中经常遇到的最大问题，而辊筒筛和跳筛则可以较好地解决此类问题。

（四）发酵设备

发酵设备是整个堆肥化系统设备的关键组成部分。预处理设备已为高的发酵速率提供了先决条件——合格的原料，包括高的有机质含量、50 mm 左右的粒度、

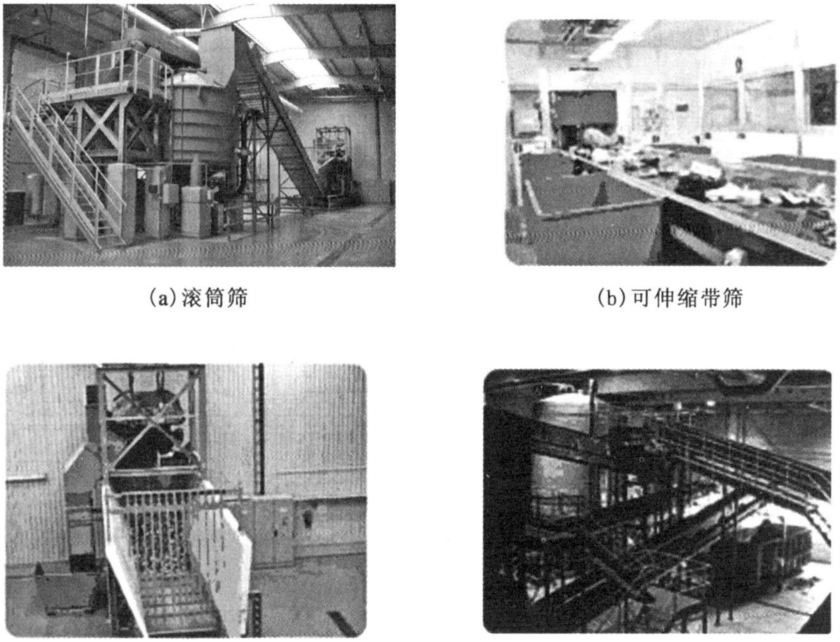

(a)滚筒筛 (b)可伸缩带筛

(c)跳筛 (d)螺旋槽

图 3-9 堆肥混合常用分离设备

合理的C/N比、合适的含水率。发酵的整个工艺过程包括通风、温度控制、翻堆、水分控制、无害化控制和堆肥的腐熟等几个方面。作为发酵设备不仅应尽可能地满足工艺要求,而且要实现机械化生产需要。特别对于实现机械化生产的动态发酵工艺,发酵设备必须具有改善、促进微生物新陈代谢的功能,例如翻堆、曝气、搅拌和混合,协助通风系统控制水分、温度,同时在发酵的过程中自动解决物料移动出料的难题,最终达到缩短发酵周期、提高发酵速率和生产速率及实现机械化生产的目的,达到所要求的堆肥产品的质量标准。

1. 条垛式发酵设备

条垛式发酵就是将堆肥物料堆积成长条状,可以是矩形、梯形和三角形等形状,并平行排列起来,在露天或棚架下堆放,每行物料堆宽4～6 m,高2 m左右,长度可根据需要确定。根据垛体是否装置供气通气管道设备,条垛式发酵分为动态条垛式发酵和静态条垛式发酵。

(1)动态条垛式发酵 动态条垛式发酵是垛体不安装供气通气管道设备,而用专门的翻堆机进行通风供氧。翻堆机对物料进行翻转搅动,使空气与物料接触,达到自然通风供氧。除了通风供氧之外，机械翻搅还对物料有破碎和混合作用，有利于产生均匀、细碎的堆肥产品。翻堆机是其关键设备，常见的有链板式翻堆机和螺旋式翻堆机（图 3-10）。一般每周搅拌 1～3 次，在翻堆过程中可以根据需要向堆内补充水分以保持物料的水分含量。经过 1～2 个月的时间即可获得腐熟的产品。

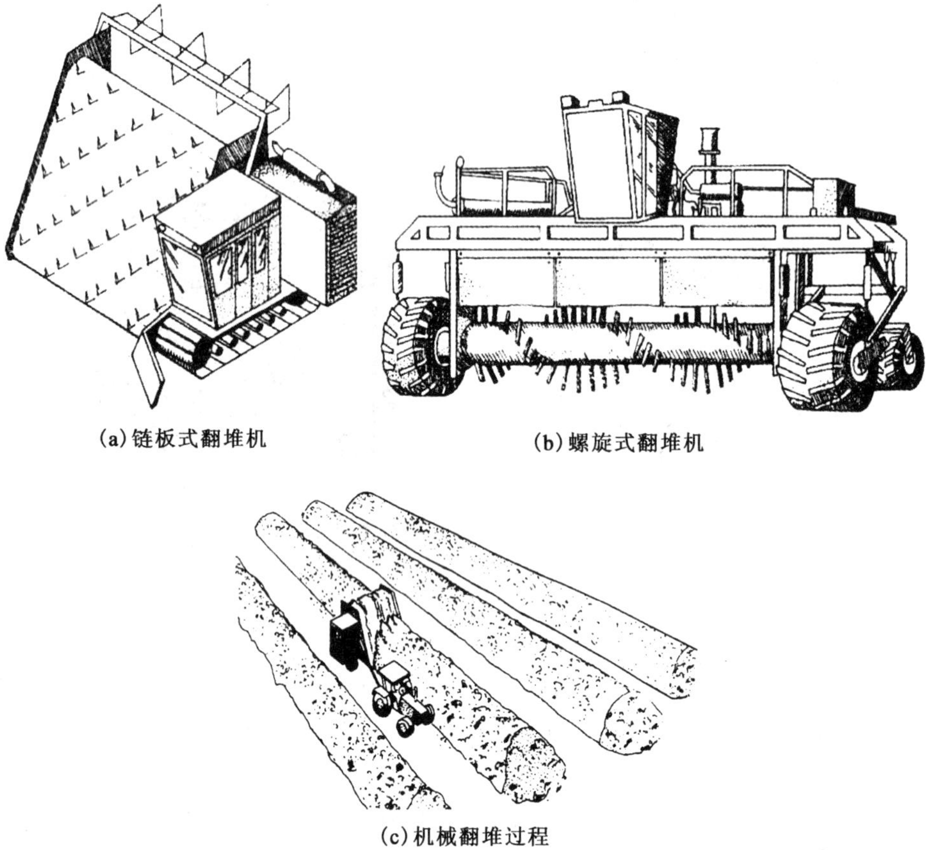

(a)链板式翻堆机　　(b)螺旋式翻堆机

(c)机械翻堆过程

图 3-10　动态条垛式发酵设备及其工作过程示意图

(2)静态条垛式发酵　静态条垛式发酵是另一种敞开式堆肥方法，与动态条垛式发酵不同，静态条垛式发酵需在垛体下铺设专门的通风系统，进行强制供氧。因此，通风供氧系统是静态条垛式发酵的核心，它由高压风机、通风管道和布气装置组成。根据是正压还是负压通风，可把强制通风系统分成正压排气式和负压吸气式两种(图 3-11)。

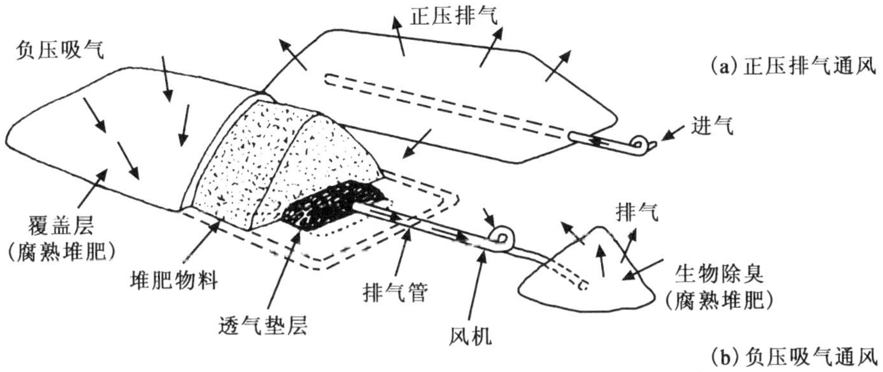

图 3-11　静态条垛式发酵设备及其工作过程示意图

正压通风时,空气由风机加压后,通过管道被输送到透气垫层,然后再通过透气垫层分布到物料中。透气垫层可用锯末、成品堆肥等做成,其作用是把空气均匀地散布到物料中。负压通风时,空气的流动情况正好相反。

由此可知堆肥物料空隙度对空气的输送影响很大,因此,静态条垛式发酵对物料的尺寸和空隙大小有一定的要求。一般情况下都需要添加膨松剂加以调节,最常用的膨松剂是小木块,它既可以增加物料的空隙度,还可吸收和保持水分。堆肥结束后,通过筛分可把膨松剂分离出来,再循环使用。通常,堆肥的停留时间大约为 21 d,此后反应堆被拆除,物料经筛分等后处理工序后,得到最终的堆肥产品。

通风时间和通风量的大小可通过温度反馈系统进行自动控制,通过空中喷洒系统可向条垛补充水分。此外,由于堆肥过程中要产生臭气,因此条垛后一般都要设置除臭装置。把臭气引入腐熟的堆肥中,利用堆肥吸附过滤臭气是一种简单有效的方法。

2. 搅拌型发酵池

搅拌型发酵池主要由一个长条型的发酵池和一个搅拌翻堆机组成,此外还有进出料装置和供气装置等附属设备。翻堆机包括行走装置和搅拌装置两大部分。工作时,行走装置在池两边的轨道上牵引搅拌装置向前移动,而搅拌装置也在同时动作,对物料进行翻动、搅拌、混合和破碎,并把物料向出料端输送(图 3-12)。搅拌型发酵池一般设计成多个发酵池平行排列,当一个发酵池的翻堆操作完成后,由专门的移动装置把翻堆机移至下一个发酵池继续工作。搅拌装置有多种型式,常见的有水平螺旋耙齿式、水平螺旋搅龙式和垂直旋转桨式。物料在翻搅过程中获得氧气，但有时也在底部铺设带有小孔的缝隙地板（或管网）供强制通风用，以提高供氧能力。另外，还可装配洒水及排水设施以调节物料水分。一次发酵时间通常在 8～12 d。

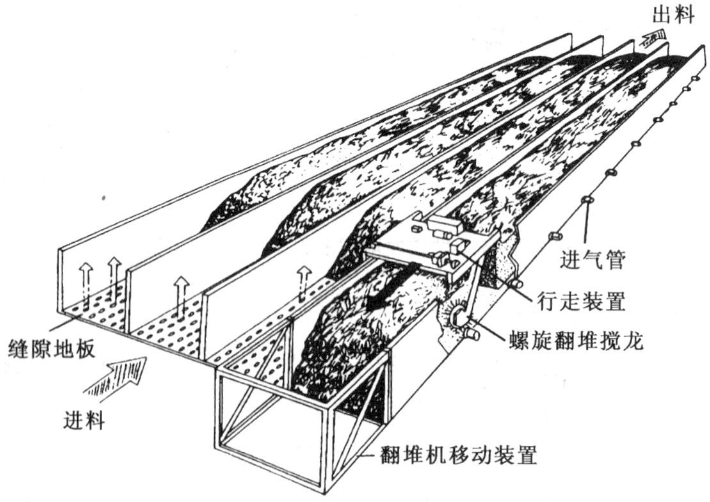

图 3-12 搅拌型发酵池工作示意图

上述翻堆机可以根据发酵工艺的需要，定期对物料进行翻搅，运用灵活，处理量大，在实际中应用比较广泛。但利用螺旋叶片进行重复搅拌和输送时，易产生压实结块现象，通气性能不太好，此外，占地面积也较大，并由于发酵池是敞开的，气味问题比较严重。

3. 链板型发酵池

链板型发酵池与搅拌型发酵池的工作原理和工作过程基本相同，不同之处在于翻堆机。前者的翻堆机是螺旋搅龙、耙齿或桨，而后者的翻堆机是移动式链板，其结构与条垛法所用的链板式翻堆机非常相似（图 3-13）。

链板型发酵池的链板式翻堆机由牵引行车和环状链板组成，牵引行车可在安装在槽两边的轨道上往复行走。在牵引行车向前行走的同时，带有刮板的环状链板围绕自身转动，其上刮板把物料抄起，带到链板顶部后再靠自重落下。在此过程中，物料与空气接触而获得氧气。同时，物料被链板向后传送，一步步由入料端向出料端移动，最后由排料机卸出。当完成一个发酵池的翻堆后，翻堆车向后倒回到

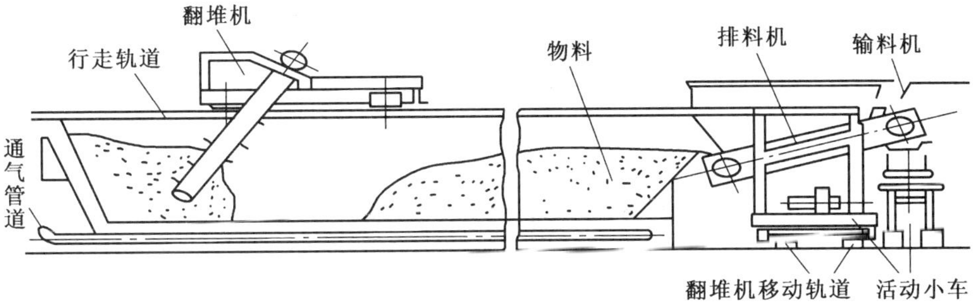

图 3-13　链板型发酵池

活动小车上，由活动小车通过翻堆机移动轨道运输到下一个发酵池继续工作。这样，一个翻堆车就可同时为多个发酵池工作。为了强化通风供氧，还常在发酵池的底部铺设带有缝隙的地板或带有小孔的管道，通过风机强化空气的供给。发酵时间和翻堆次数根据物料的具体情况而定，一般情况下一天翻堆一次，发酵时间通常为 7～10 d。

该法机械化程度较高，翻搅效果较好，很少产生压实结块现象，通气阻力小，动力消耗小。但占地面积大，并由于发酵池是敞开的，气味问题比较严重；发酵池的宽度受链板宽度的限制，发酵池的有效利用率较低。

4. 多层发酵塔

多层发酵塔主要有多层搅拌式发酵塔和多层移动床式发酵塔两种(图 3-14)。

多层搅拌式发酵塔[图 3-4(a)]被水平分隔成多层，物料由顶部送入，在最上层靠内拨旋转搅拌耙子的作用，边搅拌翻料边向中心移动，然后从中央落下口下落到第二层。在第二层的物料则靠外拨旋转搅拌耙子的作用，从中心向外移动，并从周边的落下口下落到第三层，以下依此类推。可从各层之间的空间强制鼓风送气，也可不设强制通风，而靠排气管的抽力自然通风。塔内温度分布为上层到下层逐渐升高。前二、三层物料受发酵热作用升温，嗜温菌起主要作用。到第四层和第五层进入高温发酵阶段，嗜热菌起主要作用。通常全塔分 5～8 层，塔内每层上的物料可被搅拌器耙成垄沟形，可增加表面积，提高通风供氧效果，促进微生物氧化分解活动。一般发酵周期为 5～8 d。可添加特殊菌种作为发酵促进剂，使堆肥发酵时间缩短到 2～5 d。这种发酵仓的优点在于搅拌很充分，但旋转轴扭矩大，设备费用和动力费用都比较高。

除了通过旋转搅拌耙子搅拌、输送物料外，也可用输送带、活动板等进行物料

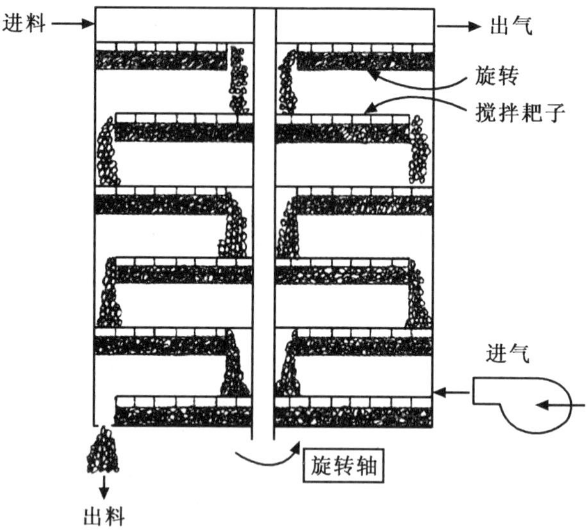

(a)搅拌式

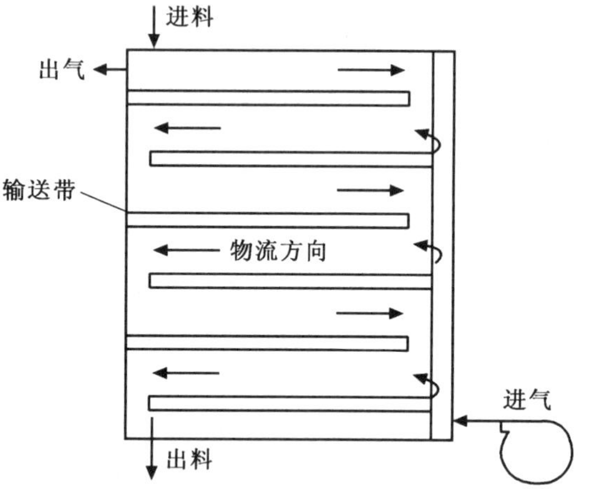

(b)移动床式

图 3-14 多层发酵塔

的传送，利用物料自身重力向下散落，实现物料的混合和获得氧气。

图 3-14(b)所示为多层移动床式发酵塔，其工作过程与多层搅拌式发酵塔基本相同。

5.静态筒仓发酵塔

静态筒仓发酵是一种塔式发酵。筒仓常为单层圆筒或矩形状，仓深一般为4～5 m，大多采用钢筋混凝土结构。图 3-15 为变径静态圆筒仓发酵塔工作示意图。物料由顶部送入，当装满筒仓后开始通风供氧。空气由仓的底部通过高压风机强制送入，以维持仓内堆料的好氧条件。为防止物料在向下输送过程中在仓内形成架桥起拱现象，筒仓可设计成由上到下直径逐渐变大的形状或设置破拱装置。整个发酵过程需 6～12 d。发酵完成后，由设置在底部的螺杆搅龙出料。

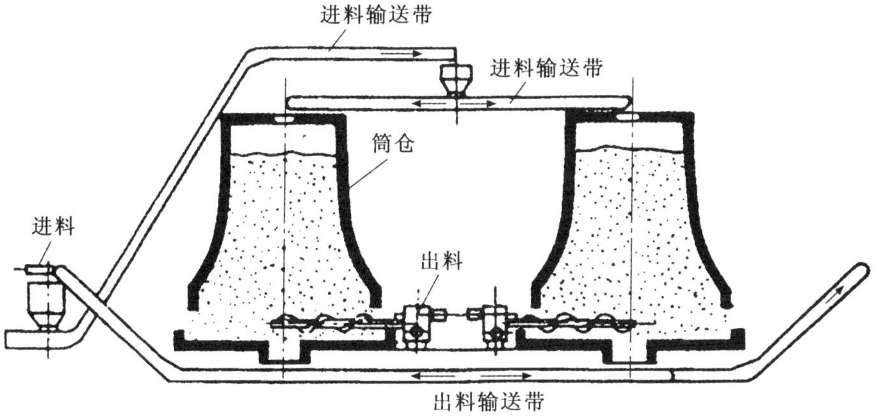

图 3-15　变径静态圆筒仓发酵塔工作示意图

由于静态发酵筒仓结构紧凑，发酵仓利用率高，占地面积小，螺杆出料方便可靠，堆肥效果较好，在我国已得到了实际的应用。其缺点是结构呈压实状，通风阻力大，动力消耗大；此外，由于是静态发酵，没有搅拌，产品难以均质化等，产品质量不均匀。

6.螺旋搅拌式发酵仓

螺旋搅拌式发酵仓如图 3-16 所示，它是动态筒仓式发酵的一种形式。经预处理的物料被输送带送到仓中心的上方，然后经输送带均匀地送向仓壁内侧进行加料。天桥绕筒仓圆周“公转”，吊装在天桥下部的多个螺旋搅拌器同时“自转”。螺旋自下而上提升物料使物料被翻搅，并将物料掺和到正在发酵的物料层中；同时，把物料由仓壁内侧缓慢地向仓中央的出料斗移动。由于翻搅发生在发酵物料内部，发酵热的损失较少，物料升温快，发酵效率高，臭味也较轻。物料的移动速度及在仓内的停留时间可用公转速度大小来调节。空气由设在仓底的环状布气管供给。由于靠近仓壁附近的物料水分蒸发量及氧消耗量较多,该处布气管应供给较多的空气,靠近仓中心处布气管则可供给较少的空气。仓内温度通常为 60～70℃,停留时间 5 d。螺旋搅拌式发酵仓的缺点是物料易结块,通气性能差,物料滞留时间不均匀,产品呈不均质状,不易密闭等。

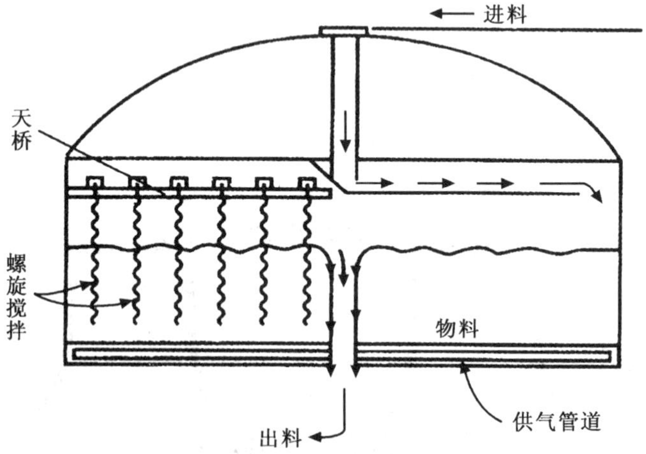

图 3-16 螺旋搅拌式发酵仓

7. 达诺式滚筒发酵

达诺(Dano)式滚筒发酵是回转式发酵方式之一。滚筒在齿轮驱动装置的带动下以一定的速度转动,滚筒内的物料在滚筒转动和筒内抄板的带动下被反复抄起、升高、跌落,使物料的温度、水分均匀化,同时获得氧气,以完成物料的发酵处理。此外,由于筒体斜置,当沿旋转方向提升的物料靠自重下落时,逐渐向筒体出口一端移动,并最终从滚筒内排出(图 3-17)。达诺式滚筒的主要参数为:滚筒直径 2.5～4.5 m、长度 20～40 m;旋转速度 0.2～3 r/min。通常为常温 24 h 连续操作,通风量为 0.1 $m^3/(m^3 \cdot min)$。若仅为一次发酵,只需 36～48 h;若全程发酵,则需 2～5 d。滚筒填充率(筒内废物体积/筒容量)小于 80%。

达诺式滚筒的主要优点是结构简单,管理方便;对不同物料的适应性强,预处理要求低;发酵速度快,生产效率高;还可与其他发酵设备组合起来进行大规模自动化生产。达诺式滚筒也因此成为目前世界各国最广泛采用的发酵设备之一。它的不足之处有原料滞留时间短,发酵不充分,易产生压实现象,通风性能差,产品不易均质化等。

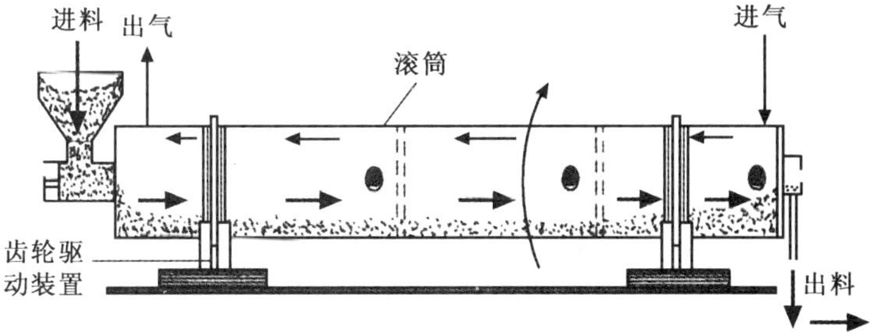

图 3-17　达诺式滚筒发酵装置

(五)后处理设备

为提高堆肥产品的质量,精化堆肥产品,物料经发酵后必须除去其中杂质如玻璃、陶瓷、塑料、木片、纤维及石子等,净化后的散装堆肥产品,既可以直接销售给用户,施于农田、菜园、果园或做土壤改良剂,也可以根据土壤的情况和用户的需要,将散装堆肥进行强化处理制成有机、无机复混肥,做成袋装产品,既便于运输,也便于储存,而且肥效更佳。

后处理设备包括分选、造粒、打包等设备,在实际工艺过程中,可根据当地的需要来选择组合后处理设备。

(1)分选设备　后处理的分选设备之所以不同于预处理,是因为经预处理及发酵后的堆肥粒度范围远远小于预处理的物料粒度范围,因此后分选设备比预分选设备更精巧,采取的手段也不尽相同,后分选设备多采用弛张筛、弹性分选机和静电分选机等。

(2)造粒设备　造粒设备用于堆肥物料的粒化,使其有利于贮放、运输,以满足季节对堆肥需求的变化。所用设备主要为挤压造粒机。

(3)打包设备　打包设备主要为打包机。考虑到运输、管理和保存的方便,常使用打包机来将最后的堆肥产品包装起来,要根据堆肥的数量和用途来选择包装袋的材料、大小形状以及包装机的规格。

二、堆肥工艺系统

由于堆肥的堆料及环境条件不同,堆肥工艺系统也有多种形式。下面以养殖场畜禽粪便为例介绍堆肥工艺系统。图 3-18 所示为养殖场畜禽粪便堆肥工艺系统。

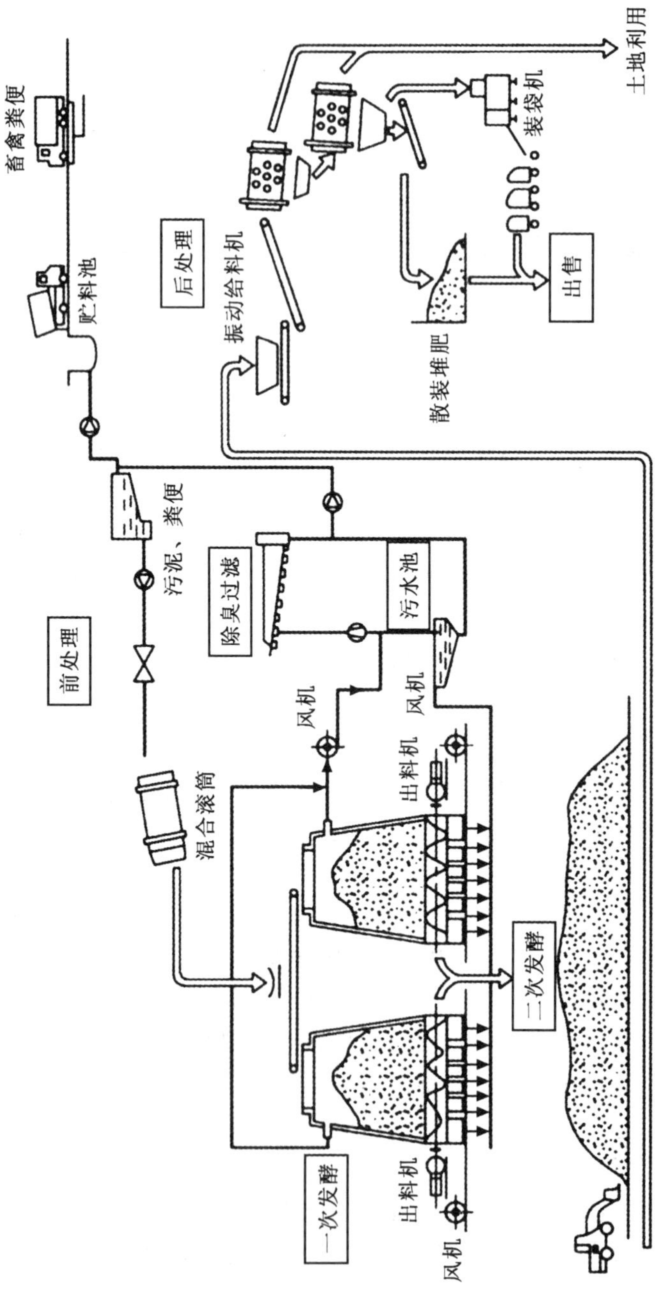

图 3-18 养殖场畜禽粪便堆肥工艺系统

(引自王凯军,2004)

集约化养殖场收集的畜禽粪便运到堆肥处理厂后，直接倒入贮料池内，然后进行前处理，主要任务是调整水分或碳氮比，也可根据需要加入菌种和酶制剂。然后输送到一次发酵池。在装料的同时，按含水率40%～50%的要求加入稻糠或降水、降氮材料，并使之与畜禽粪便在混合滚筒内充分混合。待装池完毕后加盖密封，并开始强制通风，温度控制在65℃左右。约经10 d的时间，一次发酵完成。一次发酵堆肥物由池底经螺杆出料机排出，进入二次发酵。二次发酵产品经振动给料机粗分后送入高效滚筒筛分机进行两次筛分，得到精堆肥可直接进行土地利用或经装袋机装袋后出售，也可不经装袋而直接出售散装堆肥。一次发酵仓的废气通过风机送入污水池进行除臭过滤。此外，为防止一次发酵池中渗出污水污染地面水源，在一次发酵池底部设有排水系统，将渗沥水导入集水井后，经污水泵打回污水池回用。贮料池中畜禽粪便澄清污水也直接用泵打回污水池。二次发酵一般需12 d左右。

第五节　堆肥腐熟度评价及质量指标

一、堆肥腐熟度评价

堆肥化就是通过微生物的作用，分解有机物使之稳定化的过程。堆肥的稳定化常用堆肥腐熟度来表示，换句话说，堆肥腐熟度亦即堆肥达稳定化的程度。堆肥腐熟度是评价堆肥化过程和效果的重要参数，此外，它对堆肥的理论研究、堆肥技术及设备的设计、堆肥产品质量的评价等也都具有重要意义。堆肥腐熟度的判定标准有多种，常见的有：

（1）感观标准　直观感觉堆肥不再进行激烈的分解、堆放中的成品温度不再升高、呈茶褐色或黑色、不产生恶臭、手感松软易碎等。

（2）挥发性固体含量（V_s）　V_s反映了物料中有机物含量的多少。在堆肥过程中，由于有机物的降解，物料中C的含量会有所变化，因而可用V_s来反映堆肥有机物降解和稳定化的程度。

（3）化学需氧量（BOD_5）　BOD_5是反映物料中有机物含量的另一指标，与V_s一样，可用BOD_5来反映堆肥有机物降解和稳定化的程度。

（4）碳氮比（C/N）　在堆肥过程中，由于有机物的降解，物料中C的含量会有所降低，C/N比因此会变小，C/N比的变化反映了有机物变化的情况。与原料相比，稳定化后的堆肥的 C/N 比一般会减少 10%～20%，甚至更多。

(5)温度　在堆肥过程中，物料的温度会经历升温—高温—降温三个阶段，物料温度的升高是由于有机物分解释放能量而引起的。因此，通过监测堆肥过程中物料温度的变化可以了解有机物降解和稳定化的情况。

(6)耗氧速率　在堆肥过程中，好氧微生物在分解有机物的同时会消耗氧并产生 CO_2。氧的消耗或 CO_2 的产生速率反映了有机物分解程度和速率。因此，以耗氧速率或 CO_2 生成速率作为腐熟标准是符合生物学原理的，是一种比较科学、可行的方法。

(7)发芽试验　未腐熟的堆肥含有植物毒性物质，对植物生长产生抑制，而在腐熟的堆肥中生长得到促进。以种子发芽指数 GI(germination index)为例，当发芽指数 GI 大于 50%时可认为堆肥腐熟。

$$GI = 对照种子的发芽率 \times 种子根长 \times 100\%$$

二、堆肥质量指标

(1)一次发酵终止指标　无恶臭，容积减量 25%～30%，水分去除率 10%，C/N 比 15～20。

(2)二次发酵终止指标　堆肥充分腐熟，含水率<35%，C/N 比<20，堆肥粒度<10 mm。

第六节　堆肥二次污染控制技术

一、堆肥臭气控制技术

堆肥过程中，由于微生物对有机质的分解会产生大量的水分和 CO_2，同时还可能会伴随产生大量致臭气体(图 3-19)，如氨气(NH_3)、硫化氢(H_2S)、甲硫醇(CH_3SH)、甲基硫[$(CH_3)_3S$]、二氧化硫(SO_2)等烷烃类气体。

在堆肥场，这些致臭气体会随着水蒸气和 CO_2 一起排出，致使堆肥场上空的空气和周边环境受到污染。一方面使人们的感觉上难以接受，另一方面也滋生蚊蝇，传染疾病，使工作环境变得比较恶劣，从而严重影响周围居民的生活质量，危害工作人员的身体健康。因此必须控制堆肥化过程中产生的臭气，防止二次污染。

图 3-19　好氧堆肥过程中产生的大量气体及稳定的腐熟堆肥

(一)堆肥过程优化控制技术

控制臭气的首要方法是使固体废物堆肥化充分高效地进行。要实现此目标，就需要对堆肥结构、通气设备、脱水方法、管道结构和熟化过程等方面进行优化与控制。控制臭气的常规堆肥方法是调整混合比例，使初始物料保持适当的碳氮比；物料的充分混合以保证均匀性和孔隙率，保持对肥堆的翻动以保证通气；在好氧堆肥过程中抑制缺氧条件，使堆肥生物代谢完全，可以有效减少臭气排放；随着堆肥过程中物料的稳定化，臭气的产生也会逐渐减少。而在堆肥初始物料中加入生石灰和碳，可以在改善堆肥产物质量的同时减低臭气的排放。也可在堆体底部进气，在釜顶设置大型排气扇，保证釜内的微弱负压，从而控制臭气的产生。

(二)堆肥臭气处理技术

尽管严格的管理措施以及对堆肥过程的优化可以有效减少臭气的产生，但还是无法达到直接排放的要求。因此，对臭气进行处理是堆肥过程所必需的。臭气处理的原理是除去有臭味的成分或通过反应把它转化为无臭物质，目前采用的除臭技术主要分为物化法和生物法两大类，物化法是较为常见的臭气处理方法。下面介绍几种具体处理方法。

1. 吸收法与吸附法

(1)吸收法　吸收法是利用恶臭气体的物理或化学性质，使用水或化学吸收液对恶臭气体进行物理或化学吸收脱除恶臭的方法。即用适当的液体作为吸收剂，使恶臭气体与其接触，并使这些有害组分溶于吸收剂中，气体得到净化。吸收剂可以是水或化学试剂溶液。

用水做吸收液吸收氨气、硫化氢气体时，其脱臭效率主要与吸收塔内液气比有关。当温度一定时，液气比越大，则脱臭效率也越高。水吸收的缺点是耗水量大、废水难以处理。因为在常温、常压下，气体在水中的溶解度很小，并且很不稳定，当外界因素如温度、溶液 pH 值变动或者搅拌、曝气时，臭气有可能从水中重新逸散出来，造成二次污染。

用化学试剂溶液吸收，由于在吸收过程中伴随着化学反应，生成物性质一般较稳定，因而脱臭效率较高，且不易造成二次污染。选择吸收方式时，应尽可能选择化学吸收，一方面可以提高脱臭效果，同时也可节省大量用水。恶臭气体浓度较高时一级吸收往往难以满足脱臭的要求，此时可采用二级、三级或多级吸收。对复合性恶臭也可使用几种不同的吸收液分别吸收。

使用吸收法时需选用合适的吸收设备以存放吸收液，目前常用的吸收设备有以下 3 种。

①表面吸收器　凡能使气、液两相在固定接触表面上进行吸收操作的设备均称为表面吸收器。属于这种类型的设备有水平表面吸收器、液膜吸收器以及填料塔等。在气态污染物治理中应用最普遍的是填料塔，特别是逆流填料塔。由于在这种类型的塔中，废气在沿塔上升的同时，污染物浓度逐渐下降，而塔顶喷淋的总是较为新鲜的吸收液，因而吸收传质的平均推动力最大，吸收效果好。典型的逆流填料塔如图 3-20 所示。

②鼓泡式吸收器　在这类吸收器内都有液相连续的鼓泡层，分散的气泡在穿过鼓泡层时有害组分被吸收。属于这一类型的设备有鼓泡塔和各种板式吸收塔。图 3-21 和图 3-22 分别是连续鼓泡吸收塔和筛板吸收塔的示意图。

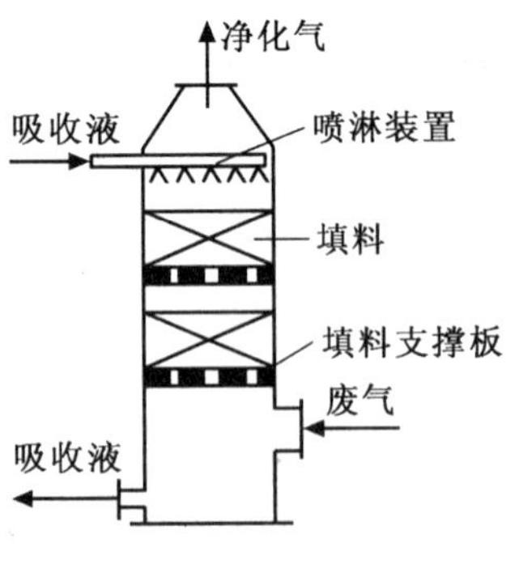

图 3-20　逆流填料塔

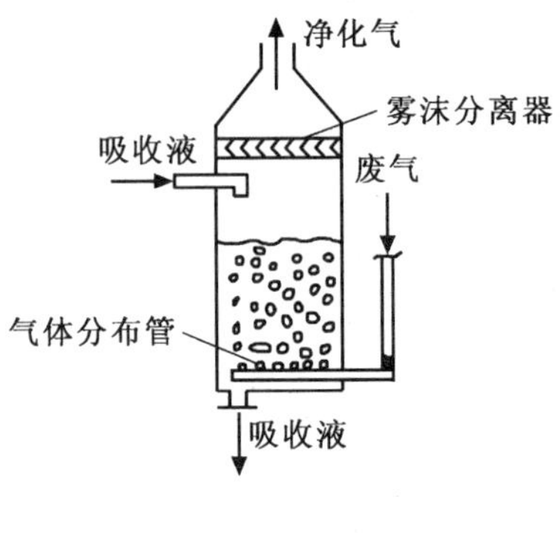

图 3-21　连续鼓泡吸收塔

③喷淋式吸收器　这类吸收器是用喷嘴将液体喷射成为许多细小的液滴，或用高速气流的挟带将液体分散为细小的液滴，以增大气-液相的接触面积，完成物质的传递，如图 3-23 所示。

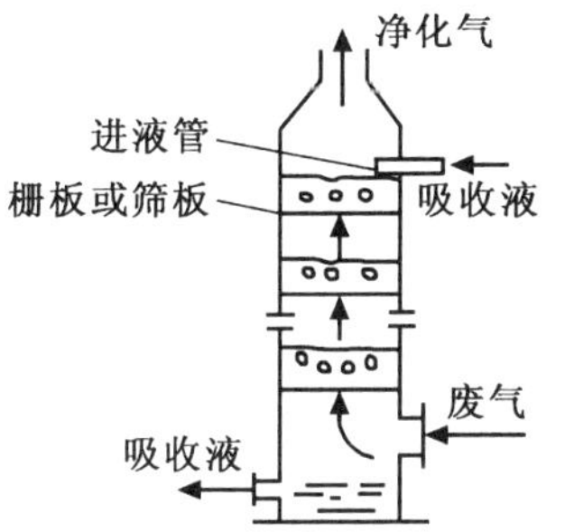

图 3-22　筛板吸收塔

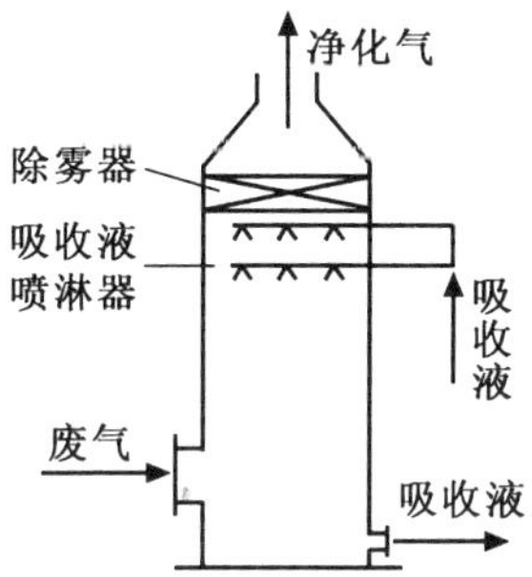

图 3-23　喷淋式吸收塔

(2)吸附法　气体被附着在某种材料外表面的过程称为吸附。吸附的效率取决于材料的面积/质量比，面积/质量比又取决于材料的孔隙度。为了增加孔隙度，用于吸附的材料需要进行特殊的处理。最常用的吸附材料是活性炭，它需要在 350～1 000℃的温度下，在蒸汽、氯气或二氧化碳气体中处理后才能获得。此外，吸附的效果还取决于被处理气体的性质。一般来说，溶解性高、易于转化成液体的气体的吸附和吸收效果较好。例如，相对于 O_2、H_2 和 N_2，H_2S、NH_3 和 SO_2 的可吸附性明显较高。典型的吸附装置常由圆柱形的容器组成，内设两个活性炭吸附床，当被污染的气体通过吸附床时会被活性炭吸附。此外，还可用 NaOH 或 KOH 等浸渍活性炭，这种方法称为化学吸附。吸附方法简单、方便，但使用一段时间后需要更换或重新活化吸附材料，因而会增加成本。吸附法比较适于低浓度(小于 5 mg/L)有味气体的处理。常见的吸附流程如图3-24 和图 3-25 所示。

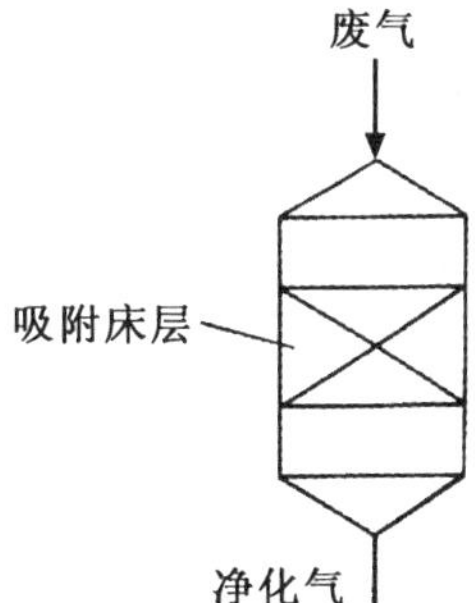

图 3-24　间歇式吸附流程

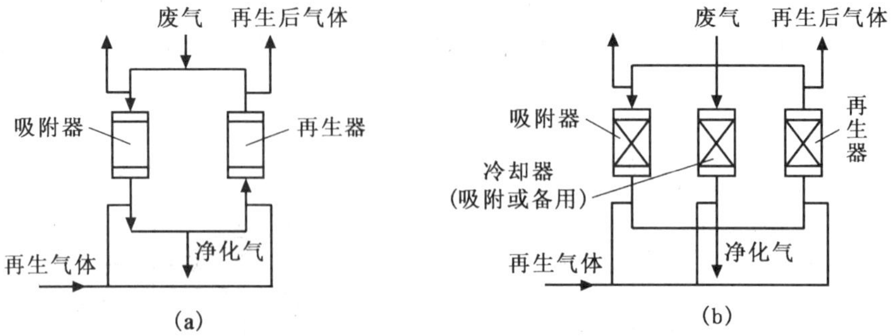

图 3-25　半连续式吸附流程

2. 除臭剂法

除臭剂是通过化学反应把有味的化合物转化成无味或较少气味的化合物。除臭剂类型很多，其原理也有所不同，表 3-2 是几种常见的除臭剂类型。

表 3-2　几种常见的除臭剂类型

类型	除臭原理	药剂名称
氧化剂	氧化作用，氧化臭气成无臭	高锰酸钾、二氧化氯、次氯酸盐、臭氧
中和剂	酸和盐的中和反应，使臭气变为无臭	石灰、甲酸、稀硫酸、过磷酸钙、硫酸亚铁
掩蔽剂	用其他香味和臭气混合，改变其性质	香水、香油、精油等
吸附剂	吸附除臭	活性炭、沸石、腐殖质
酶制剂	靠微生物（细菌、霉菌、酵母等）产生的酶的作用促使臭气物质分解，改变发生臭气的质和量	

3. 生物过滤/洗涤法

生物过滤和生物洗涤就是在有氧条件下，利用好氧微生物的活动，把有味气体转化成无味或较少气味气体的方法，所用装置是生物过滤器和生物洗涤器。

生物过滤器由具有一定孔隙度的生物滤床及相应的供氧系统等组成。在生物滤床内部布置有一些带有小孔的管道，污染的空气经风机送入管道后通过小孔被均匀地分布到滤床中。送入的空气被吸附在生物滤床材料（生物滤料）的表面和含水层中，为滤床中的微生物提供氧气，并作为微生物的养分而被消化利用，有味的气体因此被转化成无味或较少气味的气体。生物过滤过程实际上是一个十分复杂的生物、物理与化学的过程，包括吸附、吸收、生物氧化等多方面的作用。由于生物过滤依靠的是好氧微生物的活动，因此，向滤床中提供足够的氧气是十分重要的。

一般认为 35～180 m^3/hm^2 是比较适宜的通风量。生物滤料对除臭效果的好坏起决定性的作用。常用的滤床材料有土壤、泥炭、堆肥和树皮等。堆肥含有大量的微生物菌群，其颗粒也有较大的表面积，被认为是最好的滤床材料之一。堆肥材料的缺点是随着时间的延长，孔隙度会下降，颗粒尺寸会减小，因而会降低处理效果。但在堆肥中添加黏土、泥炭和聚苯乙烯颗粒可改善其处理性能和使用寿命。

生物洗涤器主要由"生物垫"和洗涤供水系统组成。当污染的空气流过"生物垫"时，洗涤水从另一面("逆流")也同时流过"生物垫"。洗涤水和空气为生长在生物垫上的微生物提供生长所必需的水分和氧气，其中一些有味的气体化合物作为微生物的养分被消化利用，气味的强度因此而降低。"生物垫"是微生物依附生长的地方，初始其上并没有多少期望的微生物。因此，开始时有一个"驯化"期，要等到其上的好氧微生物达到一定的数量后方可投入正常使用。"生物垫"必须保持一定的温度和 pH 值，水流和空气的分布要均匀，以便为微生物生长提供最优的条件。洗涤用水可循环使用，但当其中的某些化学物质(如氨等)达到一定浓度时则需要排放掉。因此，生物洗涤存在一个洗涤废水的出路问题。此外，在气候比较寒冷的地区，微生物的生长活动会受到限制，洗涤效果会降低。研究表明，温度每增加 10℃，微生物的降解速率可提高 1 倍左右。

生物过滤与生物洗涤用于气味的去除投资少，运行成本低，一般不会产生有害物质，是比较有发展前途的生物处理方法。

二、堆肥渗滤液控制技术

堆肥渗滤液是堆肥过程中堆肥原材料中的液体在重力场作用下流动的产物，主要来源于堆肥原料本身的内含水，对一些含水率比较高的堆肥原材料(如畜牧场的畜禽粪便)而言，会大量产生。

据测定，渗滤液中含有 93 种有机污染物，其中有 22 种已被列入我国和美国国家环保署的重点控制名单，除此之外还含有多种高浓度的重金属、盐类和多种病源微生物，没经过严格处理或处理不达标的渗滤液会对周围的地下水体、地表水体、土壤及生态环境造成严重的污染和危害。

堆肥渗滤液的处理方法包括物化法和生物法。物化法有活性炭吸附、化学沉淀、密度分离、化学氧化、化学还原、离子交换、膜渗析及湿式氧化法等多种方法。在 COD 为 2 000～4 000 mg/L 时，物化法的 COD 去除率可达 50%～87%；与生物法相比，物化法不受水质、水量变动的影响，出水水质比较稳定，尤其是对 BOD_5/COD 比值较低(0.07～0.20)、难以用生物处理的堆肥渗滤液有较好的处理效果。

但物化法处理成本较高，不适于大水量堆肥渗滤液的处理，因此目前堆肥渗滤液主要是采用生物法。

生物法主要有好氧生物处理、厌氧生物处理以及二者结合等方法。好氧生物处理包括活性污泥法、曝气氧化池、好氧稳定塘、生物转盘和滴滤池等，厌氧生物处理包括升流式厌氧污泥床、厌氧固定生物反应器、混合反应器及厌氧稳定塘。

三、堆肥重金属控制技术

堆肥（有机肥）是我国传统农业中主要的物质投入，保证了我国几千年来农业的发展、土壤肥力的维持和农村环境的安全，在现代农业中有机肥料在发展安全农产品生产中仍然占有极其重要的地位。利用好有机肥料，可充分发挥其具有培肥地力、增强植物抗逆性及促进固体废物开发利用、保护环境和修复净化土壤污染以及提高农产品品质和食品安全等多方面的重要作用。但是，我国的有机肥料来源十分广泛，相当一部分存在着不可忽视的安全问题。因堆肥材料量大、面广、来源复杂，尤其是在含有生活垃圾的堆肥中，极有可能存在一定数量的重金属等有害物质，对土壤和生态环境带来不利影响。这些含有重金属的有机肥料长期施入土壤，将导致土壤的重金属污染。

土壤是人类赖以生存的主要自然资源之一，也是人类生态环境的重要组成部分。土壤重金属污染具有污染物在土壤中移动性差、滞留时间长和不能被微生物降解的特点，并可经水、植物等介质最终影响人类健康，治理和恢复的难度大，而目前还没有很好的控制堆肥中重金属的方法，只有从源头严格控制堆肥原料的重金属含量，绝不能超过国家标准。

第七节　堆肥产品强化技术

一、堆肥产品强化的意义

腐熟堆肥有机质含量能达到8％以上，但氮、磷、钾三大植物养分总含量较低，很少达到3％。将其直接用作肥料，很难满足作物高产优质的需要。因此通常要通过“植物养分强化”或称“肥料强化”技术，即调节氮、磷、钾以及微量营养元素含量，制成通用配方肥或专用配方肥（满足特定作物需要的肥料）来提高堆肥产品的价值，满足作物实际生产对养分的需要，特别是一些对某种养分有特别偏好的作物，如烟草，烟草专用肥的钾含量高于其他农作物。目前利用熟化堆肥作为基料，对其进行合理强化，配制成高效系列有机复混肥，前景十分广阔，经济效益明显。目前比较典型的新型有机复混肥料有高效有机、无机复混肥和生物有机、无机复混肥。高效有机、无机复混肥是指利用经过无害化处理的高温堆肥和无机化肥（主要指氮、磷和钾肥）作为主要原料，根据土壤和作物的养分特性以及培肥土壤的目的配制的具有平衡养分、经机械加工而成的固体肥料。而生物有机、无机复混肥是指将经无害化处理的高温堆肥配以一定比例的无机氮、磷、钾复混造粒，加入功能微生物而形成一种融有机、无机肥及功能微生物于一体的"三合一"肥料。

二、堆肥产品强化的影响因素

1. 土壤肥力水平

堆肥产品强化要根据土壤肥力水平来制定堆肥产品强化方案。在对土壤肥力水平高的土壤制定强化方案时，可适当减少施肥用量；而对肥力水平低的土壤，同样目标产量就要有较高的施肥量，这其中关键是土壤养分的有效供给量（指当年当季）。因此在进行堆肥产品强化时，也必须适当地考虑不同肥力土壤的速效养分数量。

2. 作物吸收养分的特点

不同作物由于其生理特点和养分吸收特性不同，吸收和利用养分的数量及比例是不同的，而且随着目标作物产量的不同，其养分数量和比例也有变化。为此在制定某种作物的堆肥产品强化方案时，不仅要考虑土壤肥力水平，也同时要参考作物一般产量情况下对养分需要的数量和比例。

3. 原料的相互作用

有机复混肥原料广泛、种类多且性质有很大差别，根据预定产品养分含量确定原料的种类及其比例，可能出现多种原料配比组合。也就是说，在养分数量及其比例相同的条件下，原料的种类及其配比可有不同的组合，肥料产品的理化性状（如 pH 值、硬度）亦相应地有较大差异。因此，原料配方的确定，不仅要考虑养分因素，还要考虑肥料产品的理化性质，对于有机复混肥，尤为重要。原料相互作用还会对肥料形态产生影响，进而影响肥料的肥效。pH 值是肥料形态的重要影响因素。N、P 肥和微量元素的形态与 pH 值有密切关系。一般来说，pH 值高于 7 时，对 N 肥不利。酰胺态（尿素）和铵态氮肥会转化为氨逸出，既损失肥分，又熏伤作物；高 pH 值条件下过磷酸钙将转化为难溶性磷酸钙；Zn、B、Fe、Mn 等微量元素养分在高 pH 值条件下将转化为溶解性低的形态而降低有效性；在碱性条件及钙离子存在的条件下，H_3BO_3 转化为溶解性低的 $Ca(BO_3)_2$，从而降低硼的有效性。

4. 有机-无机肥料比例

有机-无机肥料比例适当可使有机复混肥既具有适宜的供肥强度又能维持较长时间，也能克服无机肥供肥大起大落和农家肥供肥强度不足、肥效慢的缺点，使供肥强度和持久性更适应作物生长过程的需要。

三、堆肥产品的强化设计

有机复混肥配方是指有机复混肥中有机肥和氮、磷、钾含量的比例以及其他元素加入量。因为有机复混肥多数用来做基肥，所以实际上也就是指基肥中有机肥和氮、磷、钾的比例。对于含有效营养元素的土壤，配肥时应把这部分扣除。另外在制定无机肥的比例和数量时，也要将有机肥所能提供的养分扣除后再确定。

在制定有机复混肥配方时，一般要采用两步，第一步是有机肥与无机肥的比例；第二步是确定无机肥中各种化肥的比例。

生物有机复混肥是在有机复混肥配制基础上加入特定的微生物菌剂配制而成的。生物有机复混肥是未来肥料发展方向之一，可概括为以下几种类型：①“固定功能”生物有机复混肥，即通过微生物的生物固定作用，将环境中的养分元素集中或固定到植物根区，供植物利用，如固 N 菌肥。②“溶解功能”生物有机复混肥，即利用微生物及其分泌物溶解土壤中的难溶性营养元素，供植物吸收利用。③“排毒功能”生物有机复混肥，即通过微生物吸收或分泌物的中和沉淀作用，减少土壤中某些元素的有效量，如重金属，避免植物吸收过量而中毒，从而达到改善或提高作物品质的目的。④“改善型和保护功能”生物有机复混肥，即通过对根系的保护或改善根际微生态环境，提高作物对养分的吸收能力或对逆境的拮抗能力。

四、堆肥产品强化工艺及设备

堆肥产品强化的一般工艺流程如图 3-26 所示。

图 3-26 堆肥产品强化的一般工艺流程

(一)原材料选择

(1)有机肥料 指经过风干或烘干、粉碎和筛分处理的高温堆肥产品。

(2)化肥 主要是指氮素化肥(尿素、氯化铵、碳酸氢铵和硫酸铵等)和磷素化肥(过磷酸钙和钙镁磷肥)和钾素化肥(氯化钾和硫酸钾)。

(3)其他营养元素　除了上述3种植物生长营养元素外,还可加入一些中量元素如镁、钙、硫和微量元素如硼、锰、钼、锌、铁、钴、铜等。在复混肥中增加适量的微量元素,能使农作物增产、增收、改善品质。此外还根据需要加入微生物制剂,配制成生物有机复混肥。

(二)预处理

(1)过磷酸钙的预干燥　国内生产的过磷酸钙一般含游离水,10%～15%的高含水率的过磷酸钙很难粉碎,因此,先将过磷酸钙进行干燥处理,使其含水率降至5%以下。过磷酸钙预干燥方法通常可用烟道气直接加热,烟道气温度为400～550℃,物料出口温度为75～85℃。

(2)粉碎　生产复混肥的原料(过磷酸钙、尿素、氯化钾等)如不进行粉碎,颗粒较大,造粒不好,肥料混配不均匀,会直接影响到复混肥的质量和外观。因此,在造粒之前,必须分别进行粉碎,保证各种物料粒度小于1 mm。

过磷酸钙、尿素可用链式或锤式粉碎机粉碎。尿素不能用高速磨粉机粉碎,以免温度高,物料黏度大,粉碎效果差。氯化钾可用高速磨粉机粉碎,也可用链式粉碎机粉碎。经粉碎后的物料经振动筛筛选,小于1 mm的物料用来混合造粒,大于1 mm的物料返回再次粉碎。

(3)过磷酸钙的氨化　由于目前我国磷肥厂生产的过磷酸钙含有4%～5%的游离酸(H_3PO_4),如不进行预处理,在混合过程中会发生各种反应影响造粒。预处理过程的实质就是用中和剂中和游离酸的过程。经中和的过磷酸钙,游离水变成结晶水,所得的物料溶解度小,有利于混合物料的造粒。中和剂多数厂家用碳酸氢铵,因为碳酸氢铵来源方便,价格便宜,用其来做中和剂较能满足生产上的要求。碳酸氢铵用量不宜过高,生产实践表明,以过磷酸钙∶碳酸氢铵＝10∶1(质量)为宜。

(三)混合

混合就是把有机肥料与氮、磷、钾等肥料按照拟好的配方输送于混合机内进行。混合必须充分,即混即用,不宜混合后放置太久,以免受潮。

(四)造粒

造粒就是把混合机混合好的物料,输送到造粒机内,再加入选好的黏合剂,使肥料颗粒化。通常所用的造粒法有团粒法、喷浆法和挤压法3种。

下面介绍几种常用的造粒设备。

(1)圆盘造粒机　圆盘造粒机主要用于团粒法造粒,其结构如图3-27所示。圆盘造粒机是目前我国用得最多的造粒设备,它具有结构简单、造价低、维修方便等优点。圆盘造粒机由一个具有角度的浅盘和支承构成,其倾角和圆盘的转速是可调的。混合机混合好的物料，用皮带机送至圆盘上方，连续定量加进圆盘，圆盘的物料由喷淋下来的黏合剂黏结，包裹成粒。随着圆盘翻滚，颗粒逐步长大，由于圆盘造粒具有显著的分级能力，大的颗粒浮在上面，从圆盘的下方连续卸出。而较小的颗粒留在盘中与新加入的物料黏在一起，继续长大。圆盘造粒机造粒非常均匀，返料也很少，其生产能力大，一台普通圆盘造粒每小时可生产成品 4 t。

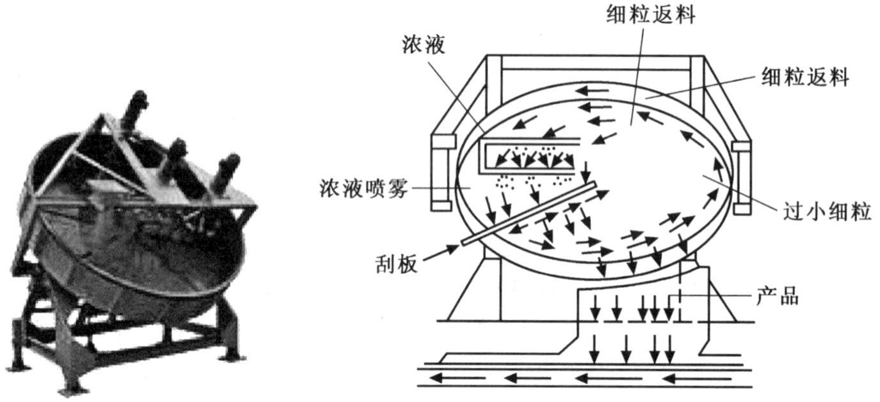

图 3-27 圆盘造粒机及其结构示意图

(2)转鼓造粒机 转鼓造粒机及结构如图 3-28 所示。其主要造粒部分为一倾斜的旋转圆筒，进口处有挡圈以防止进料溢出，出口处也有挡圈以保证料层深度。由混合机混合好的物料自动定量送入圆筒内，与喷淋出来的液滴接触，由于圆筒不断翻滚，物料逐渐成球。物料不断加入，成球的颗粒不断排出并连续进行。圆筒壁装有刮板，以避免物料黏结在筒壁上。

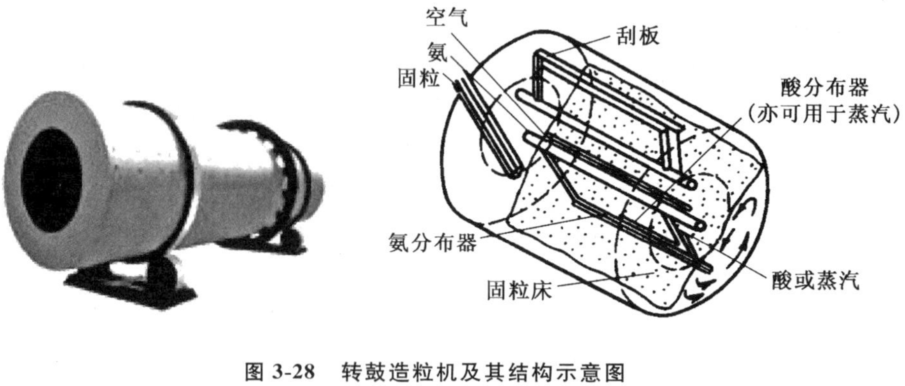

图 3-28 转鼓造粒机及其结构示意图

(3)喷浆造粒机　喷浆造粒机主要用于喷浆法造粒。图 3-29 所示为喷浆造粒机及其结构图。喷浆造粒机有一倾斜的圆筒，水平倾角为 3°，由辊轮支承。筒体前端装有进料箱，尾端装有出料箱，筒体与进(出)料箱密封相接。进料箱装有喷浆口、炉气管、外返料和湿料进口管；出料箱装有尾气管、产品卸料管。在筒体内壁前部有斜式或螺旋式导向板，紧接着装有 Γ 形升举式抄板，这些抄板也有与轴向平行的，也有与轴成 12°倾角排列的。在逆螺旋前物料进料方向安装 45°～50°斜导向板。逆螺旋是为了避免返回的干物料与待干燥物料混杂，可以使外部的返料减少 3 倍；开螺旋结构会使带向窑头的干物料与向尾部移动的湿物料相混。抄板长度为 1.0～1.5 m，板距应考虑保证物料从一个抄板挂落到另一个抄板上。炉气经炉气分布的棚孔导入窑内。炉气在筒体的整个截面上均匀分布，有利于蒸发和干燥。热炉气进口管在进料室前部与窑同轴心的固定壁相连，固定壁上开有缝隙，热炉气可沿切线导入，在筒壁的上方插入一根返料管，中心轴装有喷洒料浆的喷头。在固定壁处，气体流速较大，足以使返料随气流输送。筒体内装有挡圈，以提高筒体内物料的填充率。

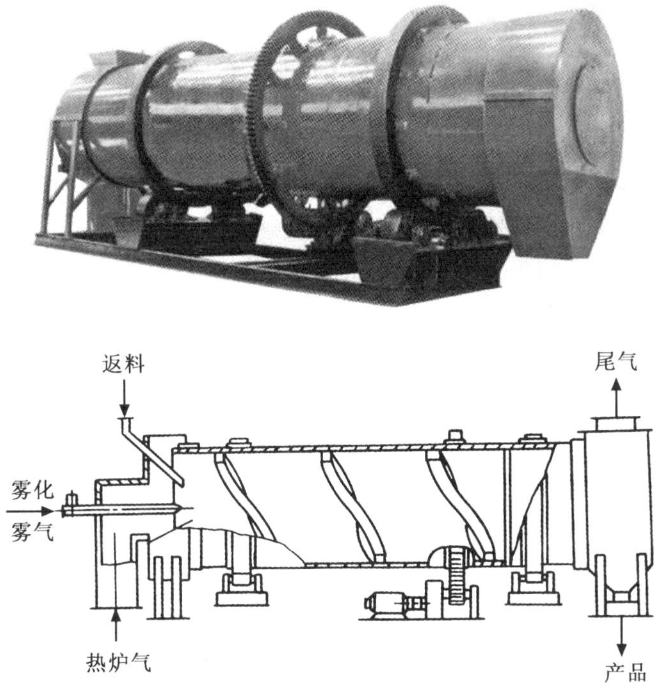

图 3-29　喷浆造粒机及其结构示意图

(4)挤压造粒机　挤压造粒机主要用于挤压法造粒。挤压造粒机是将粉体从压辊的辊孔中挤出,从而达到造粒的目的。根据从辊孔中挤出粉体的结构不同,挤压造粒机分为压辊挤压造粒机和螺旋挤压造粒机两种形式,目前较为常用的是压辊挤压造粒机。图 3-30 所示为压辊挤压造粒机及其结构图。压辊挤压造粒机是利用压辊的挤压力将粉体从压模孔中连续挤出,挤出的长条状颗粒被切刀断成适当的长度。

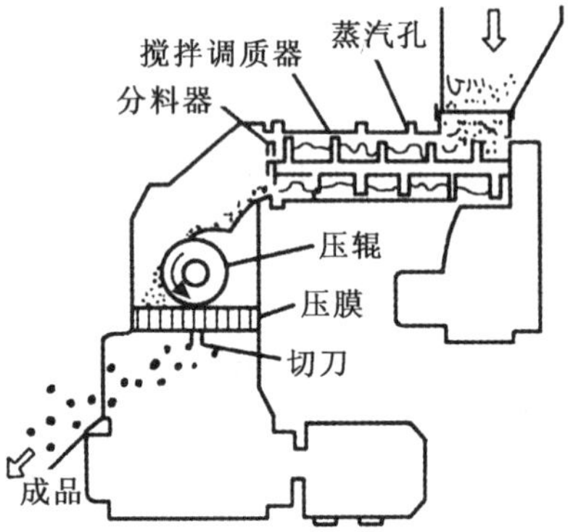

图 3-30　压辊挤压造粒机及其结构示意图

(五)扑粉

粒状复混肥造粒后,要进行扑粉处理,改善颗粒表面的物理性能,以保证成品在储存过程中维持质量稳定、不结块、不解潮、耐强压、强度好和手感良好。扑粉过程是将扑粉剂加到成品中,适当翻滚,混合均匀。扑粉剂通常为黏土、钙镁磷肥、石膏粉和滑石粉等。扑粉剂一般用量为复混肥料量的 2%～4%。

思考题

1. 简述好氧堆肥的基本工艺流程。
2. 简述影响堆肥化的主要因素。
3. 堆肥设备是如何分类的?
4. 简要介绍好氧堆肥发酵设备。
5. 简述堆肥腐熟度评价标准。
6. 简述堆肥臭气控制技术。
7. 简述堆肥渗滤液控制技术。
8. 简述堆肥产品强化设计。

9. 简述堆肥产品强化的工艺。

10. 简要介绍堆肥产品造粒设备。

阅读材料

重金属污染

全国每年因重金属污染的粮食达 1 200 万 t，造成的直接经济损失超过 200 亿元。国家环保总局局长周生贤 2006 年 7 月 18 日在全国土壤污染状况调查及污染防治专项工作视频会议上说，目前中国土壤污染的总体形势相当严峻，据估算，全国每年因重金属污染的粮食达 1 200 万 t，造成的直接经济损失超过 200 亿元。

据环保总局不完全调查，目前中国受污染的耕地约有 1.5 亿亩，污水灌溉污染耕地 3 250 万亩，固体废物堆存占地和毁田 200 万亩，合计约占耕地总面积的 1/10 以上，其中多数集中在经济较发达的地区。专家指出，土壤污染造成有害物质在农作物中积累，并通过食物链进入人体，引发各种疾病，最终危害人体健康。土壤污染直接影响土壤生态系统的结构和功能，最终将对生态安全构成威胁。

据了解，全国土壤现状调查及污染防治项目由环保总局和国土资源部共同承担，总经费预算约为 10 亿元。2006 年 7 月至 2007 年底是调查的实施阶段，2008 年是调查的总结阶段。

第四章　农业固体废物的能源化技术

知识目标：

- 理解农业固体废物能源化的基本意义。
- 掌握农业固体废物能源化的方法。
- 了解炭-气-油联产技术产品的应用。

能力目标：

- 能对农业固体废物进行沼气生产。
- 能对农业固体废物进行固化、气化处理。

第一节　概　　述

农业固体废物能源化是指采取特定的技术措施将农业固体废物转化为可供人们生产生活利用的新型能源。农业固体废物能源化也是实现农业固体废物资源化的重要途径，具有广阔的前景。

一、可能源化农业固体废物的种类

能源是指提供可用能量的资源。能源是人类经济社会发展的重要物质基础，是国家经济社会安全的重要物质保障。农业固体废物中含有大量的能源性物质，如秸秆、稻壳、锯末、畜禽粪便、有机垃圾等可直接或间接作为能源供人们利用，也可转化为品位更高的新型能源，如生物质能。生物质能可仅次于煤炭、石油、天然气的第四大能源，在世界能源消费总量中占 14%。生物质能可通过特定工艺转化为液、气体能源，它是目前世界各国优先发展的一种新能源。

二、农业固体废物能源化前景

目前我国正面临着巨大的能源与环境压力。2003 年数据显示我国石油可采储量仅为 25 亿 t，煤炭可采储量约 2 040 亿 t。按目前开采技术水平和消耗量，中国每年石油进口量至少达到 9 100 万 t。同时，矿物能源的无节制使用，引起了日益严重的环境污染问题，导致全球气温变暖、损害臭氧层、破坏生态圈碳平衡、释放有害物质及引起酸雨等自然灾害。而将农业固体废物进行能源化处理，既能提供部分能源，又为治理农业固体废物污染开辟了新途径，是实现农业固体废物资源化较好的方法之一；而农业固体废物能源化的原料来源广泛、产量巨大、价格低廉，因此农业固体废物能源化具有美好前景。

三、农业固体废物能源化途径

(1)直接燃烧　指将秸秆等农业固体废物直接燃烧供应能源的方式。此方式供能品位较低。

(2)沼气化　指将农作物秸秆、蔬菜瓜果废物和畜禽粪等废物进行沼气化处理。据测算，1 kg 秸秆可制气 2.2 m^3，1 t 秸秆可替代 0.7 t 煤炭，每利用 1 万 t 秸秆可减少二氧化硫排放量 140 t 和烟尘排放量 100 t。

(3)气化　指利用生物质热能气化原理，用气化反应器将可燃物质经过干燥热解气化和还原等过程，变成可燃气体，最终输送到各个用户。固体废物经气化后可产生高效、清洁、方便的可燃气体，为农村供气、供热、供电。

(4)液化　指将能量密度较低的废物转化成密度高、品位高的液体燃料也是合理利用生物质能的有效途径，也是 21 世纪最有发展潜力的技术之一。由生物质制成的液体燃料叫生物燃料，主要包括生物酒精和生物柴油。

(5)固化　指将秸秆、稻壳、锯末、木屑等有机废物，经过机械加压、加热等处理，将原来松散、无定型、低发热量的生物质原料压制成具有一定形状、密度较高(1.1～1.4 t/m^3)的固体成型燃料(热值 14～20 MJ/kg)，其功效相当于中质煤，但没有煤所固有的含硫量大、灰分高、污染环境等缺点。成型工艺可分为常温压缩成型、热压成型和炭化成型三种。

阅读材料

生物质能

生物质能是蕴含在各类生物质资源中的化学能。能源化利用的生物资源包括农林废物、动物粪便、油料作物和有机废物等，通过燃烧法、热化学法、生化法、化学法和物理化学法等利用技术，可转化为二次能源，分别为热量或电力、固体燃料（木炭或成型燃料）、液体燃料（生物柴油、生物原油、甲醇、乙醇和植物油等）和气体燃料（沼气、生物质能燃气和氢气）。生物质能技术开发已成为世界重大热门课题之一，受到世界各国政府与科学家的关注。生物质遍布世界各地，其蕴藏量极大，仅地球上的植物，每年生产量就相当于现阶段人类消耗矿物能的 20 倍，或相当于世界现有人口食物能量的 160 倍。虽然不同国家单位面积生物质的产量差异很大，但地球上每个国家都有某种形式的生物质，我国拥有丰富的生物质能资源，理论生物质资源为 50 亿 t 左右。最近人们对生物燃料主要以玉米等农作物为主要原料的生物质能利用提出质疑，因为这类生物燃料的大量生产会刺激对一般农作物的需求，从而造成了生物燃料“与粮争地”、“与人争粮”的矛盾。因此我国应大力发展对非粮作物的生物质能的开发利用。

第二节　农业固体废物沼气发酵技术

一、沼气与沼气发酵

沼气，顾名思义就是沼泽里的气体。人们经常看到，在沼泽地、污水沟或粪池里有气泡冒出来，如果划着火柴，可把它点燃，这就是自然界天然发生的沼气。沼气是各种有机物质在隔绝空气（还原条件）并有适宜的温度、湿度时，经过微生物的发酵作用产生的一种可燃烧气体。沼气是一种混合气体，主要成分是甲烷（CH_4）和二氧化碳（CO_2），甲烷占 60%～70%，二氧化碳占 30%～40%，还有少量氢气（H_2）、一氧化碳（CO）、硫化氢（H_2S）、氧（O_2）和氮（N_2）等气体。

沼气发酵又称厌氧发酵或厌氧消化，是指有机物质（如作物秸秆、杂草、人畜粪便、垃圾及生活污水等）在厌氧条件下，通过种类繁多、数量巨大、功能不同的各类微生物的分解代谢，最终产生沼气的过程。进行发酵过程的构筑物称为沼气池或厌氧反应器。

目前，我国沼气池的推广应用规模居世界首位，其中大中型沼气工程 1 560 座，农村户用沼气池 1 200 万多户。为建设新农村，解决农民的能源问题和农村的环境问题，国家继续鼓励发展沼气工程。

二、沼气发酵原理

沼气发酵经历 3 个阶段，如图 4-1 所示。

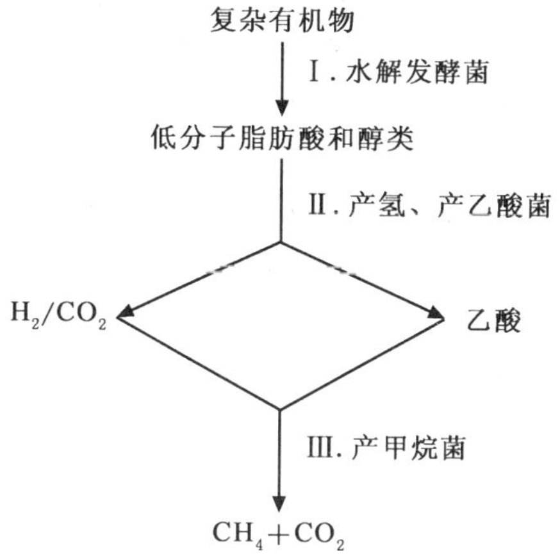

图 4-1　沼气发酵的 3 个阶段

(1)水解发酵阶段　复杂有机物在厌氧菌胞外酶的作用下被分解为简单有机物，然后在产酸菌的作用下经过厌氧发酵和氧化成为短链脂肪酸和醇类等。例如，纤维素、多糖等先水解为单糖，再通过酵解途径转化为乙醇和脂肪酸；蛋白质先水解为氨基酸，再经过脱氨基作用产生脂肪酸和氨；脂类则转化为脂肪酸和甘油等。参与这个阶段的水解发酵菌主要是专性厌氧菌和兼性厌氧菌。

(2)产氢产乙酸阶段　产氢产乙酸菌把除甲酸、乙酸外的脂肪酸和除甲醇外的醇类转化为乙酸和氢，并伴随 CO_2 的产生。

(3)产甲烷阶段　产甲烷菌把前两个阶段产生的乙酸、H_2 和 CO_2 等转化为 CH_4。研究表明，沼气发酵过程中 70%的 CH_4 来自乙酸分解，其余少量来自 H_2 和 CO_2 的合成。

三、沼气发酵原料

(一)按原料性质分类

(1)富 N 原料　通常是指人畜禽粪便、青草等碳氮比低的原料。其含氮量高，碳氮比多在 25∶1 以下，即在沼气发酵的适宜的碳氮比范围内或以下。这类原料中粪便经过了人和动物的胃肠系统的充分消化，一般颗粒细小，含有大量的低分子化合物——人和动物未吸收的中间产物，含水量较高。因此，在进行沼气发酵时不必预处理就容易厌氧分解，产气速度快，发酵周期较短。

(2)富 C 原料　通常指秸秆和秕壳等农作物残余物。这类原料富含纤维素、半纤维素、果胶以及难降解的木质素和植物蜡质，含碳量高，碳氮比多在 40∶1 以上，比沼气发酵适宜的碳氮比高，称富碳原料。这些物质的厌氧分解比富 N 的粪便原料慢得多，发酵周期较长。秸秆类富 C 原料一般干物质含量比富 N 原料高，且比重小，进沼气池后容易飘浮形成死区——浮壳层。为了提高原料的产气速率和利用率，这类原料在发酵前一般需要预处理。

(3)有机废物　主要指有机垃圾、沼渣和果渣等固体废物。

(4)水生植物　主要指农村池塘生长的水葫芦、水花生、水浮莲和其他水草及藻类等植物体。这些水生植物利用太阳能的能力很强，繁殖速度快、产量高。由于组织鲜嫩，容易厌氧分解，做沼气原料，产气快、周期短。但水葫芦、水花生、水浮莲等水生植物体内有气室，直接进沼气池容易飘浮，因此，用作沼气发酵原料时，宜稍晾干或堆沤 2 d 后入池，效果较好。

(二)按原料形态分类

(1)固体态原料　主要指秸秆类农业固体废物、有机垃圾等。它们干物质含量比较高，作为沼气原料容易在池内结壳、沉渣，造成出料困难。

(2)浆液态原料　主要指人、畜和家禽粪便，它们一般随清洗水排入粪坑，呈浆液态。鲜粪干物质含量多在 20%左右，与水混合后的浆液多在 10%上下。它们可与固态原料混合，进行发酵。也可用升流式厌氧污泥床反应器(UASB 反应器)和厌氧内循环反应器(IC 反应器)等现代高效沼气发酵装置发酵。它们是我国农村沼气发酵主原料。

四、沼气发酵类型

(一)按发酵温度分

根据发酵温度，沼气发酵可分为高温发酵工艺、中温发酵工艺和常温发酵工艺。

(1)高温发酵工艺　指发酵温度在 50～60℃的沼气发酵，特点是沼气反应器微生物特别活跃，有机物分解消化快，滞留期短，产气率高，一般在 2.0 $m^3/(m^3 \cdot d)$ 以上，但气体中所含 CH_4 所占比例比中温发酵低。高温发酵工艺主要适用于处理温度较高的有机废物和废水，如酒厂的酒糟废液、豆腐厂废水等。对于有特殊要求的有机废物，例如杀灭人粪中的寄生虫卵和病菌，也可采用该工艺。

高温发酵工艺可以增加反应速率，缩小反应器体积，提高病原微生物灭活效率，但在高温运行时能量消耗增加，温度变化的敏感性也增加，另外挥发性有机酸浓度增加使得工艺稳定性降低，氨氮浓度提高会使毒性增加，泡沫增多，臭味增加。由于其优点常常不稳定，又有许多缺点，所以除非有现场中试试验或现场生产性系统的经验，否则的话，根据高温厌氧工艺运行的一般经验进行设计需要谨慎小心。

农村沼气发酵很少采用高温发酵工艺。

(2)中温发酵工艺　指发酵温度维持在30～35℃的沼气发酵。此发酵工艺有机物消化速度较快，产气率较高，一般在1 $m^3/(m^3 \cdot d)$以上。与高温发酵工艺相比，中温发酵工艺所需的热量要少得多。从能量回收的角度，该工艺被认为是一种较理想的发酵工艺类型。目前世界各国的大、中型沼气工程普遍采用此工艺。农村沼气发酵很多也采用中温发酵工艺。

中温发酵工艺需要增温装置，最切实可行的增温装置是太阳能玻璃钢透明罩(透明度越高越好)，其罩内放一块黑色的塑料薄膜来吸收太阳光中的红外线，将太阳所散射的热集聚在罩内，它集聚热的效果很好。如当气温在20℃左右，则罩内的温度可提高到45℃左右。如果是在夏天，罩内的温度可以提高到65℃以上。

(3)常温发酵工艺　常温发酵工艺是指在自然温度下进行的沼气发酵。该工艺的发酵温度不受人为控制，基本上是随气温变化而变化，通常夏季产气率较高，冬季产气率较低。这种工艺的优点是沼气池结构相对简单，造价较低，因此农村沼气池常采用常温发酵。

在修建沼气池时，将它与猪舍改造相结合，将沼气池建在猪舍下面，不仅可节约沼气池占地，而且冬天池温会高2～3℃，这对冬天产气是极为有利的。在北方，将沼气池建在太阳能猪舍下并与太阳能蔬菜大棚相接合，可使冬天池温提高5℃以上，达到10℃以上。此法解决了北方地区沼气池越冬和产气问题。

由于农村沼气池常采用常温发酵工艺，因此启动时间最好不超过11月份。我国南方地区有相当部分沼气池是在秋收农忙结束后修建的，因此面临气温较低的问题，目前只有采用加大接种物数量、加长堆沤时间的办法来解决。北方地区冬天一般不能正常启动，只有等待来年。

(二)按进料方式分

沼气发酵可分为批量发酵、连续发酵与半连续发酵。

(1)批量发酵　是指将发酵原料和接种物一次性装满沼气池，中途不再添加新料，产气结束后一次性出料。产气特点是初期少，以后逐渐增加，然后产气保持基本稳定，再后产气又逐步减少，直到出料。因此，该工艺的发酵产气是不均衡的。目前，该工艺主要应用于研究有机物沼气发酵的规律和发酵产气的关系等方面。对于固体含量高的原料，如作物秸秆、有机垃圾等，由于日常进出料不方便，进行沼气发酵也可采用这一方法。

不同原料的产气速度是不同的。猪粪、马粪、青草等在35℃的发酵温度下发酵，15 d内的产气量占总产气量的80%；在相同的发酵温度下，玉米秸秆、麦秆在

20 d 内的产气量占总产气量的 80%。如果以 80%的总产气量所需的时间作为产气高峰期，则产气高峰期大体上只有 20 d 左右的时间，过了产气高峰期，产气率很低，而且需要延续 5～6 个月甚至更长的时间才会逐渐停止消化。因此，从使用价值考虑问题，真正有用的是产气高峰期。可见，对于一次大进料的批量发酵工艺，原料液在池中的滞留时间宜不超过产气高峰期，否则沼气池利用率很低。

(2)连续发酵　是指在沼气池加满料正常产气后，每天分几次或连续不断地加入预先设计的原料，同时也排走相同体积的发酵料液。其发酵过程能够长期连续进行。大中型沼气工程通常采用，但该工艺往往要求较低的原料固体物浓度。

(3)半连续发酵　介于上述两者之间。在沼气池启动时一次性加入较多原料，正常产气后不定期、不定量地添加新料。在发酵过程中，往往根据其他因素(例如农田用肥需要)不定量地出料；到一定阶段后，将大部分料液取走用作他用。我国广大农村由于原料特点和农村用肥集中等原因，主要是采用这种发酵工艺。

可根据是否采用秸秆，把农村沼气池通常采用的半连续发酵工艺分为两种不同的工艺流程(图 4-2 和图 4-3)。

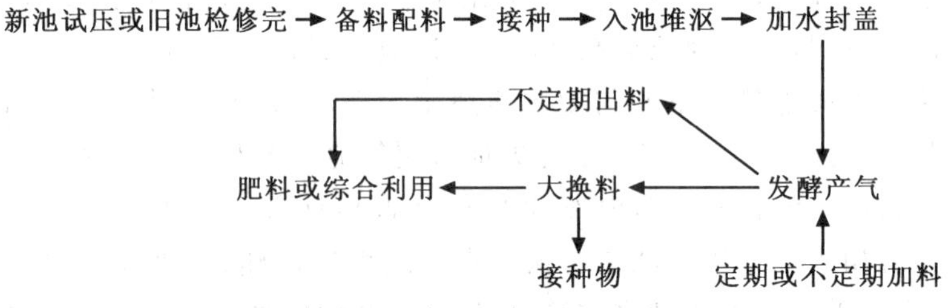

图 4-2　采用秸秆的沼气发酵工艺流程

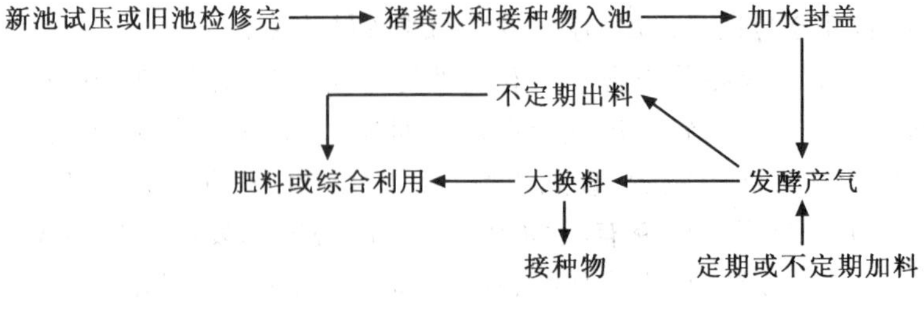

图 4-3　不采用秸秆的沼气发酵工艺流程

五、沼气发酵工艺流程

1. 接种物的选取

在各种有机物厌氧消化的地方采集接种物。屠宰场、豆腐房、酒厂、糖厂等地的阴沟污泥，湖泊、塘堰等的沉积污泥，正常发酵的沼气池底污泥或发酵料液以及陈年老粪坑底部粪便等均含有大量沼气微生物，都可以采集为沼气池起始接种物。新建沼气池投料或已经运行的池大换料时，一般应加入原料量30%以上的活性污泥，或留下10%以上正常发酵的沼气池脚污泥，或10%～30%沼气池发酵料液做启动菌种。若新建沼气池没有活性污泥，也可以用堆沤10 d以上的畜粪或者粪坑底部粪便做接种物。加入适量的接种物，是加快沼气池启动速度，加速原料分解，提高产气量的一个重要步骤。此外，有条件的地方最好能对所选取的接种物进行富集、驯化和扩大培养。这样，既可以使不同区系的沼气微生物个体得到增殖，又可以使大量接种微生物群体适应入池后的新环境。

2. 备料配料

沼气发酵工艺的首要步骤包括原料的收集与预处理。固体有机物半连续沼气发酵工艺的预处理通常是指适度的切碎。秸秆的预处理关系到发酵的好坏，通常是要切短，一方面有利于产气，另一方面也有利于今后出料。其切后长度最好不超过20 cm。切好的秸秆先用水泼湿，大约半天后按质量1∶1∶1的比例将接种物、粪便和秸秆混合好，然后放入沼气池内。采用单纯粪便做原料进行沼气发酵比较简单，只需将粪便与接种物混合即可。1份粪便，3份水量，投料的总量达到沼气池容积的80%，接种物的量一般占发酵料液的15%～30%。

3. 拌料投料

秸秆为主要发酵原料启动时，先用破碎机将秸秆粉碎，铺于沼气池旁空地或晒坝上，其厚度约30 cm，泼上搅拌均匀的粪类原料、接种物和适量的水(用水量以淋湿不流为宜，一般不得超过总加水量的1/3，在此用量范围内冬季宜少)。拌料时，要求边泼洒接种边拌匀，操作要迅速，以免造成粪液和水分流失。将接种物与发酵原料在池外混合均匀后投入沼气池。没有条件拌料入池的地方，可用分层加料、分层接种的办法进行，先加一层秸秆，再加一层粪类和接种物，每层不宜太厚，并要层层踩压紧实。堆好后用塑料膜覆盖，进行堆沤处理，一般夏季2～3 d，冬季5～7 d。

4. 堆沤

采用秸秆的沼气发酵工艺流程需要进行堆沤。堆沤在沼气池外进行时，经过堆沤的秸秆体积减小，便于入池发酵。在堆沤过程中，发酵细菌大量繁殖，温度上升，最高温度可达60℃。堆沤也可以在沼气池内进行，在已入池的接种原料中喷洒少量的水(用水量以淋湿为宜,一般不得超过总用水量的1/3),敞口堆沤数天,一般夏、春季1～2 d,秋、冬季3～5 d为宜。

5. 加水封池

在池内堆沤过程中,由于好氧和兼性微生物的作用,发酵料液的温度不断升高。当池内发酵原料温度上升到40～60℃时(上述堆沤时间内),一般达到此温度范围即可从进料口或出料口加水。加水量以保证池内发酵原料总固体浓度为:南方各省夏天6%,冬天10%;北方各省10%。加水完毕,检验发酵料液pH值,若pH值在6以上,即可封池;若pH值低于6,加入适宜草木灰、氨水或澄清石灰水等碱性物质调整至7左右后再封池。

6. 放气试火

按上述工艺流程操作,当沼气压力表的水柱压力差达到40 cm以上时,将气体全部放掉,此时沼气不能点燃,是因为沼气池气室内的空气没排放掉,容易发生爆炸(甲烷在空气中浓度为9%～11%时遇明火爆炸,高于11%或低于9%都不爆炸),当压力再升高时,随着气体中甲烷含量的增加,沼气即可点燃使用。一般在沼气发酵池封闭2～3 d后所产生的沼气即可使用,做点火试验,如能点燃,则说明沼气发酵已开始正常运行。

7. 沼气发酵出料

(1)活动盖小沼气池出料 建有活动盖的农户池,出料前应撬开活动盖,从活动盖处用耙梳(类似钉耙的一种农具)或锄头将浮渣起出,此时浮渣离地面的高度较小,出渣的劳动强度较小,浮渣一般应堆沤一个月后再使用。浮渣基本出尽后,再采用手提抽粪器或机动液肥泵抽出粪液。建池时未安装活塞筒的用户,可在出料间架设活塞筒,采用手提抽粪器出粪液,剩下的少量残渣,可用水或清粪水冲,使之能够流动,流到出料间后,用长把粪瓢舀粪。

(2)无活动盖小沼气池出料 没有建活动盖的农户池,出料前应先采用手提抽粪器或机动液肥泵把能流动的粪液出完(注意负压间距),此时浮渣和沉渣已堆积在一起,进、出料口一般都已能通风,但还应采用人工鼓风或扇风,使池内有足够的氧气,放入小动物,小动物无异常反应时,人方可下到出料间用耙梳或锄头从出料间起出粪渣。粪渣应加入氨水堆沤7 d左右,使粪渣成为无有害病菌和活寄生虫卵的复合高效有机堆肥。

(3)大中型沼气池出料 大中型沼气池都建有活动盖,出料前应启开活动盖,从活动盖口用抓卸器抓起浮渣。无抓卸器的地方也可采用耙梳、锄头抓起浮渣,经堆沤后再使用。浮渣基本出尽后,宜采用液肥车抽取易流动的粪液,也可用机动液肥泵抽取粪液。剩下的少量残渣可用水冲,使之能够流动,然后用液肥车抽取,如果抽取物浓度低，可用此低浓度粪液反复冲洗不流动的残渣，这样能减少用水和运肥量。

六、沼气发酵工艺条件

（一）温度

与所有生物处理工艺一样，沼气发酵工艺的性能受运行温度的显著影响。最佳性能只有在最佳温度范围内才能达到，即中温范围 30～40℃，高温范围 50～60℃，这两个范围代表着甲烷细菌最佳生长温度范围，大多数厌氧工艺的设计都采用这两个温度范围。尽管如此，甲烷细菌还是可以在更低的温度下生长，此时需要采用比较长的生物固体停留时间以弥补比较低的最大比生长速率的影响。

沼气发酵可在较为广泛的温度范围内进行，4～65℃都能产气。随着温度的升高，产气速度加快，但不呈线性关系。40～55℃是高温菌和中温菌的过渡区。50～55℃是高温厌氧菌活动区，产气速度最快。例如，10℃下发酵 90 d 的产气率只有 30℃下发酵 27 d 的 59%。温度的突然变化会对产气造成很大影响。大中型沼气发酵工程，尤其是恒温工程，温度是必须监控指标。温度变化超过 5℃，产气量显著降低，若变化过大则产气停止。例如，一个 35℃下正常产气的沼气池，温度突然下降到 20℃，则产气几乎完全停止。

虽然甲烷细菌对温度很敏感，但是运行温度也会影响水解和产酸反应。对于含大量简单和易生物降解有机物的废水，温度对产甲烷过程的影响是首要考虑的问题。然而，对于含大量复杂有机物或颗粒态有机物的废水，应该首先考虑温度对水解和产酸反应的影响。

（二）接种物

正常沼气发酵是一定数量和种类的微生物来完成的，含有丰富沼气微生物数量的污泥叫接种物。

沼气发酵菌种在自然界广泛存在。如各种阴沟污泥、粪坑底脚污泥、沼气池底污泥或消化浆液等中由于有丰富的有机物质和良好的嫌气条件，形成了丰富的微生物群落。在新进料的沼气池中加入接种物，可大大缩短停滞期。特别是新建沼气池，第一次投料时微生物数量和种类都不够，应人工添加接种物。

（三）厌氧环境

沼气发酵需要在厌氧环境下进行，判断厌氧程度一般用氧化还原电位 Eh 表示。厌氧条件下，Eh 是负值。严格厌氧的甲烷菌要求的 Eh 为－350～－300 mV，而一些兼性产酸的细菌则在 Eh 为－100～＋100 mV 都能正常生活。为了保证厌氧条件，必须修建严格密闭的沼气池，保证沼气池不漏水、漏气。

（四）酸碱度

沼气发酵微生物的生长、繁殖，要求发酵原料的酸碱度保持中性或微偏碱性，过酸、过碱都会影响产气。一般pH值为6～8时均可产气，pH值为6.5～7.5时产气量最高，pH值低于6或高于9时均不产气。

沼气发酵初期由于产酸菌的活动，池内产生大量的有机酸，导致pH值下降。随着发酵持续进行，氨化作用产生的氨中和一部分有机酸，同时甲烷菌的活动，使大量的挥发酸转化为甲烷（CH_4）和二氧化碳（CO_2），使pH值逐渐回升到正常值。所以，在正常的发酵过程中，沼气池内的酸碱度变化可以自然进行调解，先由高到低，然后再升高，最后达到恒定的自然平衡（即适宜的pH值），一般不需要进行人为调节。只有在配料和管理不当，使正常发酵过程受到破坏的情况下，才可能出现有机酸大量积累，发酵料液过于偏酸的现象。此时，可取出部分料液，加入等量的接种物，将积累的有机酸转化为甲烷，或者添加适量的草木灰、氨水或石灰澄清液，中和有机酸，使酸碱度恢复到正常。

（五）搅拌

在沼气池中，生物化学反应是依靠微生物的代谢活动而进行，这就需要使微生物不断接触新的食料。在分批投料发酵时，搅拌是使微生物与食物接触的有效手段；而在连续投料系统中，特别是高浓度产气量大的原料，在运行过程中由于进料和产气时气泡形成和上升过程所造成的搅拌则构成了食料与微生物接触的主要动力。

在成批投料消化器里，发酵料液通常自然沉淀而分成4层，从上到下分别为浮渣层、上清液、活性层和沉渣层。在这种情况下，厌氧微生物活动较为旺盛的场所只限于活性层内。而其他各层或因可被利用的原料缺乏，或因条件不适宜微生物的活动，使厌氧消化难以进行。因此，在这类消化器里应采用搅拌措施来促进厌氧消化。对消化器进行有限的搅拌，可使微生物与发酵原料充分接触，同时打破分层现象，使活性层扩大到全部发酵液内。此外，搅拌尚有防止沉渣沉淀，防止产生或破坏浮渣层，保证池温均匀性，促进气液分离等功能。

对于农村小型沼气池，沼气池搅拌是大多数用户忽视的问题。沼气池长期不搅拌，所进发酵料受到池内气体和旧渣堆积托载而堆积在进料筒内，并在进料筒内发酵，所产沼气随进料管壁上升而散失掉，池体里面的旧渣液也由于长期不搅拌而得不到轮回排出，形成发酵料进出循环断路，代谢失调。沼气池适当搅拌，可使新入池发酵料进入池内并与池内旧料混合发酵，有利于加快沼气池发酵料液的发酵进程，同时，搅拌有利于旧渣的适当清排，提高沼气池利用效率。

因此，搅拌主要有以下目的：

①使发酵原料分布均匀，增加微生物与原料的接触面，加快产气速度，提高产气量、提高原料利用率。

②同时也可防止原料浮面结壳，产生的沼气释放不出来。我国农村的沼气发酵原料以秸秆、杂草和树叶等为主，更需搅拌才能达到好的发酵效果。

③防止局部酸的积累。

目前沼气发酵搅拌的方式主要有下面5种：

①机械搅拌。机械搅拌通常在大中型工程全混合式沼气装置采用，农村户用沼气池一般未安装机械搅拌器。

②沼气回流搅拌。将沼气压缩后从池底输入池内，随着气体向上逸出，达到搅拌目的，通常也在大中型沼气工程中采用。

③料液回流搅拌。农村户用沼气池经常采用的方式，可将出料间的料液取出，再从进料间冲入，达到搅动池内料液的目的。

④人工抽提搅拌。简易的人工抽粪器是由一根硬质塑料管及配有活塞的提杆组成，可以固定在池顶部，管的直径一般100～120 mm，活塞为两个半圆形合页，随着提杆的上下移动，料液产生振动，达到搅拌的目的。同时也可以用作人工出料器。

⑤人工搅拌器搅拌。人工搅拌是我国在农村中推广小型沼气池以后由群众创造出的适合我国农村条件的简便有效的方法。这种简便的搅拌措施包括：大量推广能自行进行搅拌作用的水压式沼气池，利用进料管和出料管，用搅拌棒插入沼气池进行定期搅拌；进料与水平面呈一定角度(根据池型经试验测的)，在搅拌棒的下端加装一个交叉形状的搅拌器，插入进料管进行往复的上下运动，使料液的喷流速度逐步得到加强，并引起料液翻滚流动而进行搅拌。

(六)营养物质

沼气发酵过程是培养微生物的过程，发酵原料或所处理的废水应看作是培养基，因而必须考虑微生物生长所必需的C、N、P以及其他微量元素和维生素等营养物质。

在沼气池中，细菌生长所需营养由发酵液提供。合成细胞所需的碳源起双重任务，一是作为反应过程的能源，二是合成新细胞；N则只用于细胞建造。一般沼气池中发酵液的C/N比达到(10～20)∶1为宜。如C/N比太高，细胞的N量不足，消化液的缓冲能力低，pH值容易降低；C/N比太低，微生物在生长过程中就会将多余的氮素分解为氨而放出，使发酵液中构成碱度的物质NH_4HCO_3增加，虽可以提高发酵液的缓冲能力，但含氮量过多，pH值可能上升，铵盐容易积累，会抑制消化进程。

发酵原料的 C/N 比，是指原料中有机碳素和氮素含量的比例关系，因为微生物生长对 C/N 比有一定要求。在沼气发酵过程中，原料的 C/N 比在不断变化，细菌不断将有机 C 素转化为 CH_4 和 CO_2 放出，同时将一部分 C 素和 N 素合成细胞物质，多余的 N 素则被分解以 NH_4HCO_3 的形式溶于发酵液中。经过这样一轮分解，C/N 比则下降一次，生成的细胞物质死亡后又可被用作原料。因此，消化器中发酵液的 C/N 比总是要比原料低得多，而微生物生长的环境是在消化器内，所以这里所说营养物的 C/N 比是消化器中发酵液的 C/N 比。

沼气发酵适宜的 C/N 比值范围较宽，有人认为(13～16)∶1 最好，但也有试验说明(6～30)∶1 的范围内仍然合适。一般认为在厌氧发酵的启动阶段 C/N 比不应大于 30∶1。只要消化器内的 C/N 比适宜，进料的 C/N 比则可高些。因为厌氧细菌生长缓慢，同时老细胞又可作为 N 素来源。

发酵原料进行 C/N 比配制时，常以 COD 为标准计算，在处理复杂有机物废水时，由于细菌生长较多，要求 COD∶N∶P 的比值为 350∶5∶1。如果以挥发酸废水为原料，细菌生长量低，其 COD∶N∶P 的比值可为 1 000∶5∶1。在 N、P、S 不足的废水中，应考虑加入铵态氮(NH_4HCO_3、NH_4Cl)、磷酸盐和硫酸盐以补充其不足。此外，加入微量元素如 Co、Al、Ni 及 Zn 等对发酵有一定促进作用，但其用量都应在 50～100 μmol/L 以下，加入过多反而会产生毒害作用。发酵原料 N、P 不足时，可适当添加一定比例的粪尿液以补充氨源不足，有利于促进沼气发酵的进行。

农村常用沼气发酵原料如人畜粪便、秸秆和杂草等都是生物质所构成，用这些原料进行沼气发酵，从营养成分来看是比较齐全而丰富的，一般不需添加什么营养成分。为使发酵过程有一个较高的产气量，可将贫氮原料与富氮原料适当配合成具有适宜 C/N 比的混合原料。农村常用沼气发酵原料的 C/N 比(近似)值列于表 4-1。

表 4-1　农村常用沼气发酵原料的 C/N 比(近似值)

原料	碳素在原料中的质量分数/%	氮素在原料中的质量分数/%	C/N 比	原料	碳素在原料中的质量分数/%	氮素在原料中的质量分数/%	C/N 比
鲜人粪	2.5	0.85	2.9∶1	野草	14	0.54	26∶1
鲜猪粪	7.8	0.60	13∶1	大豆茎	41	1.30	32∶1
鲜马粪	10	0.42	24∶1	落叶	41	1.00	41∶1
鲜牛粪	7.3	0.29	25∶1	玉米秆	40	0.75	53∶1
鲜羊粪	16	0.55	29∶1	干稻草	42	0.63	67∶1
花生茎叶	11	0.59	19∶1	干麦草	46	0.53	87∶1

注：引自边炳鑫等，2005。

(七)压力

甲烷菌能适应较大的静水压力，约 40 m 或更高。但它对压力变化极为敏感，需要工艺来稳定压力。在进料、出料和沼气消耗时，沼池中的压力发生变化，对甲烷菌的生命活动有抑制作用。因此，要采用下列措施：

①保留足够的贮气空间，使得用气时气压变化不致过大。

②进料和出料的速度尽量保持一致，所进新鲜原料和所排出的废料体积应相等。

③大中型沼气池应设置贮气装置。如我国农村推广的一种分离式浮罩沼气池，可保持比较稳定的气压。

(八)添加剂与抑制剂

有些物质少量添加于沼气池后就可显著促进产气，这类物质称为添加剂。而另一些物质少量添加于沼气池后则显著抑制产气，这类物质称为抑制剂。添加剂的种类较多，包括一些酶类、无机盐、有机物和无机物。如添加一定量的纤维素酶，可显著促进产气；添加 5 mg/kg 的稀土元素(R_2O_5)可提高产气 17%；添加适量的 NH_4HCO_3 等氮肥，可显著提高秸秆类原料的产气率；添加少量的活性炭或泥炭、或向发酵池通入氢气都可显著提高甲烷产量。抑制剂主要是指一些金属离子、盐类、杀菌剂和人工合成的化合物。

七、沼气发酵工艺参数

发酵工程的总体原则是在发酵正常情况下，尽可能地采用高有机负荷率，以期获得高的池容产气率。描述沼气发酵工艺的常用参数主要有以下几种。

(1)进料浓度　进料浓度表示单位主要有 VS 质量分数(%)、TS 质量分数(%)、COD 浓度(kg/m^3)。进料浓度关系到发酵浓度，对不同装置来说所需最佳浓度是不同的。例如，目前先进的沼气池，如升流式厌氧污泥床(UASB)、厌氧内循环反应器(IC)，对原料固体浓度要求很低，一般不超过 1%，对可溶性 COD 浓度则无限制。畜禽场因粪便的收集方式不同，有时需采用稀释或浓缩措施。

(2)沼气池有机负荷率　沼气池有机负荷率是指单位沼气池容积每天接纳的原料量，单位为 $kg/(m^3 \cdot d)$，具体有 COD 有机负荷率、VS 有机负荷率和 TS 有机负荷率。这一指标是评价沼气效率的重要指标，只有保证高的有机负荷才能有高的池容产气率。

(3)池容产气率　池容产气率是每立方米发酵池每天的沼气产量，单位是 $m^3/(m^3 \cdot d)$，这一指标也是评价沼气池效率的重要指标。

(4)原料产气率　原料产气率是指单位质量发酵原料的产气量。此指标用每天沼气产量除以进料量得到的，例如某沼气池每天产气 3 m^3，每天进料 10 kg(总固体)，则 TS 原料产气率为 3/10＝0.3(m^3/kg)。根据不同的情况可分为实验室产气率、生产产气率和理论产气率。实验室产气率可用具体试验来测定，它有一定变化；生产产气率通常根据大量的实际情况来估计或实测；理论产气率可根据原料的化学成分通过下列公式来计算，它是不变的：

$$甲烷的产量(E)：E=0.37A + 0.49B + 1.04C$$
$$CO_2 的产量(D)：D=0.37A + 0.49B + 0.36C$$

式中：A 为每克发酵原料碳水化合物含量，B 为蛋白质含量，C 为脂肪含量。

碳水化合物、脂肪、蛋白质三大类物质种类很多，但其 C、H、O 元素的组成大致差不多。由于产生的一部分沼气将溶于水中，一部分有机物要用于微生物的合成，实际沼气产量要比理论值小。一般说来，糖类物质厌氧消化的沼气产量较少，沼气中甲烷含量也较低；脂类物质沼气产量较高，甲烷含量也较多。表 4-2 列出了常用发酵原料的沼气产率。

表 4-2　常用发酵原料的沼气产率

原料名称	每吨干物质产生的沼气量/m^3	甲烷含量/%	产气持续时间/d	原料名称	每吨干物质产生的沼气量/m^3	甲烷含量/%	产气持续时间/d
牲畜厩肥	260～280	50～60	—	杂树叶	210～294	58	—
猪粪	561	65	60	马铃薯梗叶	260～280	60	60
牛粪	280	59	90	谷壳	651	62	90
马粪	200～300	60	90	向日葵梗	300	58	—
人粪	240	50	30	废物污泥	640	50	—
青草	630	70	60	酒厂废水	300～600	58	—
亚麻梗	359	59	90	碳水化合物	750	49	—
玉米秆	250	53	90	脂类化合物	1 400	72	—
麦秸	342	59	—	蛋白质	980	50	—
松树叶	310	69	65				

注：引自边炳鑫等，2005。

高浓度有机废水常用 COD 来表示废水浓度，一般 1 g COD 在厌氧条件下完全降解可以生成 0.25 g CH_4，相当于在标准状态下沼气体积 0.35 L。如果能测出 COD 浓度，也可算出原料理论产气量。

(5)水力滞留期(HRT)　指原料在沼气池中的停留时间，单位是天(d)，仅从提高效率来说，此值越小越好，但小到一定程度会因沼气池内微生物的流失而使发酵失败。目前一些采用低浓度废水的高效沼气池，水力滞留期已降低至 12 h 以下。它的计算方法是用沼气池容积除以每天的进料体积。由于建沼气池时每天的进料体积可以确定，因此，沼气池的容积决定于水力滞留期。例如，某沼气池计划采用 35℃发酵，进料浓度为 8%（总固体），每天的进料容积为 50 m^3，水力滞留期 20 d，则沼气池的容积为 $50\times20=100(m^3)$。

（6）有机物去除率　这一指标用于表征沼气池在去除污染方面所达到的水平，用进料浓度与出料浓度之差除以进料浓度（%）表示。当然，这一指标越高越好，但追求过高的有机物去除率，会带来有机负荷率、池容产气率降低。在进行工程方案设计时，可以利用以下数学关系计算：

COD 有机负荷率＝进料 COD 浓度÷水力滞留期

池容产气率＝原料产气率×COD 有机负荷率

八、沼气发酵设备

从发展角度来看，沼气发酵设备经历了两个大的发展阶段。第一阶段的发酵设备称为传统发酵设备系统。传统的发酵系统是主要用于间歇性、低容量、小型的农业或半工业化人工制取沼气的最基本设备。人们一般把传统的发酵系统称为沼气发酵池、沼气发生器或厌氧消化器。第二阶段的发酵设备称为现代高效工业化发酵设备系统，后者是在前者的基础上发展起来，工业化、系统化、高效化的，能够大量处理生活垃圾、畜禽粪便、高浓度有机废水等的现代沼气发酵处理系统。

传统的发酵设备内一般没有搅拌设备，发酵基质投入池中后，难以和原有厌氧活性污泥充分接触，因此生化反应速率往往很慢，要得到较完全的发酵，必须有很长的水力停留时间，从而导致负荷率很低。传统发酵罐内分层现象十分严重，液面下有很厚的浮渣层，久而久之，会形成板结层，妨碍气体的顺利逸出；池底堆积的老化（惰性）污泥很难及时排出，在某些角落长期堆存，占去了有效容积；中间的清液（常称上清液）含有很高的溶解态有机污染物，但因难与底层的厌氧活性污泥接触处理效果很差。除以上方面外，传统发酵设备往往没有人工加热设施，这也是导致其效率很低的重要原因。但由于传统的发酵设备投资小、见效快、施工简单，是尤其适合广大农村的小型沼气发酵设备。

传统发酵系统中发酵池的建造材料通常有炉渣、碎石、卵行、石灰、砖、水泥、混凝土、三合土、钢板和镀锌管件等。发酵池的种类很多，按发酵间的结构形式有圆形池、长方形池、钟形池和扁球池等多种，按贮气方式有气袋式、水压式和浮罩式，按埋没方式有地下式、半埋式和地上式。

现代高效工业化发酵设备也是目前大中型沼气工程常用发酵设备，其水力停留时间大大缩短，有机负荷大大提高，处理效率也大大提高。主要有升流式厌氧污泥床反应器（UASB 反应器）、膨胀颗料污泥床反应器（EGSB 反应器）和厌氧内循环反应器（IC 反应器）等。

（一）水压式沼气池

水压式沼气池主要有圆筒形（图 4-4）和椭球形（图 4-5）两种池型。

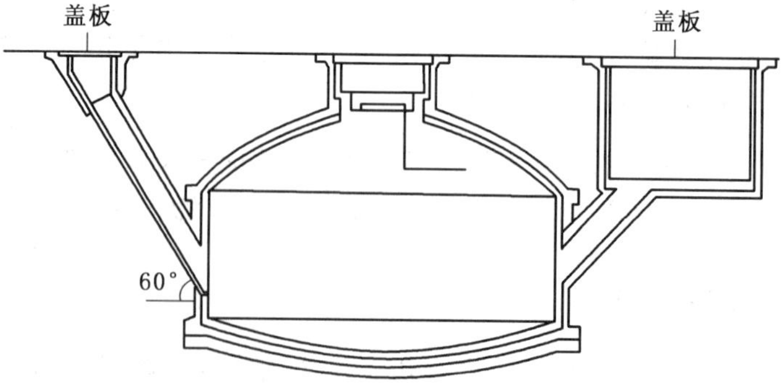

图 4-4 圆筒形水压式沼气池

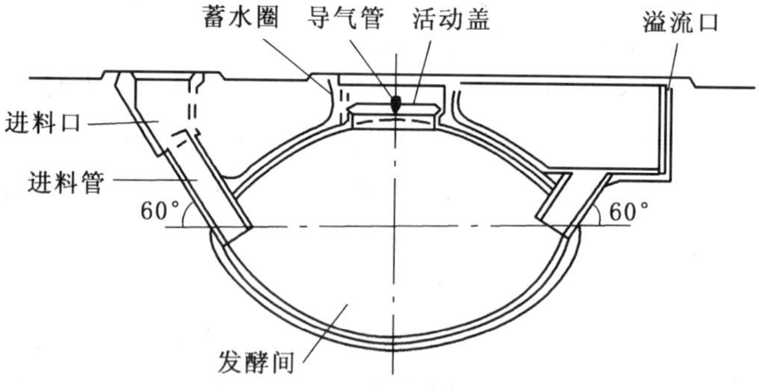

图 4-5 椭球形水压式沼气池

这种池型的池体上部气室完全封闭，随着沼气的不断产生，沼气压力相应提高。这个不断增高的气压，迫使沼气池体内的一部分料液进到与池体相通的水压间内，使得水压间的液面升高。这样一来，水压间的液面跟沼气池体内的液面就产生了一个水位差，这个水位差就叫做“水压”（也就是 U 形管沼气压力表显示的数值）。用气时，沼气开关打开，沼气在水压下排出；当沼气减少时，水压间的料液又返回池体内，使得水位差不断下降，导致沼气压力也随之相应降低。这种利用部分料液来回串动引起水压反复变化来储存和排放沼气的池型，就称为水压式沼气池。

水压式沼气池是我国推广最早、数量最多的池型，是在总结"三结合"、"圆、小、浅"、"活动盖"、"直管进料"，"中层出料"等群众建池经验的基础上，加以综合提高而形成的。"三结合"就是厕所、猪圈和沼气池连成一体，人畜粪便可以直接打扫到沼气池里进行发酵。"圆、小、浅"就是池体圆、体积小、埋入浅。"活动盖"就是沼气池顶加活动盖板。

1. 水压式沼气池型的优点

①池体结构受力性能良好，而且充分利用土壤的承载能力，所以省工省料，成本比较低。

②适于装填多种发酵原料，特别是大量的作物秸秆，对农村积肥十分有利。

③为便于经常进料，厕所、猪圈可以建在沼气池上面，粪便随时都能打扫进池。

④沼气池周围都与土壤接触，对池体保温有一定的作用。

2. 水压式沼气池型的缺点

①由于气压反复变化，而且一般在 4～16 kPa(即 40～160 cm 水柱)压力之间变化。这对池体强度和灯具、灶具燃烧效率的稳定与提高都有不利的影响。

②由于没有搅拌装置，池内浮渣容易结壳，且难以破碎，所以发酵原料的利用率不高，池容产气率偏低，一般产气率每天仅为 0.15～0.2 m^3。

③由于活动盖直径不能加大，对发酵原料以秸秆为主的沼气池来说，大出料工作比较困难。因此，最好采用出料机械出料。

(二)浮罩式沼气池

浮罩式沼气池池型为一圆柱形池体，由一个专用于贮气的罩(钢、水泥或塑料制成)直接罩在池顶。它具有沼气压力稳定、产气率高等特点。浮罩式沼气池有以下两种池型。

1. 分离浮罩式沼气池

如图 4-6 所示，这种沼气池将发酵池与贮气浮罩分开建造，既保持了水压式沼气池的池体结构，又增添了浮罩式沼气池的特点。

(1)分离浮罩式沼气池的优点

①沼气压力较低而且稳定。一般压力为 2～2.5 kPa (即 20～25 cm 水柱)，有利于沼气灶、灯燃烧效率的提高，有效地避免了水压表冲水、活动盖漏气和出料间发酵液流失等故障的发生。

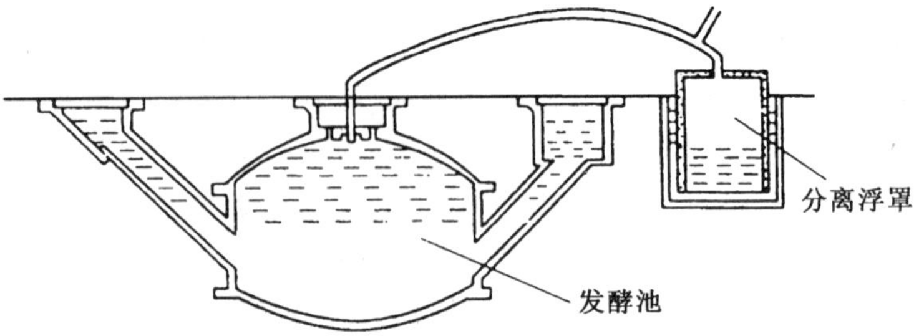

图 4-6 分离浮罩式沼气池简图

②发酵液不经常出入出料间,保温效果好。因此,它的池温一般比水压式沼气池高 0.5～1.5℃。

③由于采用分离的浮罩贮气,沼气池可以满装料。该池型发酵容积比同容积的水压式池增加 20%以上。

④浮渣大部分被压入发酵液中,可以使发酵原料更好地发酵产气。因为装满料,混凝土池壁浸水后气密性大为提高。综合起来,其池容产气率比一般水压式池型提高 30%左右。

(2)分离浮罩式沼气池的缺点

①建池成本比同容积的水压式池型增加 10%左右。

②占地面积稍大些。

③对于有秸草加入的原料来说,出料工作仍然存在一定的困难。

2. 改进型分离浮罩式沼气池

即为了减少占地面积和节省投资,将浮罩置于原水压间内的分离浮罩式沼气池,如图 4-7 所示。

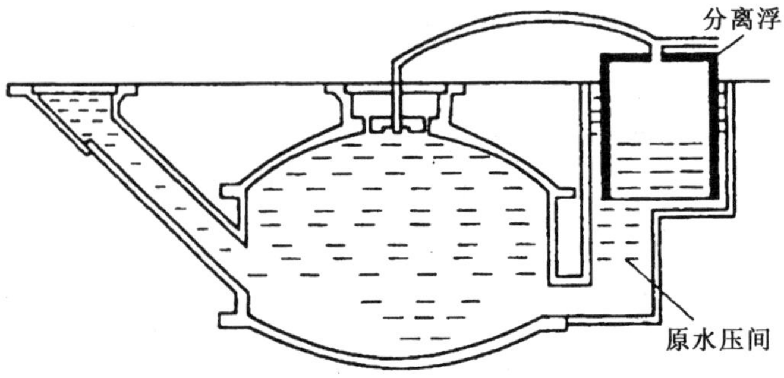

图 4-7 改进型分离浮罩式沼气池简图

(三)半塑式沼气池

半塑式沼气池池体为圆柱形,由一个红泥塑料制成的柔性罩直接扣在池顶上,四周用编织带扣紧置于水封槽中而成。为了满足每日进出料的要求,在原池型上增加了进料口和出料间,如图 4-8 所示。

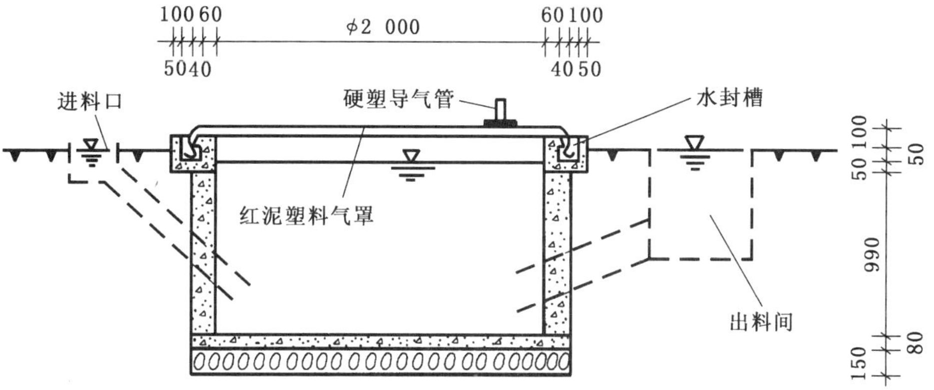

单位:mm

图 4-8　半塑式沼气池简图

1. 半塑式沼气池的优点

(1)结构简单,施工方便　一家一户用的沼气池容积一般为 4 m^3,只需要一个劳动日就可以挖成。只要所用的塑料薄膜质量有保证,基本上建一个成功一个。

(2)投资少,成本低　修建半塑式沼气池所花的成本,一般为水压式池型的 1/2 左右。

(3)产气率高　由于池子比较浅、液面比较大、塑料薄膜吸热保温性能好,所以这种池子内的温度一般要比地下池高 6～10℃,产气率提高 1 倍以上,每天可达 0.3～0.45 m^3/m^3。

(4)管理方便　只要把池顶上的塑料薄膜拉开,大进料、大出料都很方便。

2. 半塑式沼气池的缺点

(1)塑料薄膜容易老化　目前采用抗拉、耐老化的红泥双面革膜,效果较好。

(2)沼气压力低　一般不大于 1 kPa (即 10 cm 水柱),这样的压力需要配用低压沼气燃具。

(3)使用时间短　由于塑料薄膜沼气池直接接触大气,受气温影响很大。一般要在昼夜最低气温高于 10℃和光照好的条件下,才有较好的效果。

(4)安全性差　由于发酵池顶是塑料薄膜,应注意人畜安全。

这种发酵池型虽有投资少、使用方便等特点,但塑料薄膜寿命短和易于破损等问题一时难于解决,故只在少数地区推广使用。

(四)罐式沼气池

罐式沼气池(又称铁沼气罐)如图 4-9 所示。它采用干发酵工艺,用钢板焊制一个容积为 2 m^3、卧式圆柱形的沼气装置。这种沼气池适用于我国内蒙古及西北各干旱、太阳能资源丰富和缺少砂石的地区。

1. 罐式沼气池的优点

①制造、运输和安装均方便。

②可以大量利用牛、马粪便和秸秆等低质燃料,而且用水量少。

③产气率高,每天可达 1.0～1.5 m^3/m^3。

④进出料方便、安全,节省劳力。

⑤可放置在小型塑料棚内,便于增温和保温。

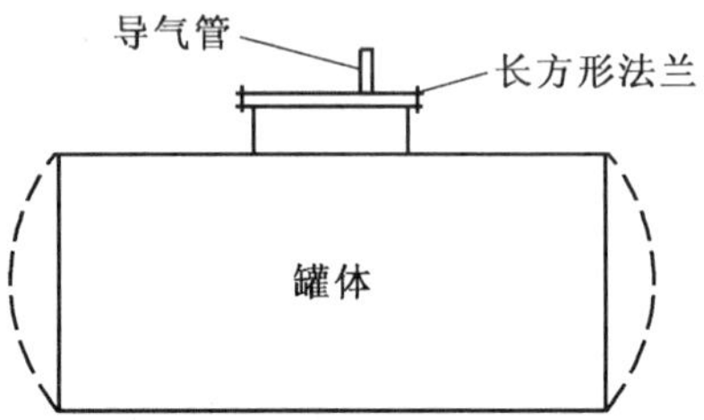

图 4-9　罐式沼气池

2. 罐式沼气池的缺点

①产气量不均匀。该罐装满料 4～5 d 后即可产气燃烧,8～10 d 后日产气量达到高峰,大约维持 2 个月后产气量下降,形成产气量大时用不完、产气量小时不够用的状况。

②由于没有贮气装置,产气高峰时,沼气压力可达 0.1～0.15 MPa(即 1.0～1.5 个大气压力),是水压式沼气池的 10 倍左右。这就要求铁罐的焊接质量一定要牢靠。沼气管道大部分需采用水煤气管,其投资有所增加。

(五)戈巴式沼气池

戈巴式沼气池是印度大量推广定型的一种浮罩式沼气池(图 4-10)。将牛粪配水、去渣后的粪液作为发酵原料入池。由于池较深(为直径的 2.5 倍)且池中有隔墙,致使粪液上下折流,而且新旧料不混。所以,它的原料利用率和池容产气率较高。可旋转的钢制浮罩内壁设有一组刀片,当沼气池内有浮渣壳形成时,可及时转动浮罩将其打碎,以利沼气溢出液面。由于戈巴式沼气池的钢浮罩浸入发酵液中,故有易腐蚀和价格偏高的缺点,因而制约了它的推广。近些年来,为了降低造价、减少钢浮罩的腐蚀和方便施工,该池型的深度已减少为直径的 1.0～1.5 倍;又在池体外圈增加了一个"水套",钢浮罩置于"水套"中,避免了与发酵液的直接接触。

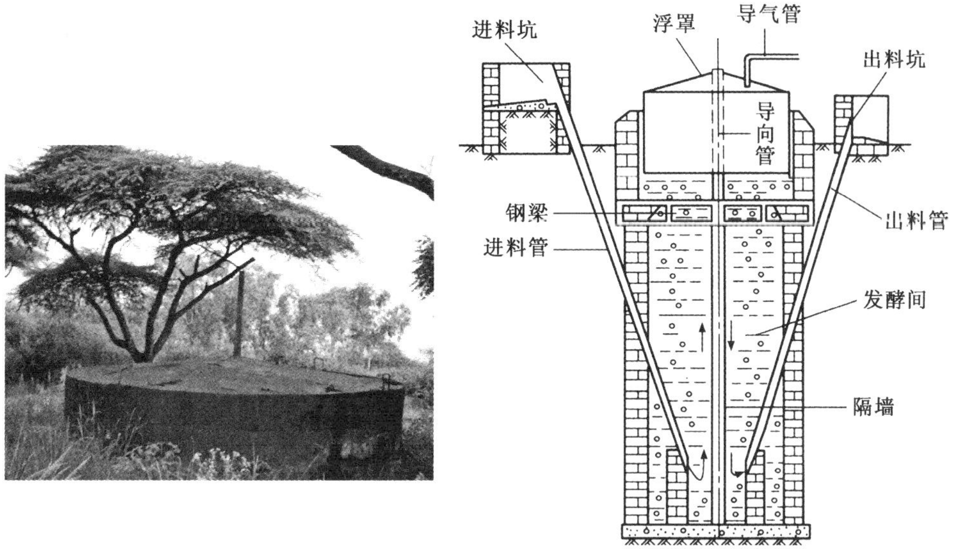

图 4-10 戈巴式沼气池及其构造简图

(六)草帽浮罩式沼气池

草帽浮罩式沼气池是德国劳尔公司向非洲推广的一种沼气池(图 4-11)。它在中国分离浮罩式沼气池的基础上将平板式活动盖改成草帽形活动盖。

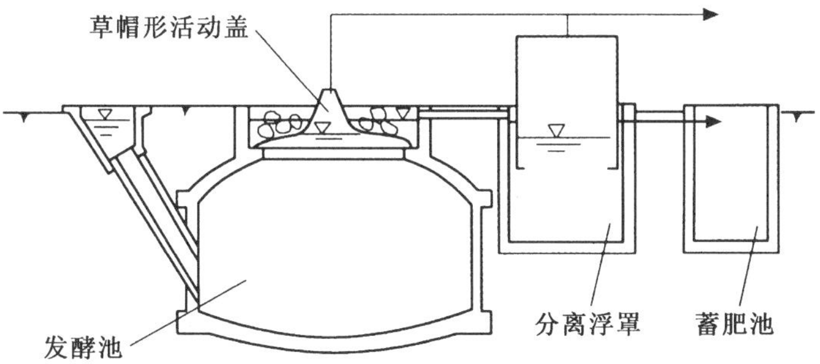

图 4-11 草帽浮罩式沼气池

这种池型的天窗口直径比中国水压式沼气直径(600 mm)要大,为 800～1 000 mm,而且草帽形活动盖可以随时开、闭,且水封不漏气。这种活动盖结构可以解决我国黄河流域以南地区、大多数沼气池存在的浮渣结壳和大出料的难题。

（七）波达型沼气池

波达（BORDA）型沼气池是德国波达公司吸取中国和印度沼气池的特点设计而成的。波达型沼气池的最大特点是：拱盖为半球形的薄壳结构，可按中国沼气池的固定拱盖建造方法施工。根据浮罩的位置又分为波达浮罩式沼气池和波达分离浮罩式沼气池（图 4-12），后者的活动盖也采用了草帽形活动盖的设计。

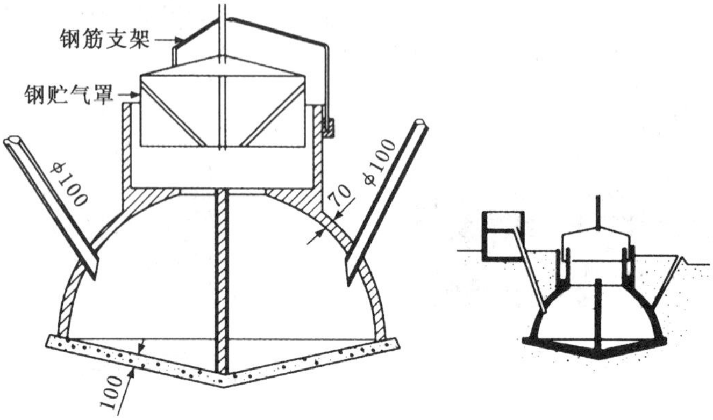

(a) 波达浮罩式沼气池

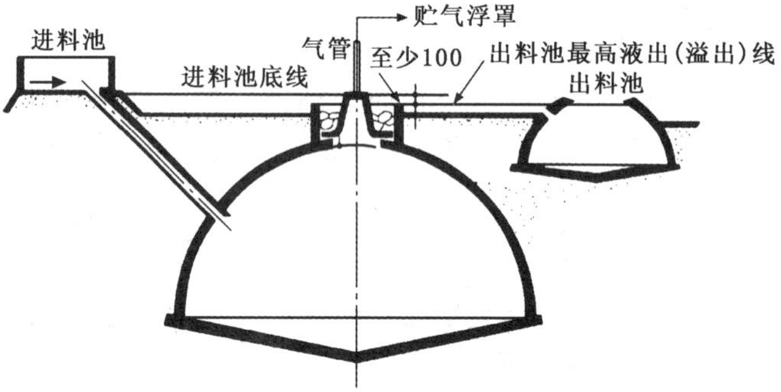

(b) 波达分离浮罩式沼气池

单位：mm

图 4-12 波达型沼气池

（八）方型浮罩式沼气池

方型浮罩式沼气池（图 4-13）是泰国的一种家用沼气池。池体为方形，砖混结构，深 1.5 m，池容积 4～5 m^3；浮罩相应为方形、钢板结构，直接罩在发酵液面上。为提高沼气的使用压力，在浮罩顶加配重或四角用铁链与池体相连以加大浮罩上升的阻力。虽然钢制浮罩不耐腐蚀，寿命只有 2～3 年，但其制作和使用方便，造价一般可以接受。

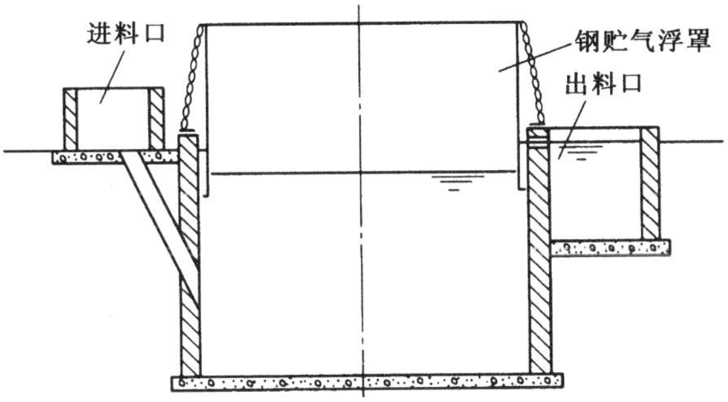

图 4-13 方型浮罩式沼气池

(九)双池浮罩式沼气池

双池浮罩式沼气池是菲律宾的一种矩形农家沼气池(图 4-14)。圆柱形发酵池内用一隔墙分成主、副两池,原料发酵较好,新旧料不易相混。发酵池体外有一“水套”放置贮气钢浮罩,可减少钢浮罩的腐蚀。钢罩顶部装有一个可上下和左右旋转的搅拌器,有利于发酵料液的搅拌和破渣壳。

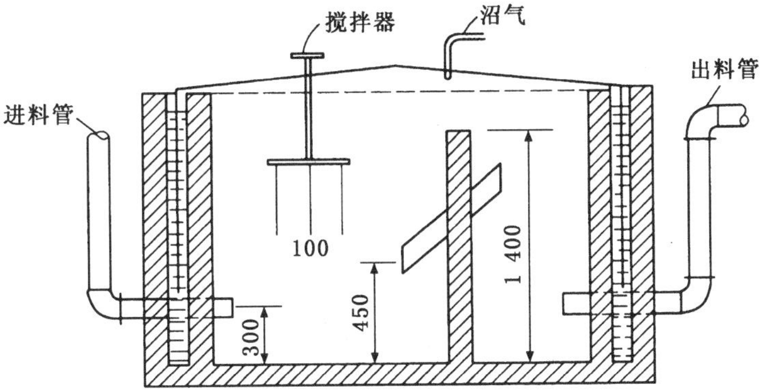

单位:mm

图 4-14 双池浮罩式沼气池

(十)升流式厌氧污泥床反应器

升流式厌氧污泥床(upflow anaerobic sludge blanket bed,简称 UASB)反应器是荷兰学者莱廷(Lettinga)等人在 20 世纪 70 年代初开发的。UASB 反应器及其工作原理如图 4-15 所示。

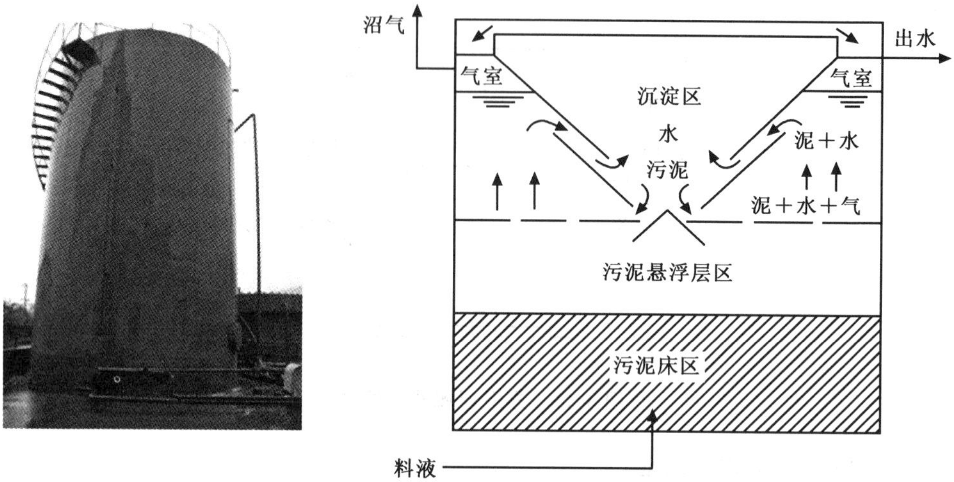

图 4-15　UASB 反应器及其工作原理

UASB 反应器的上部设有气、固、液三相分离器，下部为污泥悬浮区和污泥床，料液从反应器底部流入，上升流动至反应器顶部流出。混合液在沉淀区进行固液分离，污泥可自行回流到污泥床区，污泥床区可保持很高的污泥浓度。UASB 反应器还有一个很大的特点是能在反应器内实现污泥颗粒化，颗粒污泥的粒径一般为 0.1～0.2 cm，密度为 1.04～1.08 g/cm^3，具有良好的沉降性能和很高的产甲烷活性。污泥颗粒化后，反应器内污泥 VSS 的平均浓度达 50 g/L 左右，污泥龄一般在 30 d 以上，而反应器的水力停留时间比较短，所以 UASB 反应器具有很高的容积负荷。UASB 反应器不仅适于处理高、中浓度的有机料液，也适用于处理低浓度有机料液。

UASB 反应器的构造如图 4-16 所示，它集生物反应与沉淀于一体，结构紧凑。料液由配水系统从反应器底部进入，通过反应区经气、固、液三相分离器后进入沉淀区；气、固、液分离后，沼气由气室收集，再由沼气管流向沼气柜；固体（污泥）经沉淀区沉淀后自行返回反应区；沼液从出水槽排出。UASB 反应器内不设搅拌设备，上升水流和沼气产生的气流可满足搅拌要求。UASB 反应器的构造简单，便于操作运行。

UASB 反应器主要组成如下：

（1）进料配水系统　其功能主要是将料液均匀地分配到整个反应器，并具有进行水力搅拌的功能，这是反应器高效运行的关键之一。

（2）反应区　其中包括污泥床区和污泥悬浮层区，有机物主要在这里被厌氧菌

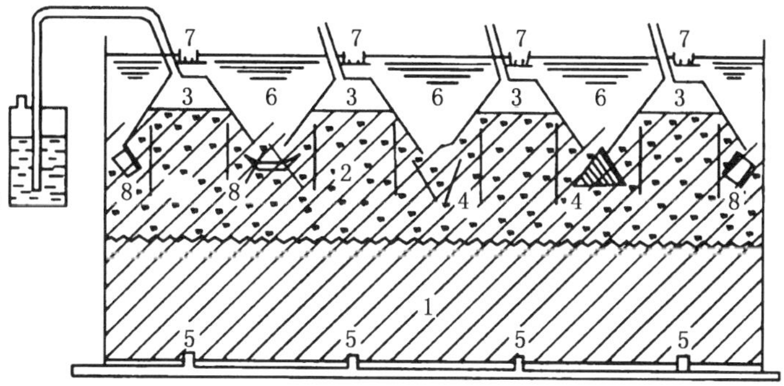

1. 污泥床　2. 悬浮污泥层　3. 气室　4. 气体挡板　5. 配水系统
6. 沉降区　7. 出水槽　8. 集气罩　9. 水封

图 4-16　UASB 反应器的构造

所分解，是反应器的主要部位。

(3)三相分离器　它由沉淀区、回流缝和气封组成。其功能是把气体(沼气)、固体(污泥)和液体分开。固体经沉淀后由回流缝回到反应区，气体分离后进入气室。三相分离的分离效果将直接影响反应器的处理效果。分离器的形式是多种多样的，其 3 项主要功能为气液分离、固液分离和污泥回流；主要组成部分为气封、沉淀区和回流缝。图 4-17 所示为三相分离器的基本构造形式。图 4-17(a)式构造简单，但泥水分离的情况不佳，在回流缝同时存在上升和下降两股流体，相互干扰，污泥回流不通；图 4-17(c)式也存在类似情况；图 4-17(b)式的构造较为复杂，但污泥回流和水流上升互不干扰，污泥回流通畅，泥水分离效果较好，气体分离效果也较好。

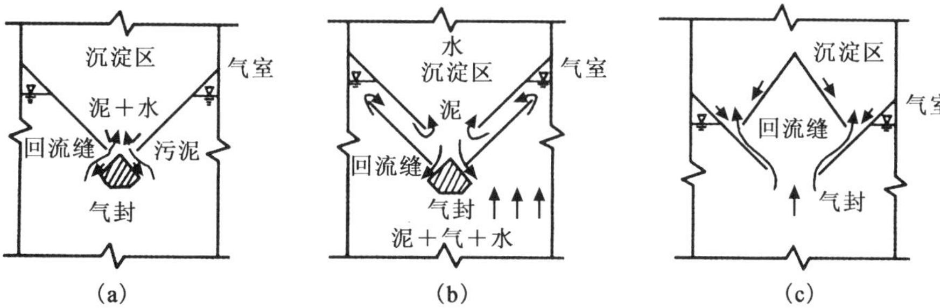

图 4-17　UASB 三相分离器结构型式

(4)出水槽　其作用是把沉淀区水面处理过的水(沼液)不均匀地加以收集,排出反应器。

(5)储气室　也称集气罩,其作用是收集沼气。大中型沼气池由于产气量较大,通常外联储气柜储气,常用的储气柜为低压湿式储气柜。

(6)浮渣清除系统　其功能是清除沉淀区内液面和气室液面的浮渣。如浮渣不多可省略。

(7)排泥系统　其功能是均匀地排除反应区的剩余污泥(沼渣)。

根据不同的处理对象,UASB 反应器构造主要可分为两种,如图 4-18 所示。图 4-18(a)为开敞式 UASB 反应器。其特点是反应器的顶部不加密封,出水水面是开放的,或加一层不密封的盖板。这种 UASB 反应器主要适用于处理中低浓度的有机料液。中低浓度料液经 UASB 反应器处理后,出水中的有机物浓度已经降低,所以在沉淀区产生的沼气量很少,一般不再收集。这种形式反应器构造比较简单,易于施工安装和维修。图 4-18(b)为封闭式 UASB 反应器,其特点是反应器的顶部加盖密封。在液面与池顶之间形成一个气室,可以同时收集反应区和沉淀区产生的沼气。这种形式反应器适用于处理高浓度有机料液或含硫酸盐较高的有机料液。此种型式反应器的池盖也可为浮盖式。

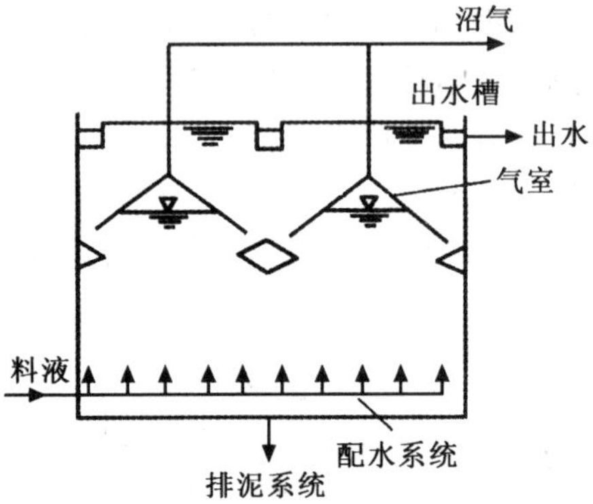

(a) 开敞式UASB反应器

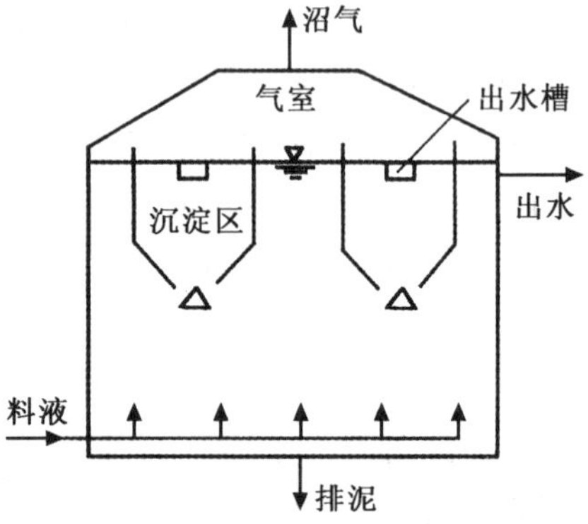

(b) 封闭式UASB反应器

图 4-18　UASB 反应器构造

UASB 反应器的横断面形状一般为圆形或矩形。反应器常为钢结构或钢筋混凝土结构,当采用钢结构时,常采用圆形横断面;当采用钢筋混凝土结构时,则常用矩形横断面。由于三相分离器构造要求,采用矩形横断面便于设计和施工。

UASB 反应器处理料液一般不加热,而利用料液本身的温度;但反应器必须采取防腐蚀措施。

(十一)膨胀颗料污泥床反应器(EGSB 反应器)

膨胀颗料污泥床 (expanded granular sludge bed,简称 EGSB)反应器构造与UASB 反应器有相似之处,可以分为进料配水系统、反应区、三相分离区和出水渠系统。与 UASB 反应器不同之处是 EGSB 反应器设有专门的出水回流系统,而UASB 反应器一般不设专门的回流系统。EGSB 反应器及其构造如图 4-19 所示。

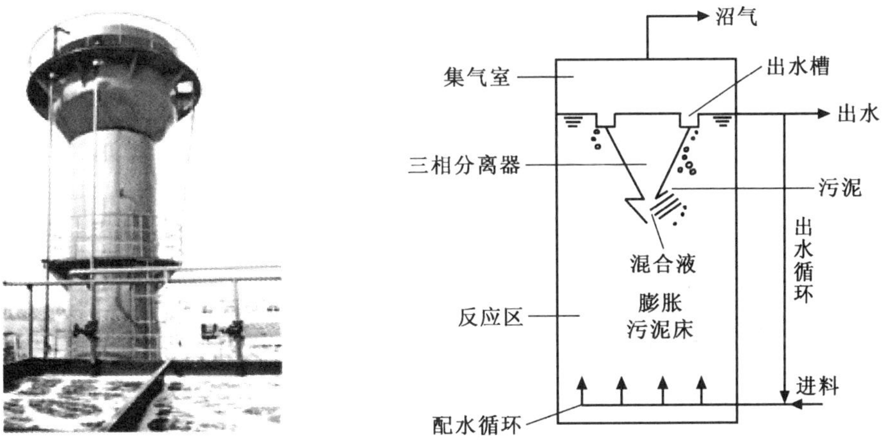

图 4-19　EGSB 反应器及其结构示意图

EGSB 反应器的顶部可以是敞开的,也可是封闭的。封闭的优点是可防止臭味外溢,如在压力下工作,甚至可替代气柜作用。EGSB 反应器一般为圆柱状塔形,具有较大高径比,一般可达 3～5。生产性装置反应器高度可达 15～20 m。EGSB 反应器的特点如下:①上升流速(V_{up})大(2.5～6 m/h),COD 有机负荷率高,约 40 g/(L·d);②反应器高径比大,污泥床处于膨胀状态;③反应器设有出水回流系统,更适合处理含有悬浮性固体和有毒物质的废水;④以颗粒污泥接种,颗粒污泥活性高,沉降性能好,粒径较大,强度较好;⑤由于 V_{up} 大,有利于污泥与料液间充分混合、接触,因而在低温处理低浓度料液时有明显的优势。

EGSB 反应器的处理能力大,可达到 UASB 反应器的 2～5 倍。从目前世界厌氧反应器的工程实际来看,EGSB 厌氧反应器可以称得上是世界上处理效能最高的厌氧反应器。

(十二)厌氧内循环反应器

厌氧内循环(anaerobic internal circulation,简称 IC)反应器是由荷兰一家公

司于20世纪80年代中期在UASB反应器基础上开发成功的高效厌氧反应器。IC反应器的高径比大、上升流速快、有机负荷高，由于废水和污泥能很好接触，从而强化了传质效率，污泥活性也得到提高，IC反应器去除有机物能力远远超过目前已成功应用的UASB反应器等。

IC反应器实际由下部EGSB反应器和上部UASB反应器重叠串联而成（图4-20）。

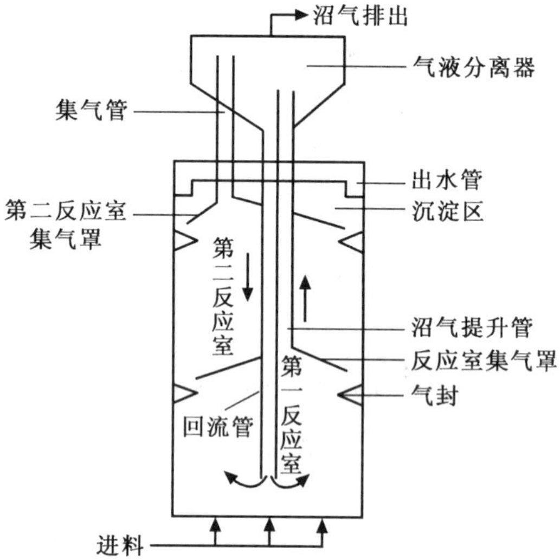

图4-20 IC反应器及其结构示意图

反应器中的两级三相分离器使生物量得到有效滞留。一级（底部）分离器分离沼气和水，二级分离器（顶部）分离颗粒污泥和水。由于大部分沼气已在一级分离器中得到分离，第二厌氧反应室中几乎不存在紊动，因此二级分离器可以不受高的气体流速影响，能有效分离出水中颗粒污泥。进料和循环回的泥水在第一厌氧反应室充分混合，使进料得到稀释和调节，并在此形成致密的厌氧污泥膨胀床。

IC反应器内循环的结果使第一厌氧反应室不仅有很高的生物量和很长的污泥龄，并具有很大的升流速度，使该室内的颗粒污泥完全达到流化状态，有很高的传质速率，使生化反应速率提高，从而大大提高反应器去除有机物的能力。

IC反应器优点：①高径比大，占地面积小，基建投资省。②有机负荷率高，水力停留时间短。③出水稳定，耐冲击负荷能力强。④适应范围广，可处理低中高浓度料液，可处理含毒物质料液。

IC 反应器已成功地用于处理各种低、中、高浓度料液。

(十三)厌氧折流式反应器

厌氧折流式反应器(anaerobic baffled reactor,简称 ABR)是用垂直挡板将反应器分隔为数个上向流和下向流室,且当进料浓度过高时,可将处理后的出水回流。ABR 反应器的工作原理如图 4-21 所示。

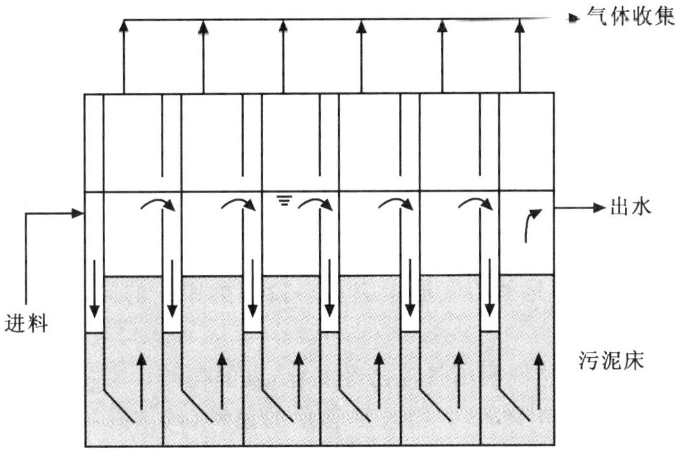

图 4-21 ABR 反应器工作原理图

当料液通过 ABR 时要自下而上流动,与大量的活性生物发生多次接触,大大提高了反应器的容积利用率。就一个反应室而言,因沼气的搅拌作用,料液流态基本上是完全混合的,但各个反应室之间是串联的具有塞流流态。整个 ABR 是由若干个完全混合反应器串联在一起的反应器,所以比单一的完全混合状态的反应器处理效能高。ABR 中的每个反应室都有一个厌氧污泥层,其功能与 UASB 反应区是相似的,所不同的是上部没有专设的三相分离器。沼气上升至液面进入反应器上部的集气室,并一起由导管排出反应器外。ABR 的升流条件使厌氧污泥可形成颗粒污泥。

ABR 反应器主要特点是:①上下多次折流,使料液中有机物与厌氧微生物充分接触,有利于有机物的分解。②不需要设三相分离器,没有填料,不设搅拌设备,反应器构造较为简单。③由于进料污泥负荷逐段降低,沼气搅动也逐段减小,不会发生因厌氧污泥床膨胀而大量流失污泥的现象。出水 SS 往往较低。④反应器内可形成沉淀性能良好,活性高的厌氧颗粒污泥,可维持较多的生物量。⑤不存在污泥堵塞问题。

ABR反应器是一种新型高效厌氧反应器，具有结构简单、投资少、运行稳定、抗冲击负荷能力强、处理效率高等一系列优点，并且在容积COD负荷为0.4～28 kg/(m^3·d)的条件下都有令人满意的处理效果。ABR适用于处理各类浓度有机料液，也能处理各类有毒难降解有机料液。

九、沼气发酵的运行与管理

(一)沼气发酵的异常与对策

沼气发酵是一个系统较为复杂的生物化学过程，必须在一定温度、浓度及酸碱度的厌氧环境下进行。通过观察水压间料液的变化，可以判断沼气池发酵、产气是否正常，颇为准确。

料液呈浅绿色或灰色，表面泡沫较少，说明发酵原料不足，缺少菌种，发酵料液浓度偏低，往往导致沼气池不产气或产气少。多见于新建发酵池投料初期或长期少养或不养猪的农户使用的沼气池。应在多投发酵原料的同时及时加入菌种，使沼气池运行正常。

料液表面生白膜，这说明沼气池已经酸化，发酵偏酸。主要原因是冬春季温度常偏低，新建发酵池投料少，没有加入足够量的菌种(约占总投料量的30%)或单一粪便发酵，根本不加入菌种所致。处理方法是：利用pH值试纸测试料液偏酸程度，pH值介于6～7之间的，可加入一定量的石灰水以中和，并同时加入一定量的菌种；如pH值<6，则建议清池，重新投料。

料液呈酱油色或黑色，液面泡沫厚积，说明沼气池发酵、产气都很正常，料液发酵完全。只要保持每天小进小出，均衡出料，科学管理，沼气池就可以保持最佳运转状态。

(二)沼气发酵的日常管理

每日补充新鲜原料，总量大约在150～180 kg，先出料，再进料，出料量不能过多，要保证池内料液高于进出料管口之上。

经常监测料液的pH值，一般采用广泛pH值试纸进行检测，正常pH值在6.8～7.5，如果配料不当，或投入过量的作物秸秆、畜禽粪便，会导致发酵料液产酸过高，pH值下降。如果pH值低于6，则需采取调整措施，可通过加大菌种投入量进行调节，或加入适量的草木灰、澄清的石灰水，将pH值调整到6.8。

沼气池内料液要经常进行搅拌，搅拌可使新鲜原料与发酵微生物充分接触，避免沼气池产生短路和死角，提高原料利用率和产气率。

经常进行输气管道的检查，观察压力表所示，气压是否正常，如出现漏气或管道堵塞，及时处理。

(三)沼气的安全使用及管理

1. 安全发酵

①各种剧毒农药,特别是有机杀菌剂及抗生素等,刚喷洒了农药的作物茎叶,刚消过毒的畜禽粪便,能做土农药的各种植物如大蒜、桃树叶、皮皂子嫩果和马钱子果等,重金属化合物、盐类如电镀废水等,都不能进入沼气池,以防沼气细菌中毒而停止产气。如发生这种情况,应将池内发酵料液全部清除,再重新装入新料。

②禁止把菜子饼、棉子饼、过磷酸钙、油枯、骨粉和磷矿粉等含磷物质加入沼气池,以防产生剧毒的PH_3(磷化三氢)气体,给人以后入池带来危险。

③加入的青杂草过多时,应同时加入部分草木灰或石灰水和接种物,防止产酸过多,使 pH 值下降到 6.5 以下发生酸中毒,导致甲烷含量减少甚至停止产气。

④防止碱中毒。发生这种现象主要是人为地加入碱性物质过多,如石灰,使料液 pH 值超过 8.5 而发生中毒,有时也伴随氨态氮的增加。碱中毒现象与酸中毒相同。

⑤防止氨中毒。主要是过多加入了含氮量高的人、畜粪便,使发酵料液浓度过大,接种物少,使氨态氮浓度过高引起的中毒现象,其现象与碱中毒的现象相同,均表现出强烈的抑制作用。

2. 安全管理

①沼气池的出料口要加盖,防止人、畜掉进池内造成死亡。

②经常检查输气系统,防止漏气着火。

③要教育小孩不要在沼气池边和输气管道上玩火,不要随便扭动开关。

④要经常观察压力表中压力值的变化。当沼气池产气旺盛、池内压力过大时,要立即用气和放气,以防胀坏气箱,冲开池盖,压力表充水。如池盖一旦被冲开,要立即熄灭沼气池附近的明火,以免引起火灾。

⑤加料或污水入池时,如量较大,应打开开关,慢慢地加入,一次出料较多、压力表水柱下降到零时,打开开关,以免产生负压过大而损坏沼气池。

⑥注意防寒、防冻。

3. 安全用气

①沼气灯、灶具和输气管道不能靠近柴草等易燃物品,以防失火。一旦发生火灾,不要惊慌失措,应立即关闭开关或把输气管从导气管上拔掉,切断气源,尽快把火扑灭。

②鉴别新装料沼气池是否已产生沼气,只能用输气管引到灶具上进行试火,严禁在导气管口和出料口点火,以免引起回火,炸坏池子。

③使用沼气时,要先点燃引火物,再开开关,以防一时沼气放出过多,烧到身上

或引起火灾。

④如在室内闻到腐臭蛋味时，应迅速打开门窗或风扇，将沼气排出室外，这时不能使用明火，以防引起火灾。

4. 安全出料和维修

①下池出料、维修时一定要做好安全防护措施。打开活动顶盖敞开几小时，先去掉浮渣和部分料液，使进出料口、活动盖三口都通风，排除池内残留沼气。此时，可用鸡、兔等小动物入池试验。下池时为防止意外，要求池外有人照护并系好安全带，发生情况可以及时处理。如果在池内工作时感到头昏、发闷，要马上到池外休息。当进入停止使用多年的沼气池出料时更要特别注意，因为在池内粪壳和沉渣下面还积存一部分沼气，如果麻痹大意，轻率下池，不注意操作安全，很可能发生事故。要大力推广沼气出肥器，这样可以做到人不入池，既方便又安全。

②揭开活动顶盖时，不要在沼气池周围点火吸烟。进池出料、维修，只能用手电或电灯照明，不能用油灯、蜡烛等照明，不能在池内抽烟。

5. 事故的一般抢救方法

①一旦发生池内人员昏倒而又不能迅速救出的情况，应立即采用人工办法向池内送风，输入新鲜空气，切不可盲目入池抢救，以免造成连续窒息中毒事故。

②将窒息人员抬到地面避风处，解开上衣和裤带，注意保暖。轻度中毒人员不久即可苏醒，较重人员应就近送医院抢救。

③灭火。被沼气烧伤的人员应迅速脱掉着火的衣服，或卧地慢慢打滚，或跳入水中，或由他人采取各种办法进行灭火。切不可用手扑打，更不能仓皇奔跑，助长火势。如在池内着火要从上往下泼水灭火，并尽快将人员救出池外。

④保护伤面。灭火后，先剪开被烧烂的衣服，用清水冲洗身上污物，并用清洁衣服或被单裹住伤面或全身，寒冷季节应注意保暖，然后送医院急救。

(四)沼气设备常见故障及处理

沼气池在运转过程中，由于使用者养护不及时或疏于管理，常造成产气不均、跑气、漏气等问题，影响池体正常运转，降低沼气使用效率。现就沼气池使用易发生的故障及处理办法简要介绍如下。

(1)压力表水柱上升缓慢，产气量低　可用正负压法进行测定。即当第 1 天压力表水柱由零上升到 10 cm 时，从导管处拔出输气管，放完沼气后在导管处安装临时 U 形压力表。从水压间提取粪水，使池内降为负压，再经 24 h，将提取的粪水悉数倒回池内，观察压力表水柱上升高度，若与第 1 天水柱高度相同时，说明产气慢；如果比第 1 天水柱高度高，说明池体漏气，这时，也应检查输气系统是否漏气，如有漏气应及时处理。如属产气慢，原因可能是：①发酵原料不足，浓度低；②池内接种物量不够；③池内含抑制物浓度过高，使沼气细菌无法正常繁殖生长。因此，必须查清原因，然后对症下药，及时处理，才能恢复正常运转产气和使用。

(2)大换料重新投料后产气不好　除了因换料初期的一些因素外，很有可能是顶圈受损，或池内壁特别是气箱干裂造成漏水漏气。遇到这种情况，可在进料前洗净池顶，先修补破损处，刷水泥浆 2～3 遍。大换料不要选择雨季进行，同时要及时补料，维持池体内外压力平衡。

(3)压力表水柱很高，但气不耐用或用时下降快，火力弱，闭上开关水柱又返回原处等　出现这些情况的原因可能是：①发酵料液装太多，贮气间减小，应做到勤进勤出料，保证足够贮气间容量；②雨季雨水流入池内；③导气管堵塞、输气管转弯处扭折或灶距沼气池太远，可通过疏通导气管、整修管道扭曲处或加大输气管和管件内孔径来解决。

(4)打开开关时压力表水柱上下波动，火力时强时弱　这是因为输气管道安装不规范，管内积水，致使沼气流通不畅。安装时，输气管朝池体方向留 5‰坡度或于管道最低处加凝水器。

(5)水压间取肥时压力表水柱倒流入输气管　这是开关、活动盖未打开时，出料间出肥过多，液面迅速下降，出现负压将压力表内水柱吸入输气管中造成的。因此，大出料在池顶口进行，小出料过多时要把输气管从导管拔下。取肥后再装好输气管。

(6)压力表水柱被冲掉　这是因为压力表管道太短或没及时用气使池内产生高压。应将压力表按 90 cm H_2O 高度设计安装或在压力表顶端装安全瓶。

(7)进出料口鼓泡翻气　主要是由于池内发酵原料结壳，造成沼气从进出料口逸出。这种情况需安装抽粪器或搅拌器，定期搅拌。

(五)沼气池不产气的特殊情况

(1)农药的影响　为了灭蝇，用敌敌畏和 1605 农药喷洒过的粪便入池后，致使当日有气点不着火，或不久停止产气。

(2)辛辣物进池影响发酵　曾有人将带有葱蒜、辣椒及韭菜、萝卜等的秸秆和烂叶作为原料投入新建沼气池内后数月不产气的情况发生。后打开活动盖，捞出此类叶、秆，并加入部分猪粪和接种物，封池启动后，3 d 后开始产气。

(3)投入猪粪不产气　产气正常的沼气池，投入从别处拉来的 100 kg 猪粪后，产气量不但不增，反而迅速下降。经检查，原来别处的猪吃了蒜苗、蒜叶和韭菜。后来停用此粪，沼气池才逐步恢复正常。

(4)牛粪入池不产气　以牛粪做发酵原料的沼气池，封池后迟迟不能产气。经分析，山区的牛以草食为主，粪中含氮量偏少，碳氮比失调。后加入碳铵，增加氮素，搅拌后封池，很快产气。

(5)电石、洗衣粉入池　有的地方以为池内放些电石也能产气点燃，结果正相反，原产气的池也停止产气了。用洗衣粉洗衣的水同样不能入池。

(6)红薯渣用量不当　红薯是北方特别是华北地区的主要农作物之一，每年有大量的薯渣可供农户使用。但红薯渣是一种酸性很强的发酵原料，薯渣过多会使发酵液变酸，不仅产气少，而且只产气、点不着火。此时，应添加适量的石灰水或更换发酵液，并增加搅拌，使 pH 值上升到 6.5 即可封池，开始产气。如果沼气池 pH 值在 8 以上，证明池内发酵液已为碱性。此时可加适量的红薯渣，调节 pH 值。可见，红薯渣既可做发酵原料，又是一种 pH 值调节剂，但使用时一定要适量。

十、沼液、沼渣的综合利用

沼液、沼渣是沼气发酵后的副产品。据测定，沼液、沼渣中含有很多动植物所需的营养成分，是一种很好农业生产资料，可作为肥料、饲料和饵料等，用于作物浸种、防治作物病虫害、提高作物品质及饲养动物等。具体应用技术请参考李长生编著的《农家沼气实用技术》中的有关章节。

第三节　农业固体废物气化技术

气化是指含碳物质在有限供氧条件下产生可燃气体的热化学转化。农业固体废物中很多的植物纤维性废物是由 C、H、O 等元素和灰分组成的，当它们被点燃时供应少量空气，并且采取措施控制其反应过程，可使其变成 CO、CH_4、H_2 等可燃气体，生物质中大部分能量都被转化到气体中。气化后的可燃气体可作为锅炉燃料与煤混燃，也可作为管道气为城乡居民集中供气；将气化后的可燃气经过净化除尘与内燃机连用，可取代汽油或柴油，实现能量系统的高效利用；气化后的可燃气还可进行气化发电，该技术可以在较小规模实现较高的利用率，并能提高能源的档次。气化发电是一个重要的发展方向，如德国最早利用秸秆发电的 Thuringian 镇电站，每年可处理 3 000 t 秸秆。我国目前在海南建设了 1.2 MW 示范电站，该电站是我国及亚洲最大的生物质气化发电系统，整体水平达到国际先进水平。随着《中华人民共和国可再生能源法》的颁布和实施，利用纤维性农业固体废物生产高品质能源将成为农业固体废物能源化的重要发展方向，具有广阔的应用前景。

一、农业固体废物气化原料的优点

(1)炭的活性高　在800℃、2 MPa以及有水蒸气存在的条件下，秸秆类原料中炭的气化反应迅速，7 min之后，有80%的炭可被气化，而在相同条件下，煤炭只有5%被气化。

(2)挥发分高　在比较低的温度(350℃左右)下，秸秆类原料就能迅速地释放出大约80%的挥发组分，而煤却要在较高的温度(600℃以上)下才能释放出挥发组分，且释放量较低(30%～40%)。

(3)含硫量低　可大大降低气体脱硫净化的费用。

(4)灰分少　秸秆类原料灰分含量较低，气化产生的灰分少，可大大减少灰渣处理费用。

二、农业固体废物气化设备

纤维性农业固体废物气化反应器目前主要有固体床反应器(又分为上吸式和下吸式两种)、流化床反应器和气流(旋风)床反应器3种。气化的工作介质有空气、氧气、空气/水蒸气、氧气/水蒸气等。

(一)上吸式气化炉

上吸式气化炉的气-固呈逆向流动，运行过程中，湿物料从顶部加入后，被上升的热气流干燥而将水蒸气排出；干燥了的原料下降时被热气流加热而发生热分解，释放出挥发组分；剩余的炭继续下降，并与上升的CO_2及水蒸气发生反应，CO_2及水蒸气被还原为CO和H_2等；最后的灰渣从底部排出。上吸式气化炉的结构及反应过程如图4-22所示。

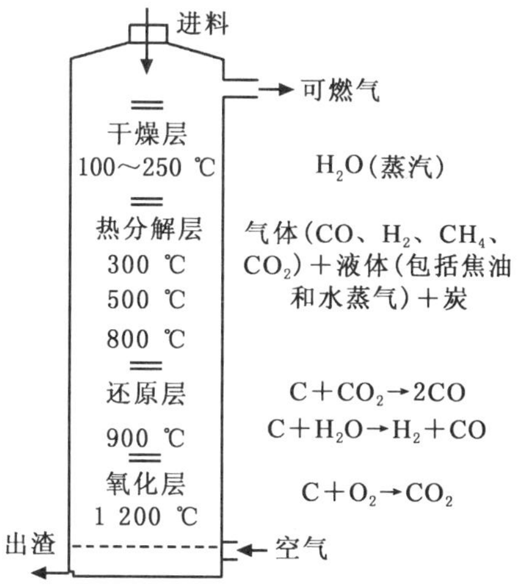

图4-22　上吸式气化炉的结构及反应过程

(二)改进型上吸式气化炉

改进型上吸式气化炉克服了上吸式气化炉的缺点，将干燥区和热分解区分开(图4-23)。原料中的水分蒸发后随空气进入炉内参加还原反应，不再混入产品气中，提高了产品气中H_2和碳氢化合物的含量。由于气体不被水蒸气稀释，使气体的热值提高25%左右；控制床层高度在500～800 mm，使热分解反应在较高温度下进行，为避免低温热分解，使干燥的物料立即进入热分解区，从而保证了反应物料最上层温度不低于 500℃，而热分解在 500～800℃之间进行。

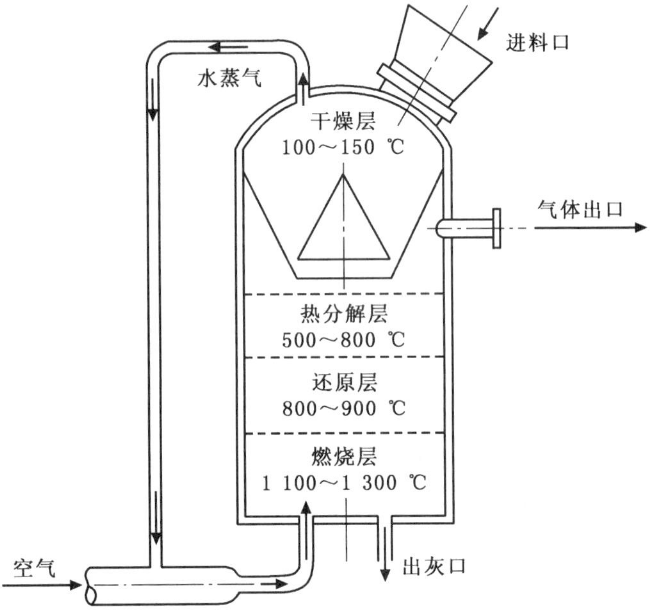

图 4-23 改进型上吸式气化炉及工作原理图

在实际运行中改进型上吸式气化炉取得了较好的效果：气体热值在 5 000 kJ/m^3 左右，气化效率 75%左右，气体中焦油含量小于 25 g/m^3，碳转换率达 99%，原料适应性广，原料水分在 15%～45%之间均可稳定运行。

（三）下吸式气化炉

在下吸式气化炉内气体与固体顺向流动，物料由上部储料仓向下移动，边移动边进行干燥与热分解的过程。下吸式气化炉及其结构如图 4-24 所示，空气由喷嘴进入，与下移的物料发生燃烧反应；生成的气体与炭一起同向流动，使焦油裂解并同时进行还原反应。

下吸式气化炉要求原料中的水分含量不大于 20%，否则会使炉温降低、转换效率变低、出灰中炭含量增高。下吸式气化炉已成功地用于农村供气系统，以当地的农作物废物（如玉米秆、麦秆和稻壳等）为原料，气化后的燃气作为居民生活用气。

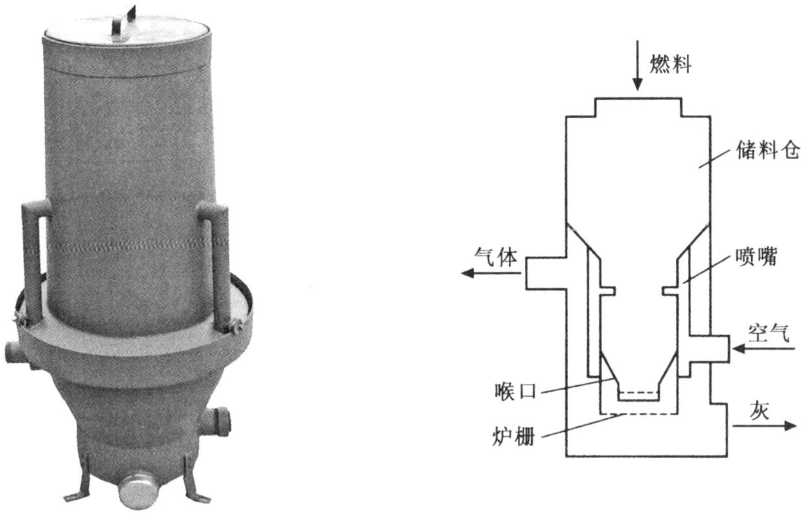

图 4-24　下吸式气化炉及其结构图

(四)层式下吸式气化炉

层式下吸式气化炉的特点是敞口,如图 4-25 所示。炉顶不需要加盖密封,加料操作简单,容易实现连续加料;炉身为直筒状,结构简单。

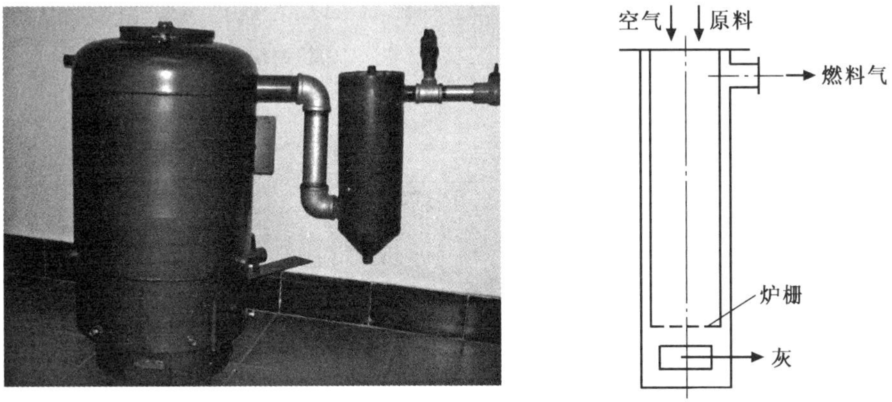

图 4-25　层式下吸式气化炉及其结构图

在层式下吸式气化炉的运行过程中,空气从敞口的顶部均匀地流经反应区的整个截面,因此沿反应床截面的温度分布均匀;氧化与热分解在同一区域内同时进行，这个区是整个反应过程的最高温度区，所以气体中焦油含量较低，有利于减轻后续净化处理的负担。层式下吸式气化炉适于在负压下运行。

该种气化炉已成功地应用于小规模生物质气化发电系统，装机有 2.5，60 和 160 kW 等，特别是用于稻壳气化发电装置。

（五）循环流化床气化炉

循环流化床气化炉的气化过程由燃烧、还原及热分解 3 个过程组成。热分解是气化过程中最主要的一个反应过程，有 70%～75%的原料在热分解过程中转换为燃料气体，有 25%～30%的炭剩余。在燃烧过程中烧掉其中 15%左右的炭，放出的燃烧热为气化过程提供能量，有 10%左右的炭在还原过程被气化。在 3 个反应过程中，热分解过程最快，燃烧反应其次，还原反应需要的时间最长。循环流化床气化炉及其结构如图 4-26 所示。

循环流化床能够快速加热、快速热分解，且保持炭的长时间停留，是一种理想的气化反应器。其生产强度达到固定床气化炉的 8 倍左右，气体热值可达 7 000 kJ/m^3 左右，比固定床气化炉提高了 40%。

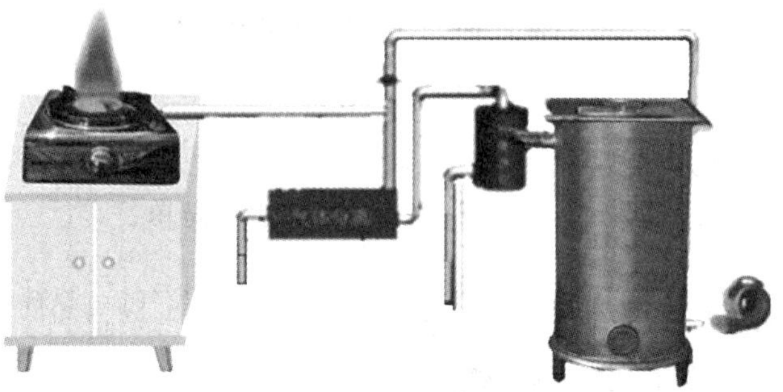

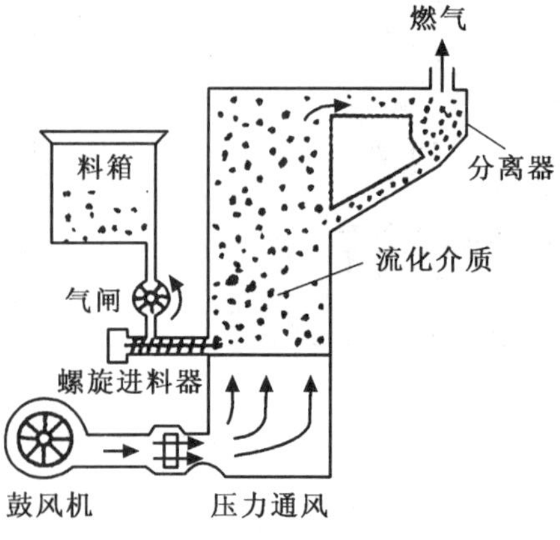

图 4-26 循环流化床气化炉及其结构图

三、气化炉气化效果的影响因素

(1)温度　反应温度是影响气化效果最重要的因素之一，它对燃气成分、燃气产量以及气化完成的时间均有显著的影响。

一般来说，炉内反应温度高对气化效果有正面作用。但也不能无限地升高炉温，因为温度越高，需要投入的原料越多，氧化所产生的 CO_2 越多，夹杂在生成燃气中会使之热值降低。同时，从炉壁散失和燃气带走的热量越多，造成的能量损失越多；而且高温工艺对气化炉材质的要求也越高。

(2)含水率　原料含水率也是影响气化效果的重要因素，含水率高，则干燥所消耗的热量多，降低了气化效率，燃气冷却后则需要析出多余的水分。因此，国家行业规定，入炉的原料含水率应小于 20%。

(3)原料粒径　原料尺寸大小也对气化产生影响。入炉的原料块状尺寸小，与气体接触面积大，对气化反应有利。国家行业标准规定原料粒径应小于 3 cm，并尽量均匀一些。原料过于细碎则会增大气体流动的阻力，对气化效果产生负面影响。

在生产中，不同的农业固体废物原料，经气化得到的燃气其热值是不同的。其中玉米秸秆、棉花秸秆、大豆秸秆、玉米芯等原料气化产出的燃气热值较高，最高者可达 5 000 kJ/m^3(标准状态下)；而以麦秆、稻草等为原料产出的燃气热值相对较低，稻草气化燃气的热值只有 3 000 kJ/m^3(标准状态下)左右，并且其炉底积聚的草灰也要比其他原料的灰量多。

第四节　农业固体废物生产乙醇技术

乙醇是一种重要的能源，广泛应用于食品，化工、医药等领域，它可以部分或全部替代汽油，具有安全、清洁等优点。乙醇主要以糖蜜、薯类、谷物为原料发酵生产，随着人口增长及粮食资源紧缺，以粮食为原料生产乙醇难以为继，而以植物纤维为原料生产乙醇是目前世界各国优先发展的乙醇生产技术。植物纤维是地球上最丰富的可再生资源，据估计植物纤维原料占世界生物质量(100 亿～500 亿 t)的50%，这些丰富而廉价的自然资源主要来源于农业固体废物如麦草、玉米秸秆、玉米芯、大豆渣、甘蔗渣等。农业固体废物中的纤维性废物制取乙醇不但缓解人类所面临的能源危机、食物短缺、环境污染等一系列问题，也为人类持续发展提供了保证。目前农业固体废物生产乙醇工艺主要有酸水解工艺和酶水解工艺。

一、酸水解乙醇生产工艺流程

图 4-27 所示为以秸秆为原料酸水解制取乙醇的工艺流程。

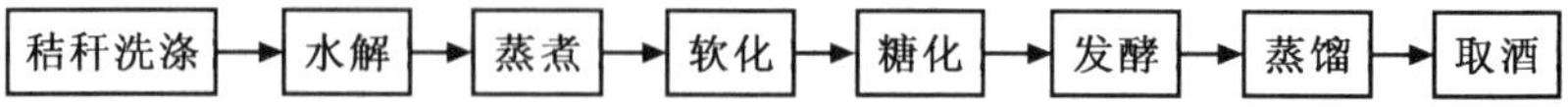

图 4-27 用秸秆制取酒精的工艺流程

首先清除农作物秸秆原料中的泥沙等杂质，用清水洗涤干净，沥干水分后烘干，然后由粉碎机粉碎成 1～2 mm 大小，再用清水浸泡 7 d 左右进行水解，或通以蒸汽加以水解。将浸泡好的原料移入大铁锅中蒸煮。装料量为铁锅体积的 1/3，加入清水，水面离铁锅口 15 cm，随即向铁锅内徐徐加入浓硝酸，使锅内溶液 pH 值达到 5。然后，盖紧锅盖，加热煮沸，保持温度在 105℃以上，煮沸 1 h 后向锅内加氧化钙，溶液 pH 值达到 7 时捞出熟料。将捞出的熟料摊在水泥地上冷却，当温度降至 50℃左右时，即可拌入酒曲进行糖化发酵。糖化发酵的方法是：把酒曲捣碎，用水调成糊状，按熟料与酒曲 100∶1 的比例，充分搅拌均匀，然后倒入发酵池中（大锅内的剩余溶液一并倒入），保持发酵温度 30～35℃，经 5 d 左右完成糖化发酵。将完成糖化发酵的料移入蒸馏器进行蒸馏（其蒸馏方法同一般的白酒酿制方法），即可制得 50%～60%的酒精。

二、酶水解乙醇生产工艺流程

1.单独水解发酵工艺

图 4-28 所示为以玉米芯为原料酶水解制取乙醇酒精的工艺流程。

先将玉米芯撕碎和磨碎，再加酸进行稀酸水解，将半纤维素水解成木糖等产物。本流程的水解是连续进行的，加料中纤维原料浓度为 5%，水解器是带搅拌的圆柱形混凝土水解器。玉米芯水解率为 40%，水解液中糖浓度为 2.6%，要浓缩至含糖 11%，然后采用多效蒸发器蒸发。该工艺采用里氏木霉 QM-9414 为产酶菌株。采用连续双段（菌体生长和产酶）流程，第二阶段的菌体可回入第一阶段。该工艺酶回收方法是使预处理后的固体原料和来自水解器的水解液在一个双阶段混合沉淀系统中逆向接触洗涤，水解液中残存的酶会部分地被固体原料吸收，一般可回收总酶量的 58%。而尿素对酶回收有明显作用，它可以将被水解残渣吸附的酶洗脱下来，酶的回收率较高。

酶水解制取乙醇工艺需用纤维素酶对纤维素水解，这是该工艺的关键。目前制酶方法主要是固体培养工艺。首先用 4∶1 的稻草和小麦胚芽配制成固体培养

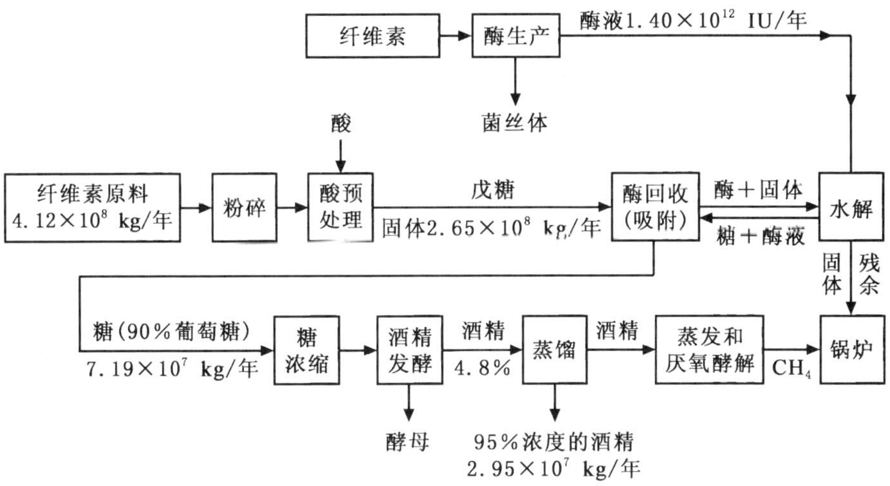

图 4-28　玉米芯酶水解生产酒精工艺流程

基，进而制成纤维素酶曲。然后用 2 g 纤维素酶曲和 3 g 稻草混合，加 20 mL 醋酸缓冲液（pH 值为 5.0±0.5），糖化 48 h，分别得到 8.3%和 9.1%的糖。另一种方法是在 25%的脱木质素稻草或蘑菇渣中加 1%～3%商业性生产的纤维素酶，糖化 96 h，可得 15%～22%的糖浆。这种方法糖产率高，但纤维素酶成本高。脱木质素的方法是将基质在 1%的 NaOH 溶液中煮沸 3 h 即可。固态糖化所得的糖可进行酒精发酵。

2. 同步水解发酵工艺

该工艺可以提高水解速度，糖的产量和酒精得率也将增加。以废纤维垃圾和纸浆为原料的酶水解制取乙醇的工艺流程，如图 4-29 所示。

该工艺流程采用的原料 2/3 为废纤维垃圾，1/3 为废纸浆，纤维素转化率为 57%。约 15%的废纤维垃圾经磨碎、杀菌处理后送去作为生产酶的基质。其余部分和废纸浆混合，消毒后作为水解和糖化的基质。采用的菌种为里氏木霉，工艺为液体通风连续培养。酶生产是在两组由 3 只罐组成的罐组中进行，在每组罐中的停留时间为 48 h。同步水解、发酵是在 4 组由 3 只罐组成的罐组中进行。其中 3 组罐在运行，1 组罐则进行消毒灭菌。进入罐组的纤维浆中含 8%纤维素，40℃下经 24 h 的连续水解、发酵，可产生 3.6%的酒精。这里用的酶液直接来自酶制备车间的发酵液，不需过滤或浓缩。发酵用的酵母液经粗馏塔，25%的酒精蒸气再送去精馏。酒糟蒸发浓缩至固形物含量为 50%，然后用作饲料。未经转化的纤维素和木质素可做燃料。

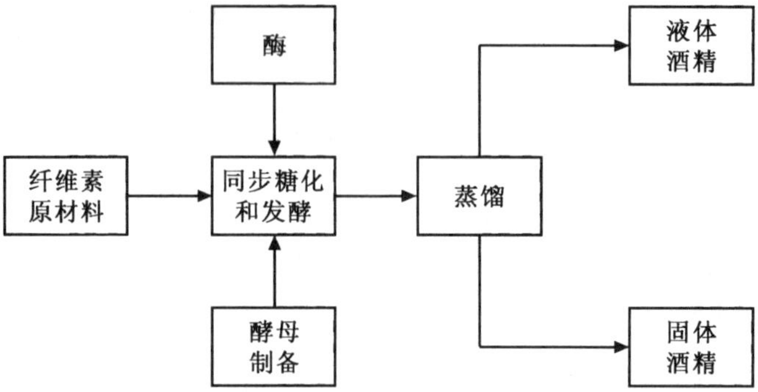

图 4-29　废纤维垃圾和纸浆酶水解生产酒精的工艺流程

阅读材料

2010 年生物燃料或有更多非粮来源

据芬兰纳斯特石油公司（NesteOil）官员 2008 年 1 月 22 日称，生物燃料行业对毛棕榈油和豆油等食用油需求日益增长，这给市场带来了通货膨胀压力，不过从 2010 年起市场压力可能会有所缓解，届时低廉的非粮替代原料，诸如佛肚果和蓖麻油甚至藻类植物和细菌等都将成为生物燃料的生产原料。

纳斯特石油公司生物燃料部副总经理 Jarmo Honkamaa 说，食品不应该用来生产燃料，但是目前的技术只能这么做。食品加工行业与生物燃料行业激烈竞争毛棕榈油等食用油供应，这已经推动马来西亚衍生品交易所（BMD）毛棕榈油期货价格大幅上涨，创下了 3 420 令吉的历史最高记录，相当于 1 044 美元/t。

虽然毛棕榈油价格飙升，但仍低于菜子油价格——目前欧洲工厂的主要原料。目前菜子油价格约为 1 300 美元/t。

Honkamaa 说，毛棕榈油是最好的原料，因为仍比菜子油便宜，所以对于我们来说，有额外 300 美元的利润。

他表示，新加坡的工厂将于 2010 年投产，届时每年可能从马来西亚进口约 100 万 t 毛棕榈油。但是即使毛棕榈油也将是新加坡工厂的主要原料，NesteOil 也计划多样化原料，其中包括动物油脂、豆油和非食植物油。

Honkamaa 说，到 2010 年，可能一半的原料是毛棕榈油，剩余一半是其他产品的混合。我们将考虑使用从澳大利亚和新西兰进口的动物油脂。即使甘蔗-乙醇行业也一直发展，填补亚洲地区再生汽油的应用缺口，NesteOil 相信全球柴油机化，生物柴油将在亚洲地区扎根。

Honkamaa 称，柴油比汽油效率更高，温室气体排放量要小于汽油。这也就是欧洲为何转向柴油，我们相信亚洲地区也将如此。欧盟规定到 2010 年生物燃料在柴油和汽油中的掺混比例要达到 5.75%，这将每年带来约 1 500 万 t 的需求，相比之下，目前为 600 万～800 万 t。

Honkamaa 指出，生物燃料价格上涨，可能会阻止没有实施生物柴油强制应用规定的国家使用再生燃料。但是 NesteOil 正在与日本和新加坡行业讨论此事。

第五节　农业固体废物的固化技术

在我国大部分农村地区，受经济水平的制约，农业固体废物中的纤维性废物如秸秆一直是农户取暖烧饭的重要燃料。但是，秸秆分散堆放，堆积密度低，收集、运输、储藏不方便，而且直接燃烧利用热效率很低，也不卫生。所以开发以秸秆为原料的新型燃料技术就成了农业固体废物处理与利用的必然需求，农业固体废物的固化技术即将秸秆等纤维性农业固体废物压缩成型制造块状燃料的一种技术。

一、农业固体废物固化的原理

农业固体废物固化技术所使用的原料通常不仅仅是秸秆，往往还混有锯末、木屑或者稻壳等农业固体废物。这些物质均属于纤维素生物质，其细胞中含有纤维素、半纤维素和木质素，含量占植物体成分的 2/3 以上，因此，结构一般比较松散，且密度较小。这类以秸秆为主的生物质原料受到一定的外部压力后，原料颗粒会重新排列位置关系、产生颗粒机械变形和塑性流变，从而体积大幅度减小，密度显著增大。由于大量水分的存在，只需使用较小的作用力就能够使纤维素形成一定的形状；而当含水率在 10%左右时，就需要施加较大的压力才能使其成型，但成型后结构牢固。由于非弹性或黏弹性的纤维分子之间相互缠绕和绞合，在去除外部压力后，也不能再恢复原来的结构形状。利用纤维素物质的这一特点，可以对以秸秆为主的生物质原料进行压缩，制成块状燃料。

如果原料的木质素含量较高，且成型温度达到了木质素的软化点，那么木质素就会发生塑性变形，使原料纤维黏合，形成既定形状，成型后经过冷却，可使强度增大，得到类似于木材的块状燃料。如果原料的木质素含量较低，需要在压缩过程中加入少量废纸浆、稀土等黏合剂，使之维持致密结构和既定形状。加入黏合剂的作用是使生物质颗粒间产生范德华力，在较小外力下产生静电引力，使之形成连锁结构，固定成型。

二、农业固体废物固化的工艺流程

农业固体废物固化的一般工艺流程如图 4-30 所示。

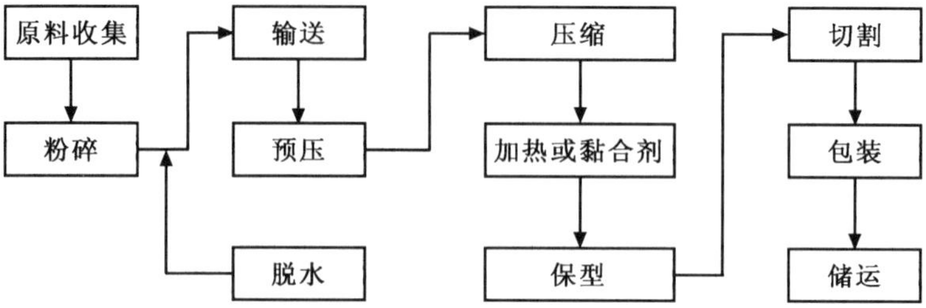

图 4-30 农业固体废物固化的一般工艺流程

固化工艺中主要的操作步骤如下：

(1)粉碎　粉碎是固化成型重要的预处理工序，原料的粉碎质量直接影响产品的质量和压缩机械的性能。但并非所有原料都需要粉碎，对于作为辅助原料的木屑及稻壳等粒度较小的原料，经过筛选即可使用；而秸秆类原料尺寸较大，必须进行粉碎，而且常常插入干燥工序以增强粉碎的效果。粉碎通常使用锤片式粉碎机，原料粉碎的粒度主要由产品的要求和工艺条件决定。

(2)脱水　如果原料为鲜秸秆，其含水率与作物类型密切相关，变化幅度很大。适合于用作压缩成型燃料的秸秆一般要求木质素、半纤维素和纤维素的含量要高，原料含水率应低于 40%。进料后，一般通过滚筒干燥机等设备进行干燥，将原料的含水率降低至 8%～10%。当水分含量过高时，加工过程中随着温度的升高，体积会突然膨胀以致产生爆炸；如果水分含量过低，会使原料颗粒间范德华力降低，导致产品难以成型。

(3)压缩　“成型模”是压缩成型设备的关键部件，它的内壁是前大后小的锥形，物料进入模具后受到机器主推力、摩擦力和模具壁的向心反作用力这 3 种力的作用，最终被挤压成型。压缩成型的常用设备有螺旋挤压式、活塞冲压式和环模滚压成型等。

(4)加热与黏合　原料压缩成型过程中，加热一方面可以起到软化木质素、代替黏合剂的作用，另一方面还可使原料本身变软，更容易压缩。加热的温度对成型机的工作效率也有一定影响。而加入添加剂的目的主要有 2 点，一是增加压块热值的同时增加黏合力；二是单纯增加黏合力，以减少动力输入。黏合剂一般都在预压前输送过程中加入，以便于搅拌。

(5)冷却保型 在压缩成型之后,需要将产品通风冷却,固定其形状,以提高成型燃料的持久性。

三、农业固体废物固化的工艺类型

农业固体废物固化成型工艺有多种,可根据其工艺特征的不同进行分类,目前国内外主要应用的有热压成型、湿压成型和炭化成型三大类,如图 4-31 所示。

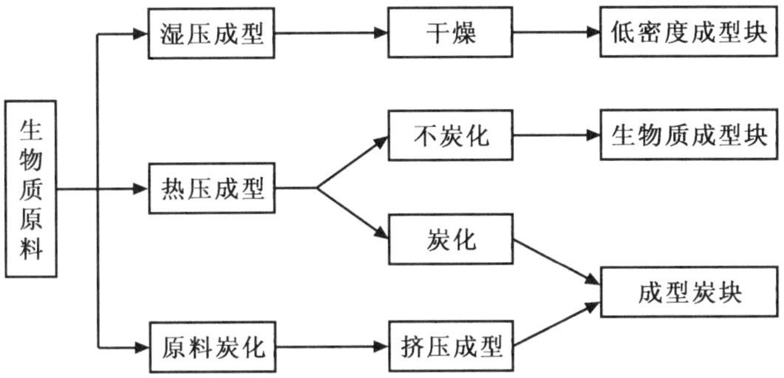

图 4-31 农业固体废物固化成型的工艺类型

(1)热压成型 热压成型是目前应用最广的压缩成型工艺。其工艺的一般流程为:原料—粉碎—干燥—挤压成型—冷却包装等。国内外的热压成型工艺中所采用的成型设备主要有螺旋挤压式成型机、机械驱动活塞式成型机、液压驱动活塞式成型机等。其中,螺旋挤压式成型机是目前使用最为普遍的一种压缩成型设备。其工作过程是:粉碎的物料经干燥后,从料斗连续加入,由螺旋推挤入成型套筒中,并经螺杆压成带孔的棒,连续从成型套筒中挤出,按 50 cm 左右长短切断。温度由控制器控制,达到设定温度时可自动断电。

(2)湿压成型 含水率较高的原料通常使用湿压成型工艺,一般将原料用水浸泡数日后,将多余的水分挤走,或者将原料喷水,再加黏合剂搅拌混合均匀。原料从湿压成型机进料口进入成型室,在其中原料受到压辊或压模的转动作用,进入压模与压辊之间,然后被挤入成型孔,从成型孔挤出的原料已经成型,用刀切割成一定长度的颗粒排出。湿压成型设备比较简单,容易操作,但是成型部件磨损较快,干燥费用高,燃料块密度通常较低,燃烧性能较差。

(3)炭化成型 该工艺先将生物质原料炭化或部分炭化,然后再加入一定量的黏合剂挤压成型,制成产品。由于炭化过程破坏了原料的纤维结构,高分子组分受热裂解转换成炭,并释放出挥发分,从而改善了挤压加工的性能,降低了成型部件的机械磨损和挤压加工过程中的功率消耗。但炭化后的原料在挤压成型后维持既定形状的能力较差,使用时容易开裂或破碎,所以在使用炭化成型工艺时,一般都要加入一定量的黏合剂。

四、农业固体废物固化成型的影响因素

(1)温度　成型所需的温度应能使农业固体废物如秸秆中的木质素塑化成胶黏剂,促使秸秆分子结构发生变化,并使秸秆被压成型,外表面炭化,通过模具时能滑动而不会粘连。温度选择过低,成型物中的木质素未能塑化变黏,物料不能粘接成型;温度过高,则会使成型物体表面出现裂纹,严重时会出现成型物出模具后就开散,造成成型失败。

(2)压力　成型所需的压力是使固化原料的物相结构发生改变,加固分子之间的凝聚力,提高成型体的强度和刚度,并使固化原料获得通过模具的动力。成型时施加的压力选用过小,则成型物不能粘接,还会不足以克服摩擦阻力,无法成型;施加压力过高,则会使成型物在模具内滞回时间减少,物料升温不足,仍然不能成型。

因此,温度和压力参数值选的过高过低都会导致成型失败。成型时所需要的温度和压力参数,要根据实际情况通过试验优化确定。试验表明,加热温度在靠模具边界处为 230～470℃,成型物内部温度为 140～270℃。成型物体所承受的压力是由低到高增长,一般压力由 49 MPa 增至 392 MPa、生产率为 120～140 kg/h 的成型机,其成型所需功率为 4～6 kW。

秸秆类农业固体废物成型前原料需粉碎(半径小于 4 mm),原料的含水量以 6%～12%为宜。成型产物多为棒状,长度可按需要调节。

第六节　农业固体废物炭-气-油联产技术

一、炭-气-油联产技术的意义

农业固体废物炭-气-油联产技术是一项规模化综合利用农业固体废物的技术,通过将秸秆类农业固体废物进行干馏、热解、气化、炭化,转化为优质可燃气体、生物炭和生物质焦油等工业产品,供农民用气和做工业原料,是一种清洁能源和优质工业产品,具有较好的经济效益、社会效益和生态效益,成为国家重点开发推广的农村绿色能源项目。农业固体废物炭-气-油联产技术的重点开发和大力推广,将推动生物质工程技术的全面升级换代,对推进农村新能源的开发和农业固体废物的规模化利用,对行业技术进步和产业结构调整将起到积极的促进作用。

二、炭-气-油联产技术的工作原理

农业固体废物炭-气-油联产技术是以农作物秸秆类废物做原料。首先需对原料进行粉碎、干燥、挤压成型(生料棒、块、颗粒);然后,将成型的生料棒(块、颗粒)原料装入小车的火管(即干馏釜)中并进行密封,推进隧道窑加热炉中进行加热。经过预热-加热-冷却过程,完成原料的干馏炭化,产出的生物质炭装箱入库、销售;而后,由小车密闭的火管中产生的生物质燃气经过净化装置的冷却、除尘、脱焦、过滤和碱洗除酸,产出清洁优质燃气送入储气柜中,经燃气输配系统送到用户使用;同时,由二级冷却、分离器分离出来的木焦油装桶入库、销售。

三、炭-气-油联产技术的工艺流程

农业固体废物炭-气-油联产技术的工艺流程如图 4-32 所示。

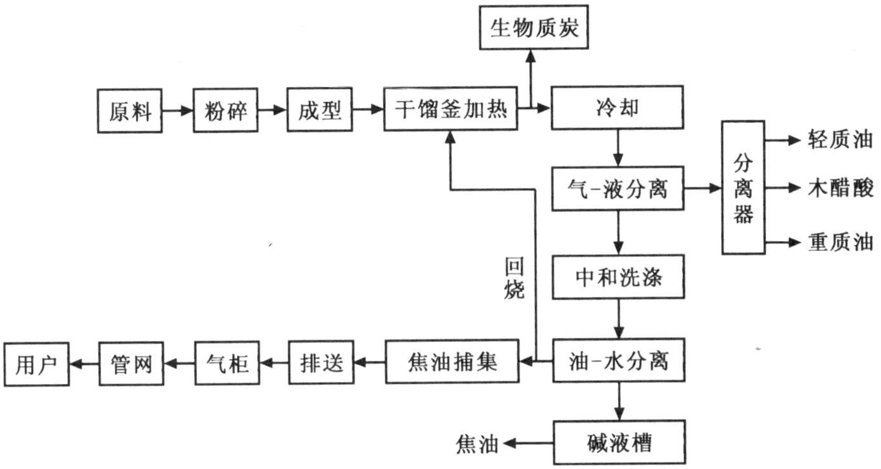

图 4-32　炭-气-油联产技术的工艺流程

(1)原料处理　首先将原料进行粉碎、干燥、致密成型(生料的棒、块、颗粒),且确保原料中没有石块、铁块等硬性杂物。一般原料含水在 30%左右,所以要进行湿态粉碎,然后采用燃烧进行干燥成型后的原料生料棒(块、颗粒)作为装干馏釜的原料。

(2)干馏工艺　干馏处理采用隧道窑式干馏方法(图 4-33),隧道窑内部由耐火砖砌成,外部为普通红砖,中间为保温材料,在红砖上有两根导轨。倒置的小车推进隧道窑后与隧道窑一起形成一个完整隧道,整个隧道窑分为 3 部分,分别为冷却段、加热段与预热段，它们之间用活动的保温门隔开。在加热段下方有一个燃烧室，在加热段与预热段之间的门上有通气孔，烟气可以通过。在冷却段与预热段有一个保温管相连，可抽取冷却段的热气进入预热段。小车有两个轮子，可在导轨上移动，每一个小车上有4个圆形的火管，上部有密封盖。各管子之间相互联通，在一个密封盖上有一个出气口，通过此口可收集干馏所产生的中热值生物质燃气。在小车的火管上装有一个温度计，可测量管内温度，进而控制干馏时间。该设备可连续生产，并充分利用燃料所放出热能。

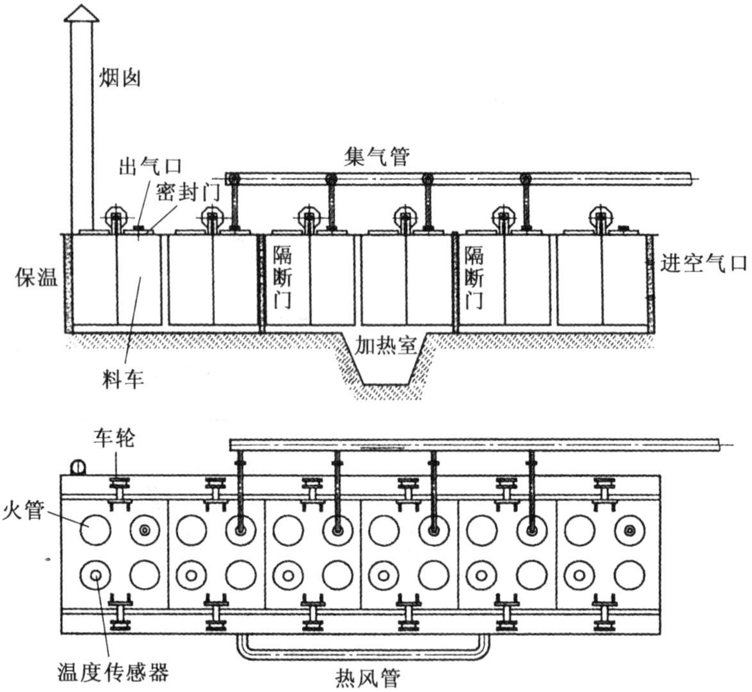

图 4-33　隧道窑式干馏热解设备结构

(3)净化及液体产品回收　由干馏釜出来的燃气经过冷却、回收化工产品、除去有害杂质后，方可供居民使用。

由干馏釜出来的燃气进入二级冷却器，燃气被循环水冷却到30℃以下(这时有冷凝液冷凝析出)，然后进入气液分离器除去冷凝液，而后进入碱洗器，用碱泵打入循环碱液清洗，除去燃气中的醋酸等酸性物质。除去酸性物质后的燃气经气干液分离器后进入罗茨鼓风机。燃气经罗茨鼓风机加压到9.6 kPa后再经二级除焦装置后被送入储气柜中，经燃气输配系统送到用户。

由二级冷却器出来的热水经凉水塔冷却后流入循环水池，再经循环水泵送回二级冷却器循环使用。

由二级冷却器、气-液分离器分离出的冷凝液流到焦油醋液分离槽，分离出来的木焦油入焦油槽，分离出水分后装桶入库；分离出的醋液入醋液槽，除去焦油的醋液去发酵池生产积肥或作为杀虫剂出售。

由碱洗塔流出的循环碱液入循环碱液池，再由碱液泵送回碱洗器，定期向循环碱液池补充碱，保持循环碱液 pH 值大于 12。

四、炭-气-油联产的主要技术指标

农业固体废物炭-气-油联产的技术指标如表 4-3 所示。

表 4-3 炭-气-油联产的技术指标

项 目	主要应用指标
原材料	含水量不大于 50%，无杂质
粉碎后的原料	粒径不大于 5 mm
干燥后的原料	含水率小于 10%
成型的农业固体废物	密度 $(1.0 \sim 1.3)\times10^3$ kg/m^3
生物质炭	发热量 > 29 MJ/kg
生物质焦油	含水量小于 10%
木醋液	pH 值 2～4
生物质燃气	低位发热量 > 14 MJ/m^3

生物质燃气还应具备以下性能指标：焦油和灰尘含量小于 50 mg/m^3；一氧化碳含量小于 20%；硫化氢含量小于 20 mg/m^3；氧气含量小于 1%。

五、农业固体废物炭-气-油联产系统的组成

农业固体废物炭-气-油联产系统的主要组成及功能如表 4-4 所示。

表 4-4 炭-气-油联产系统的主要组成及功能

设备名称	功 能
粉碎机	农业固体废物切断与粉碎
干燥机	粉碎后的农业固体废物干燥
致密成型机	干燥后的农业固体废物致密成型
干馏釜、加热炉	成型后的农业固体废物干馏炭化
燃气净化系统	生物质燃气的净化与焦油、木醋液的分离

思考题

1. 简述沼气发酵的工艺条件及影响因素。
2. 沼气发酵设备有哪些?
3. 简述沼气发酵常见的异常情况与对策。
4. 简述沼气的安全使用及管理方法。
5. 简述沼气设备常见故障及处理方法。
6. 沼气池不产气的特殊情况有哪些?
7. 简述农业固体废物固化的工艺流程。
8. 简述农业固体废物气化的工艺流程。
9. 简述农业固体废物乙醇生产的工艺流程。
10. 简述炭-气-油联产技术的工艺流程。

阅读材料

炭-气-油联产技术系统经济效益分析

农业固体废物炭-气-油联产技术系统除生产生物质燃气外,还生产生物质炭、木焦油、木醋液等副产品。主要用途如下:

生物质燃气可作为农村炊事用气,也可用于取暖、洗浴、供热、烘干和发电等。

生物质炭可用于有色金属冶炼、铸造脱模剂和防氧化剂;食品熏烤不含致癌物质。炭粉制成活性炭用于污水和恶臭气味的吸附剂;炭粉掺入化肥中,可减少化肥流失;春播前在土壤表面每公顷布撒750 kg炭粉,可使地表温度提高2～3℃,使耕地疏松、保墒,改良土壤效果显著,花生最大能增产14% ,玉米最大能增产为18%。

木焦油优于煤焦油,是一种贵重化工原料,目前多用于油漆行业和燃料行业。

木醋液作为植物生长剂和饲料添加剂,可使花生、玉米、蔬菜产量提高10%～15% ,对提高家禽产蛋率效果明显,另外还有很好的杀虫效果。

1. 产品产量(千户级)

①生物质燃气。年产可燃气1×10^6 m^3,除外供农户炊事用气外,还供秸秆炭化干馏炉加热生产自用燃气。

②生物质炭。年产块状(或粉状)人造木炭1 000 t,直接向市场销售。

③木焦油。年产木焦油200 t,可直接销售。

④木醋液。年产木醋液800 t,可净化后销售。

2. 产品价格

①生物质燃气。以农民可接受的价格，按 0.5 元/m^3 计价，每月每户（按 4 人算）消耗 45 m^3，月用气费 22.5 元，比蜂窝煤费用要低，农民是乐于接受的。

②生物质炭价格。目前各地市场价格相差很大，一般市场平均零售价在 1 500 元/t 左右。

③木焦油价格。该系统生产的木焦油优于其他气化工艺的煤焦油（主要是未被氧化），是一种贵重的化工原料，每吨木焦油出厂价按 2 000 元计算。

④销售税金。农业固体废物炭-气-油联产技术属于废物综合利用技术，又是环保节能项目，可获得免税待遇，供应燃气收入部分，可得到全免税；销售生物质炭、木焦油、木醋液的收入部分，只考虑工商管理税（以 5%计）。

⑤生产总成本即年生产总消耗。如表 4-5 所示。

表 4-5　炭-气-油联产技术系统生产总成本

项　目	年用量	单　价	年费用/万元
农业固体废物	4 000 t	60 元/t	24.00
人工	12 人	4 800 元/(人·年)	5.76
辅助燃料	30 t	220 元/t	0.66
电	40×10^4 kW·h	0.6 元/(kW·h)	24.00
碱	8 t	2 000 元/t	1.60
折旧费(维修)			8.00
流动资金利息			3.00
税金			5.00
企业管理费			6.00
运输费			4.00
不可预见费			2.00
合计			84.02

⑥年利润。全部产品销售收入分为：燃气每年按 0.55×10^6 m^3 外供计算，收入 27.37 万元；生物质炭市场销售 1 000 t，按 1 000 元/t 计算，收入 100 万元；木焦油市场销售 200 t，收入 40 万元，总销售收入 167.37 万元，年纯利润为 83.37 万元。根据以上预算，2～3 年能收回全部投资。

⑦敏感性分析。

a. 通过对生产消耗分析，原料价格和电费是影响系统经济效益的主要因素，两项合计占总成本的50%，如果原材料和电费涨价，将直接影响系统的经济效益。因此，必须加强对原材料管理和用电管理：一是努力开发原材料市场，降低收购价，坚决杜绝原材料浪费；二是尽量节约用电，特别是挤压成型设备耗电量大，可选择新开发的致密成型设备，节电效果较好。

b.从收入方面看，生物质炭销售收入占第一位，为总收入的59.7%；焦油销售收入占第二位，为总收入的23.9%，两项合计占总收入的83.6%。也就是说，如果能够及时地把生物质炭和木焦油销售出去，即使燃气用户少，也可以保证有利润。因此，搞好产品的市场销售至关重要。

另外，木醋液暂未计算销售收入。近年来，木醋液在国内逐渐走上市场，价格在200～300元/t。主要用于有机肥料，起到杀虫、促进植物生长的作用，作为禽畜饲料添加剂效果良好。如果木醋液能全部售出，该工程的经济效益将会更好。

第五章　农业固体废物的饲料化技术

知识目标：

- 掌握农业固体废物饲料化的方法。
- 了解农业固体废物生产蛋白质生物饲料的方法。

能力目标：

- 能利用物理、化学、生物处理技术实现农业固体废物饲料化。

第一节　概　　述

农业固体废物饲料化是指运用物理、化学、生物的方法将农业固体废物转化为动物饲料。农业固体废物饲料化也是实现农业固体废物资源化的重要途径，具有广阔的前景。

一、可饲料化农业固体废物的种类

作物秸秆是农业固体废物的主要组成之一，其含有动物所需要的多种营养成分，如蛋白质、脂肪及钙、磷等（表 5-1），是优良的饲料原料；但动物直接饲用，适口性较差，效果欠佳。而将其进行饲料化处理，能使其转化为适口性好、营养更高的优质饲料。除烟草秸秆外，几乎所有作物秸秆、树叶、杂草均可进行饲料化，如麦秸、稻草、玉米秆等。此外，果皮、果渣、畜禽粪便等农业固体废物也可饲料化，但畜禽粪便饲料化技术需进一步规范。

表 5-1 主要作物秸秆的营养成分 %

秸秆	粗蛋白	粗脂肪	粗纤维	无氮浸出物	粗灰分	钙	磷
稻草	3.8	0.8	32.9	41.8	14.7	0.15	0.18
小麦秸	2.7	1.1	37.0	35.9	9.8	—	—
玉米秸	5.7	1.6	29.3	51.3	6.6	微量	微量
谷草	3.1	1.4	35.6	37.9	8.5	—	—
大麦秸	6.4	1.6	33.4	37.8	7.9	0.18	0.02
燕麦秸	5.3	3.4	31.0	39.6	11.7	—	—
大豆秸	8.9	1.6	39.8	34.7	8.2	0.87	0.05

注:表中数值为各营养成分在废物干物质中的质量分数。

二、农业固体废物饲料化的前景

随着人们生活水平的提高,动物食品的需求量不断扩大,而畜牧业的发展往往受到饲料的制约。目前我国人均粮食占有量仅有 400 kg 左右,难以用更多的粮食满足畜牧业发展的需要。而我国每年生产 5 亿多 t 粮食的同时,也生产了 7 亿多 t 作物秸秆,其中稻草 2.3 亿 t,小麦秸 1.2 亿 t,玉米秸 2.2 亿 t,花生、豆类、高粱、荞麦等秋粮作物秸秆 1 亿 t,各种藤蔓类 1 亿 t。目前 80%左右的作物秸秆是作为能源被烧掉或供他用,利用率低,且产生大量污染,还有相当数量的秸秆被毁弃在田间。利用秸秆类农业固体废物生产饲料,原材料不仅来源广泛,并且成本低廉,同时又减少了对环境的污染,是农业固体废物处理与处置技术中重要技术之一,具广阔的前景。

第二节　农业固体废物饲料化的方法

农业固体废物饲料化方法主要有:物理处理方法,如揉搓加工技术、压块成型技术、挤压膨化技术和热喷处理技术;化学处理方法,如氨化技术、碱化技术、氧化技术和复合技术;生物处理方法,如青贮技术和微贮技术。

一、物理处理方法

物理处理方法简单易行,是通过秸秆长度和硬度等的变化,增加与家畜瘤胃微生物的接触,从而提高其消化利用率。同时,秸秆经过切短或粉碎处理后,更利于家畜咀嚼和提高家畜采食量,并可减少采食过程中的能量消耗和饲喂过程中的饲料浪费。

1. 揉搓加工技术

揉搓加工技术就是将秸秆类饲草经秸秆饲草切揉机切碎揉搓后，使秸秆饲草呈丝状，水分损失少，牲畜的适口性好，适用于广大养殖户和养殖场使用。

2. 压块成型技术

秸秆压块成型技术是将秸秆铡切成长为 5 cm 的段，经过烘干，水分在 16%左右时经秸秆饲料压块机(图 5-1)进行压块形成圆柱或块状饲料。压块的断面尺寸一般为 32 mm×32 mm，长度可在 20～80 mm 不等。压制秸秆块时，可根据牧畜的饲喂要求，按科学配方压制适合不同育龄牧畜的饼块饲料。

图 5-1　秸秆饲料压块机及压制成的饲料块

秸秆压块成型技术具有以下优点：

①压制后的块状秸秆饲料的密度比原来增加 6～10 倍，含水量在 14%以下，可储存 6～8 个月不变质，也便于长途运输和饲喂，可缓解广大牧区的“白灾”和“黑灾”，实现抗灾保畜的目的。

②秸秆经过高温挤压成型，使秸秆中的纤维素、半纤维素和木质素的镶嵌结构受到一定的破坏，使秸秆中的纤维素、半纤维素的消化率提高 25%，使秸秆的饲喂价值明显提高。

③块状秸秆饲料有浓郁的糊香味和轻微甜度感，使牲畜的适口性得到提高，采食量增加。与粉料相比。可提高饲料转化率 10%～12%，产奶量提高 16.4%，肥牛增肉率为 15%，牛奶内脂肪增加 0.2%，粗灰粉低于 9%。

④将农作物秸秆加工成块状饲料，其资源利用率可提高 50%，生产成品率可

达 97%。

⑤卫生条件好。饲料经压制由生变熟，无毒无菌，有利防病，从而提高动物免疫功能。

⑥秸秆加工不与种植作业争农时，可以实现工厂化生产，全年进行加工。因为加工压块饲料合适的水分含量是 14%～18%，需经过晾晒搁置一段时间才能加工，不像储存饲料必须利用秸秆青绿时期进行青贮，时间紧，与农业争机械、争劳力。

3.挤压膨化技术

挤压膨化技术就是将秸秆加水调质后输入螺杆式挤压膨化机(图 5-2)，依靠秸秆与挤压机中螺套壁及螺杆之间相互挤压、摩擦作用，产生热量和压力，当秸秆被挤出喷嘴后，压力骤然下降，从而使秸秆体积膨大的工艺。秸秆挤压膨化技术是新兴的饲料加工技术，该技术可将玉米秸、花生秧、稻草、杂草等农作物秸秆变成芳香可口、营养丰富的优质颗粒饲料，直接用于喂猪、喂鸡、牛羊、鱼等畜禽，从而实现低投入高产出的秸秆养畜和过腹还田。

图 5-2 螺杆式挤压膨化机

(1)工艺流程 秸秆挤压膨化加工的工艺流程如图 5-3 所示。

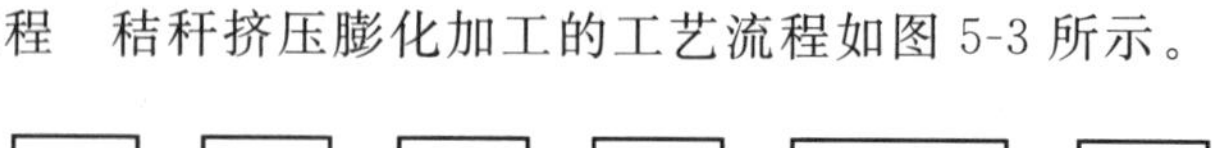

图 5-3 秸秆挤压膨化加工的工艺流程

①清选。采用手工方法去除秸秆中的砂石、铁屑等杂质，以防止损坏机器和影响膨化质量。

②粉碎。将秸秆投入筛片孔径为 3.0～6.0 mm 的锤片式粉碎机(图 5-4)进行粉碎,以减小秸秆粒度,使调质均匀及提高膨化产量。粉碎时筛片孔径要稍小些,这样粉碎秸秆粒度细,表面积大,秸秆吸收蒸汽中的水分也快,有利于进行调质,也使膨化产量提高。但粉碎过细,电耗高,粉碎机产量低。实践表明,粉碎粒度控制在 3.0～4.0 mm 为好。

图 5-4　锤片式粉碎机

③调质。将粉碎的秸秆放入调质机中调质,根据不同农作物秸秆含水率的大小,合理加水调湿并搅拌均匀,使秸秆有良好的膨化加工性能。调质后的秸秆含水率不要过低也不要过高,含水率过低,秸秆间剪切力和摩擦力大,膨化机挤压腔温升迅速,秸秆易出现炭化现象;水分含量过高,挤压腔温度和压力过小,膨化不连续,影响膨化质量。调质后秸秆的含水率应控制在 20%～30%,豆类秸秆的含水率应控制在 25%～35%。

④挤压膨化。将调质好的秸秆由料斗输入膨化机的挤压腔,在螺杆的机械推动和高温、高压的混合作用下,完成挤压膨化加工。加工时,挤压腔的温度应控制在 120～140℃,挤压腔压力应控制在 1.5～2.0 MPa。

⑤冷却。秸秆膨化后,应置于空气中冷却,然后再装袋包装。如果膨化后立即包装,此时膨化秸秆的温度较高,一般在 75～90℃,包装袋中间的秸秆热量很难散失,会产生焦煳现象,影响其营养价值及适口性。

(2)膨化饲料特点

①利于微生物生长,提高消化率。农作物秸秆经挤压膨化处理,由于受热效应和机械效应的双重作用,秸秆被撕成乱麻状,纤维细胞和表面木质得以重新分布,为微生物生长繁殖创造了条件,使牲畜的消化率得以提高。

②适口性好，采食率高。秸秆膨化后，质地疏松、柔软，有籽煳的芳香味，改善了饲料的风味，可部分替代饲料，提高牲畜采食率，降低饲料成本，取得较好的经济效益。

③便于储存运输。经过挤压膨化处理的秸秆堆放总体积较原体积减少40%～50%，为储存和运输提供了方便。

4.热喷处理技术

热喷处理技术就是将物料(秸秆、饼粕和鸡粪等)装入饲料热喷机，在一定压力的热饱和蒸汽下保持一定时间，然后突然降压，使物料从机内喷爆而出，从而改变其结构和某些化学成分，并消毒、除臭，使物料可食性和营养价值得以提高的一种热压力加工工艺。

(1)热喷原理　物料在热喷处理时，利用蒸汽的热效应，在高温下使木质素熔化，纤维素分子断裂、降解，同时因高压力突然卸压，产生内摩擦力喷爆，使纤维素细胞撕裂，细胞壁疏松，从而改变了粗纤维的整体结构和化学链分子结构。因为在热喷处理时，物料在高压罐内经受1～15 min压力0.39～1.18 MPa、温度145～190℃、含水量25%～40%的状态，使物料纤维细胞间木质素溶解，氢链断裂，纤维结晶度降低。当突然喷爆时，木质素就会熔化，同时发生若干高分子物质的分解反应，再通过喷爆的机械效应，应力集中于熔化木质素的脆弱结构区，导致壁间疏松、细胞游离，物质颗粒便会骤然变小，而总面积增大，从而达到质地柔软和味道芳香的效果，提高了家畜对秸秆饲料的采食量和消化率。

(2)热喷装置及工艺流程　饲料热喷机(图5-5)是热喷工艺流程的主要装置，它包括热喷主机和辅助设备两大部分。热喷主机由蒸汽锅炉和压力罐组成，蒸汽锅炉提供中低压蒸汽，压力罐是一个密闭受压容器，是对秸秆原料进行热蒸汽处理并施行喷放的专用设备。辅助设备由切碎机、贮料仓、传送带、泄力罐及其他设备等组成。

秸秆热喷工艺流程见图5-6。

原料经铡草机切碎，进入贮料罐内，经进料漏斗，被分批装入安装在地下的压力罐内，将其密封后通入0.5～1 MPa的低中压蒸汽(由锅炉提供，进气量和罐内压力由进气阀控制)，维持一定时间(1～30 min)后，由排料阀减压喷放，秸秆经排料阀进入泄力罐。喷放出的秸秆可直接饲喂牲畜或压制成型储运。

(3)热喷饲料的优点

①通过连续的热效应和机械效应，消除了非常规饲料的消化障碍因素，使表面角质层和硅细胞的覆盖基本消除，纤维素结晶降低，有利于微生物的繁殖和发酵。②由于细胞的游离，饲料颗粒变小，密度增大，总体积变小，而总表面积增

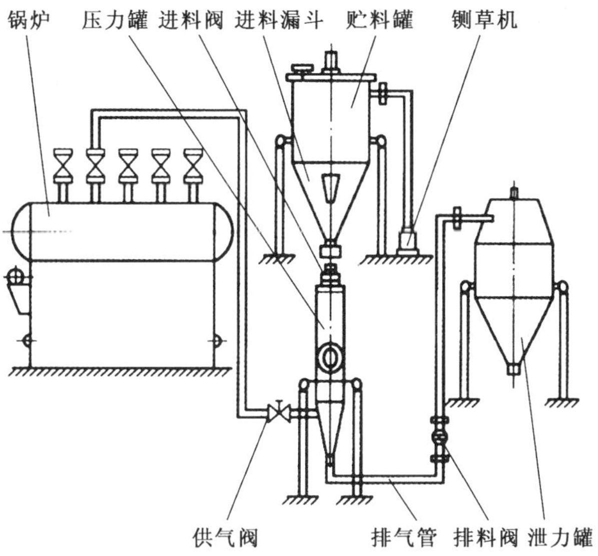

图 5-5　热喷机的构造示意

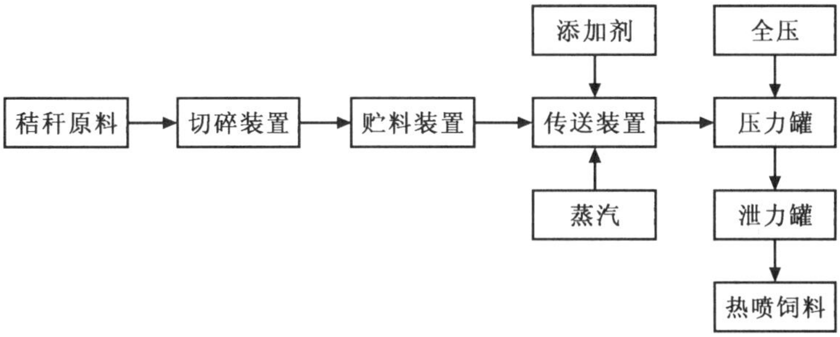

图 5-6　秸秆热喷工艺流程

加。③通过利用尿素等多种非蛋白氮作为热喷秸秆添加剂，可提高粗蛋白水平，降低氨在瘤胃中的释放速度。④热喷后秸秆的全株采食率由 50%提高到 90%以上，消化率提高 50%以上。⑤热喷工艺既便于工厂机械化规模处理各类秸秆，还能将其他林木副产品及畜禽粪便处理转化为优质饲料，并能通过成型机把处理后的饲料加工成颗粒、小块及砖型等多种成型饲料，既便于运输，饲喂起来也经济卫生。

二、化学处理方法

化学处理方法就是利用化学制剂作用于作物秸秆，破坏秸秆细胞壁中半纤维素与本质素形成的共价键，以利于瘤胃微生物对纤维素与半纤维素的分解，从而达到提高秸秆消化率与提高营养价值的目的。用于作物秸秆化学处理的技术主要有碱化处理技术、氨化处理技术、氧化处理技术和复合处理技术。

(一)碱化处理技术

碱化处理技术就是在一定浓度的碱液（通常占秸秆干物质的 3%～5%）的作用下，打破粗纤维中纤维素、半纤维素、木质素之间的醚键或酯键，并溶去大部分木质素和硅酸盐，从而提高秸秆饲料的营养价值。

碱化处理技术目前主要有氢氧化钠（NaOH）碱化法、生石灰碱化法和加糖碱化法三种。

1. 氢氧化钠碱化法

(1)湿法处理法　将秸秆浸泡在 1.5%氢氧化钠溶液中，每 100 kg 秸秆需要 1 000 kg 碱溶液，浸泡 24～48 h 后，捞出秸秆，淋去多余的碱液（碱液仍可重复使用，但需不断增加氢氧化钠，以保持碱液浓度），再用清水反复清洗。这种方法的优点是可提高饲料消化率 25%以上，缺点是在清水冲洗过程中，有机物及其他营养物质损失较多，污水量大，目前较少采用。

(2)干法处理法　用 4%～5%（占秸秆风干重）的氢氧化钠，配制成浓度为 30%～40%的碱溶液，喷洒在粉碎的秸秆上，堆积数日后不经冲洗，直接喂饲反刍家畜，秸秆消化率可提高 12%～20%。此方法的优点是不需用清水冲洗，可减少有机物的损失和环境污染，并便于机械化生产。但牲畜长期喂用这种碱化饲料，其粪便中钠离子增多，若用作肥料，长期使用会使土壤碱化。

(3)快速处理法　将秸秆铡成 2～3 cm 的短草，每千克秸秆喷洒 5%的氢氧化钠 1 kg，搅拌均匀，经 24 h 后即可喂用。处理后的秸秆呈潮湿状，鲜黄色，有碱味。牲畜喜食，比未处理后的秸秆采食量增加 10%～20%。

(4)堆放发热处理法　使用 25%～45%的氢氧化钠溶液，均匀喷洒在铡碎的秸秆上，每吨秸秆喷洒 30～50 kg 碱液，充分搅拌混合后，立即把潮润的秸秆堆积起来，每堆至少 3～4 t。堆放后秸秆堆内温度可上升到 80～90℃，温度在第 3 天达到高峰，以后逐渐下降，到第 15 天恢复到环境温度。由于发热的结果，水分被蒸发，使秸秆的含水量达到适宜保存的水平，即秸秆含水量低于 17%。

(5)封贮处理法　用 25%～45%浓度的氢氧化钠溶液，每吨秸秆需 60～120 kg 碱液，均匀喷洒后可保存 1 年。此法适于收获时尚绿或收获时下雨的湿秸秆。

(6)混合处理法　原料含水率65%～75%的高水分秸秆，整株平铺在水泥地面上，每层厚度15～20 cm，用喷雾器喷洒1.5%～2%的氢氧化钠和1.5%～2.0%生石灰混合液，分层喷洒并压实。每吨秸秆需喷0.8～1.2 t混合液，经7～8 d后，秸秆内温度达到50～55℃，秸秆呈淡绿色，并有新鲜的青贮味道。处理后的秸秆粗纤维消化率可由40%提高到70%。即将切碎的秸秆压成捆，浸泡在1.5%的氢氧化钠溶液里，经浸渍30～60 min捞出，放置3～4 d后进行熟化，即可直接喂饲牲畜，有机物消化率提高20%～25%。

2. 生石灰碱化法

生石灰碱化法是把秸秆铡短或粉碎，按每百千克秸秆2～3 kg生石灰或4～5 kg石灰膏的用量，将生石灰或石灰膏溶于100～120 L水制成石灰溶液(石灰溶液含氧化钙不少于90%)，并添加1～1.5 kg食盐，沉淀除渣后再将石灰水均匀泼洒搅拌到秸秆中，然后堆起熟化1～2 d即可。注意：冬季熟化的秸秆要堆放在比较暖和的地方盖好，以防止发生冰冻。夏季要堆放在阴凉处，预防发热。

另外也可把石灰配成6%的悬浊液，每千克秸秆用12 L石灰水浸泡3～4 d，浸后不用水洗便可饲喂。若把浸好的秸秆捞出控掉石灰水踩实封存起来，过一段时间再用将会更好。据有关测定，该方法优点是成本低廉、原料广泛，可以就地取材，但豆科秸秆及藤蔓类等饲草均不宜碱化。

碱化饲料，特别是像小麦秸秆、稻草、玉米秸秆等一类的低质秸秆，经过碱化处理后，有机物质的消化率由原来的42.4%提高到62.8%，粗纤维消化率由原来的53.5%提高到76.4%，无氮浸出物消化率由原来的36.3%提高到55.0%。适口性大为改善，其采食的数量也显著增加(20%～45%)。同时，若用石灰处理，还可增加饲料的钙质。

3. 加糖碱化法

加糖碱化法就是在秸秆等材料碱化的基础上进行糖化处理。加糖碱化秸秆适口性好，有酸甜酒香味，牛、马、骡、猪均喜欢吃，且保存期长，营养成分好，粗脂肪、粗蛋白、钙、磷含量均高于原秸秆，加糖碱化秸秆收益高、简单易行。加糖碱化法的工艺流程如下。

(1)材料准备

①双联池或大水缸：双联池一般深0.9 m、宽0.8 m、长2 m，中间隔开，即成2个池(用砖、水泥、水泥把面抹光)，单池可容干秸秆108 kg。池建在地下、半地下或地面上均可。

②秸秆粉：干秸秆抖去沙土，粉碎成长0.5～0.7 cm。秸秆可用玉米秸、麦秸、稻草、花生壳和干苜蓿等。

③石灰乳:将生、鲜石灰淋水熟化制成石灰乳(即氢氧化钙微粒在水中形成的悬浮液)。石灰要用新鲜的生石灰。石灰与水作用后生成氢氧化钙,氢氧化钙容易与空气中的二氧化碳化合,生成碳酸钙。碳酸钙是无用的物质,因此不能用在空气中熟化的或熟化后长期放置空气中的石灰。

④玉米面液:玉米面用开水熟化后,加入适量清水制成玉米面液。玉米面熟化要用开水以便玉米面中的糖分充分分解。

⑤器具:脸盆、马勺、塑料布和铁铲。

⑥用料比例:秸秆、石灰、食盐、玉米面、水比例为 100∶3∶0.5∶3∶270。

(2)加工处理　将石灰、食盐、玉米面按上述比例组成混合液喷淋在秸秆粉上,边淋边搅拌,翻 2 次后停 10 min 左右,等秸秆将水吸收后再继续喷淋、搅拌,这样反复经过 2～3 次,所用混合水量全部吸收后,秸秆还原成透湿秸秆,用手轻捏有水点滴下为止。

(3)入池或缸储存　将处理好的秸秆加入池或缸内,边入池边压实,池边、池角部分可用木棒镇压,越实越好。此时上层出现渗出的少量水,秸秆应层层铺设直至装满,也可超出一点小顶帽。后用塑料布、覆盖封口,上压沙土为 0.4～0.5 m 厚。池缸封口后,夏季 4～7 d,冬季 10～15 d 便可开口饲喂。

(二)氨化处理技术

氨化处理技术是指用氨水、液氨、尿素或碳铵等含氨物质,在密闭条件下处理粉碎秸秆,以提高秸秆消化率、营养价值和适口性的加工处理方法。其原理是氨液与秸秆中的水结合生成氨水,氨水电离生成氢氧根离子和氨离子。氢氧根离子可使秸秆木质素和纤维素之间的酯键断裂,打破木质素和纤维素的镶嵌结构,溶解半纤维素和一部分木质素及硅,使纤维素部分水解和膨胀,致使反刍家畜瘤胃中的胃液易于渗入,从而提高秸秆的消化率。氨吸附在秸秆上,增加了秸秆粗蛋白质含量。氨离子中的氮在瘤胃中合成菌体蛋白,可供家畜利用。秸秆氨化后变软,并能造成适宜瘤胃微生物活动的微碱性环境,因而提高了家畜对秸秆的采食量和利用率。

1.氨化处理技术分类

根据氨化处理技术中所使用的氨源及设施,可将氨化处理技术分为以下两大类。

(1)根据氨源分类

①尿素氨化法。秸秆中存有尿素酶,加进尿素,用塑料膜覆盖,尿素在尿素酶的作用下分解出氨,对秸秆进行氨化。方法是按秸秆质量的 3%～5%加尿素。首先将尿素按 1∶(10～20)的比例溶解在水中,均匀地喷洒在秸秆上。即 100 kg 秸

秆用 3～5 kg 尿素，加 30～60 kg 水。逐层添加堆放，最后用塑料薄膜覆盖。用尿素氨化处理秸秆的时间较液氨和氨水处理要求稍长一些。

②液氨氨化法。液氨是最为经济的一种氨源。液氨是制造尿素和碳铵的中间产物，每吨液氨成本只有尿素的 30%。但液氨有毒，需高压容器储运、安全防护及专用施氨设备，一次性投资较高。其操作简便、省时、作业效率高，是将来推广的理想氨源。

具体方法是：将秸秆打成捆或不打捆，切短或不切短，堆垛或放入窖中，压紧，盖上塑料薄膜密封；在堆垛的底部或窖中用特制管子与装有液氨的罐子相连，开启罐上压力表，通入秸秆质量的 3%液氨进行氨化，即 1 t 秸秆用 30 kg 液氨。氨气扩散相当快，短时间即可遍布全垛成全窖，但氨化速度很慢，处理时间取决于气温，通常夏季约需 1 周，春秋季 2～4 周，冬季 4～8 周甚至更长。液氨处理过的秸秆，喂前要揭开薄膜 1～2 d，使残留的氨气挥发。不开垛可长期保存。

液氨处理秸秆应注意秸秆的含水量，一般以 25%～35%为宜，液氨必须采用专门的罐、车来运输。液氨输入封盖好的秸秆中要通过特制的管子，一般利用针状管。针状管用直径 20～30 mm、长 3.5 m 的金属管制成，前端焊有长 150 mm 的锥形帽，从锥形帽的连接处开始，每 70～80 mm 要钻 4 个直径 2～2.5 mm 的滴孔，管子的另一端内焊上套管，套管上应有螺纹。可以用来连接通向液氨罐的软管。如果一垛秸秆为 8～10 t，只要一处向垛内输送液氨即可；为 20～30 t 则可多选 1～2 处输送。

③碳铵氨化法。碳铵是我国化肥工业的主要产品之一，年产量达 800 多万 t，由于用作化肥需深施，所以长期处于积压滞销状态。碳铵在常温下分解但又分解不彻底，在自然环境条件下，相同时间内，尿素在脲酶作用下可完全分解，碳铵却仍有颗粒残存，然而其在 69℃时则可完全分解。碳铵使用方法与尿素相同。

④氨水氨化法。与液氨相比较，氨水不需专用钢罐，可以在塑料和橡皮容器中存放和运输。用氨水处理秸秆时，要根据氨水的浓度，按秸秆干物质质量加入 3%～5%纯氨。由于氨水中含有水分，在处理半干秸秆时可以不向秸秆中洒水。在实际操作时，可从垛顶部分多处倒入氨水，随后完全封闭垛顶，让氨水逐渐蒸发扩散，充分与秸秆接触发生反应。或按比例在堆垛或装窖时，把氨水均匀喷洒在秸秆上，逐层堆放，逐层喷洒，最后将堆好的秸秆用薄膜封闭严实。

值得注意的是：只能使用合成氨水，焦化厂生产的氨水因可能含有毒杂质不能应用；含氨量少于 17%的氨水也不宜使用，因为在这种情况下，秸秆的水分可能过高，长期储存比较困难。在处理过程中，人与氨的接触时间长，要注意防毒和腐蚀污染身体等。

(2)根据氨化设施分类　秸秆氨化需在封闭环境中进行,氨化容器应根据因地制宜、就地取材、经济实用的原理确定。目前,我国采用较多的容器如下。

①小型容器法。有窖、池、缸及塑料袋之分。氨化前可用铡草机把秸秆铡碎,也可整株、整捆氨化。若用液氨,先将秸秆加水至含水量30%左右(一般干秸秆含水率约9%)装入容器,留个注氨口,待注入相当于秸秆质量3%的液氨后密封。如果用尿素,则先将相当于秸秆质量5%~6%的尿素溶于水,与秸秆混合均匀,使秸秆含水率达40%,然后装入容器密闭。小型容器法适宜于个体农户的小规模生产。

②堆垛法。先在干燥向阳平整地上铺一层聚乙烯塑料薄膜,膜厚度约0.2 mm,长、宽依堆大小而定,然后在膜上堆秸秆,膜的周边留出70 cm,再在垛上盖塑料薄膜,并将上、下膜的边缘包卷起来埋土密封。有时为了防止盖膜被风撕破和牢靠起见,应在垛的下部用绳子交叉捆牢。其他操作程序视使用的氨源不同而不同,与小型容器法一样。例如,氨水处理堆垛秸秆的方法与用液氨相似,用泵将氨水注入垛内,或将氨水罐放在垛的顶部,将盖打开,直接倒入注氨口后封垛。

堆垛法是我国目前应用最广泛的一种方法,它的优点是方法简单、成本低。但是堆垛法所需时间长、占地大,限制了它在大中型牛场的应用。为了适应大规模养牛等的需要,使秸秆氨化工厂化,不受季节、地域影响,我国借鉴一些发达国家的经验,兴起氨化炉法。

③氨化炉法。氨化炉既可以是砖水泥结构的土建式氨化炉,也可是钢铁结构的氨化炉。土建式氨化炉用砖砌墙,水泥抹面,一侧安有双扇门,门用铁皮包裹,内垫保温材料如石棉。墙厚24 cm,顶厚20 cm。如果室内尺寸为3.0 m×2.3 m×2.3 m,则一次氨化秸秆量为600 kg。在左、右侧壁墙的下部各安装4根1.2 kW的电热管,合计电功率为9.6 kW。后墙中央上下各开有一风口,与墙外的风机和管道连接。加温的同时,开启风机,使室内氨浓压温度均匀。亦可不用电热器加热,而将氨化炉建造成土烘房的样式,例如两炉一囱回转式烘房。用煤或木柴燃烧加热,在加热室的底部及四周墙壁均有烟道,加热效果很好。

钢铁结构的氨化炉可以利用淘汰的发酵罐、铁罐或集装箱等。改装时将内壁涂上耐腐蚀涂料,外壁包裹石棉、玻璃纤维以隔热保温。如果利用的是淘汰的集装箱,则在一侧壁的后部装上8根1.5 kW的电热管,共计12 kW。在对着电热管的后壁开上、下两个风口,与壁外的风机和管道相连、在加温过程中开动风机,使氨浓度与温度均匀。集装箱的内部尺寸为6.0 m×2.3 m×2.3 m,一次氨化量为1.2 t秸秆。

氨化炉一次性投资较大,但它经久耐用、生产效率高,综合分析是合算的(堆垛法所用的塑料薄膜只能使用两次）。特别是如果增加了氨回收装置，液氨用量可以从3%降至1.5%，则能进一步提高经济效益。挪威、澳大利亚等国采用真空氨化处理秸秆收到较好的效果。

2. 影响氨化效果的因素

（1）秸秆的质量　氨化的原料主要有禾本科作物及牧草的秸秆。所选用的秸秆必须无发霉变质。最好将收获子实后的秸秆及时进行氨化处理，以免堆积时间过长而霉烂变质。一般说来，品质差的秸秆氨化后可明显提高消化率，增加非蛋白氮含量。

（2）氨源的用量　根据具体的氨源种类来确定使用量。用量过小，达不到氨化的效果；用量过大，会造成浪费。氨的用量，一般以秸秆干物质质量的3%为宜。

（3）秸秆含水量　含水量过低，水都吸附在秸秆中，没有足够的水充当氨的“载体”，氨化效果差。含水量过高，不但开窖后需延长晾晒时间，而且由于氨浓度低而会引起秸秆发霉变质。水是氨的“载体”，氨与水结合成氢氧化铵，其中 NH_4^+ 和 OH^- 分别对提高秸秆的含氮量和消化率起作用。因而，必须有适当的水分，一般以25%～35%为宜。

水在秸秆中的均匀分布，也是影响氨化结果的因素，如上层过干，下层积水，都会妨碍氨化的效果。

（4）氨化温度　氨化温度越高，完成氨化所需时间越短；相反，氨化时温度越低，氨化所需时间就越长。温度与氨化时间的关系如表5-2所示。

表5-2　温度与秸秆氨化时间的关系

环境温度/℃	<5	5～10	10～20	20～30	>30
氨化所需时间/d	>56	28～56	14～28	7～14	5～7

值得提出的是，用尿素进行氨化的时间要比表中所列时间长5 d左右。因尿素首先在脲酶作用下释放氨，温度越高，脲酶作用的时间越短。只有释放出氨以后，才能真正起到氨化的作用。

（5）秸秆的粒度　用尿素或碳铵进行氨化，秸秆铡得越短越好，用粉碎机粉碎成粗草粉效果最好。用液氨进行氨化时，粒度应大一点，过小则不利于充氨。麦秸完全可以不铡。

3. 氨化注意事项

（1）注意防止爆炸　液氨遇火容易引起爆炸，因此要经常检查贮氨容器的密封性。在运输、储藏过程中，要严防泄漏、烈日暴晒和碰撞，并远离火源，严禁吸烟。

(2)操作要迅速　氨化时操作要快，最好当天完成充氨和密封，否则将造成氨气挥发或秸秆霉变。

(3)及时排除故障　要经常检查，如发现塑料膜的破漏现象，应立即粘好。

(4)做好防护工作　氨水和液氨有腐蚀性，操作时应做好防护，以免伤及眼睛和皮肤。

4.氨化饲料的优点和限制

氨化秸秆饲料把属于有机物质的作物秸秆和属于无机物质的氮巧妙地结合在一起，制成一种近乎完美的反刍家畜饲料。这种氨化秸秆饲料不但可开发利用大量的干燥秸秆，而且能以工业化生产的无机氮代替生产周期长、成本高的植物性蛋白质饲料。

氨化秸秆饲料优点是：①由于氨具有杀灭腐败细菌的作用，氨化可防止饲料腐败，减少家畜疾病的发生。②氨化后秸秆的粗蛋白含量可从3%～4%提高到8%甚至更高。③秸秆饲料的适口性大为增加，家畜的采食量可提高20%～40%。④因为氨化使纤维素及木质素那种不利于家畜消化的化学结构破坏分解，使秸秆饲料的消化率大为提高，氨化秸秆比未氨化的消化率提高20%～30%。⑤提高了秸秆饲料的能量水平，因为氨化可分解纤维素和木质素，可使它们转变为糖类，糖就是一种能量物质。⑥氨化秸秆饲料制作投资少、成本低、操作简便、经济效益高，并能灭菌、防霉、防鼠、延长饲料保存期。⑦家畜尿液中含氮量提高，对提高土地肥力还有好处。⑧提高了家畜的生产能力。原因是：第一，节约了采食消化时间，从而减少了因此而消耗的能量；第二，提高了秸秆单位容积的营养含量，从而有利于家畜生产能力的发挥。

但秸秆的氨化处理也存在不少问题：①氨的利用率低。在氨化过程中，注入的含氨化合物的利用率只有50%，从而造成了资源的浪费。②会污染环境。在饲喂氨化饲料时，未被利用的氨释放到空气中，会造成一定的污染，同时对家畜和人的健康也有一定的危害。③处理成本较高。每氨化1 000 kg秸秆，约需尿素40 kg，和其他加工方法相比，投入较高。④降低了奶的品质。奶牛饲喂氨化饲料，有时会使牛奶带有异味，降低奶的品质。⑤可能会引起家畜中毒现象。犊牛、羔羊在大量进食氨化饲料时，由于饲料中余氨尚未散尽，可能会出现中毒事故。⑥与NaOH处理相比，达到理想效果处理时间长得多，同时需要密封，增加了成本，且液氨和氨水运输、储存和使用不便，尿素和碳铵虽然运输使用较为方便，但处理效果不稳定，特别是温度很低时。

(三)氧化处理技术

氧化处理技术是针对植物的木质化纤维素对氧化剂比较敏感而提出的，主要是指用二氧化硫(SO_2)、臭氧(O_3)及碱性过氧化氢(AHP)处理秸秆的方法。氧化剂能破坏木质素分子间的共价键，溶解部分半纤维素和木质素，使纤维基质中产生较大空隙，从而增加纤维素酶和细胞壁成分的接触面积，提高饲料消化率。

(1)SO_2 处理　每千克秸秆干物质用 62.6 g SO_2，在温度为 70℃时处理 4 d。用此法处理的秸秆中，多聚糖和纤维素、木质素溶解，半纤维素、木质素和不溶性灰分比未处理的秸秆分别下降 21.0%，1.1%和 0.9%。处理后秸秆的体外消化率提高 40%，体内消化率提高 19%。但用 SO_2 处理存在许多问题，如秸秆的适口性降低，维生素 B_1 遭到破坏，而且会加重家畜酸的负担，使能量代谢受到影响。

(2)O_3 处理　臭氧处理是将臭氧制备器中产生的臭氧通过密闭容器中的切细的秸秆，因臭氧的作用使秸秆变色，再放置一定时间而制成的秸秆饲料。经臭氧处理，秸秆体外有机物质消化率提高 22.6%，而木质素、半纤维素含量分别降低 50%和 5%，但纤维素含量变化很小，且表观消化率提高近 1 倍，是能从根本上解决粗饲料营养价值低的较有效手段。但用 O_3 也会引起一些副作用，如木质素降解时会积累一些有毒的酚类物质，长期饲喂会导致家畜中毒。另外，O_3 处理投入太高，所需 O_3 量大，每 5 g 秸秆约需 1 g O_3，效益不佳。这些因素导致 O_3 目前还不能在生产中应用。

(3)AHP 处理　将秸秆在 1%过氧化氢溶液中悬浮浸泡，再加入氢氧化钠，调节悬浮液 pH 值至 11.5，保持温度 24℃，轻轻搅拌 16 h 后，滤出秸秆，反复冲洗至中性，或用磷酸氢铵中和，使滤出液 pH 值为 7.4。最后再对秸秆进行冲洗、干燥和粉碎，就可用于喂家畜。用此法处理秸秆，其木质素可溶解 50%～60%，从而提高了采食量。

氧化处理秸秆，能从本质上破坏木质素与纤维素的结合，明显提高秸秆的消化率。从长远来看，秸秆的处理将来可能会转向氧化处理，但因为成本太高，目前还不能在生产中推广应用。

(四)复合处理技术

复合处理技术指用复合化学剂来处理秸秆类纤维性物质以提高其消化率和营养价值的加工处理技术。它融合了碱化处理对木质素分解效果好和氨化处理增加瘤胃微生物蛋白合成量的优点，克服了碱化处理牲畜粪便中残留碱量高和氨化处理对木质素软化作用差的缺点。一般可使采食率提高 10%～40%；含氮量提高 1～2 倍；粗蛋白含量可达到 7%～15%。复合技术所用的复合化学处理剂来源广，价格低，配制方便，并可根据不同作物和各种饲喂对象选择不同的化学处理剂配方。

单用氢氧化钙处理，虽生石灰溶于水便可得到氢氧化钙，来源广泛，价格便宜，且钙是家畜的必需矿物质元素，也不会造成环境污染，但因其碱性不如氢氧化钠强，处理需要较长时间，在秸秆水分为40%～45%的情况下，用氢氧化钙处理秸秆容易发霉，而使用尿素+氢氧化钙复合处理秸秆可以获得良好的效果。用2%及4%的尿素，加5%及7%的氢氧化钙处理稻草干物质的降解率分别达65.86%，71.22%，74.02%和76.49%，分别较不处理和单用尿素提高17～24个百分点和9～16个百分点，且处理成本较氨水、液氨或单一尿素处理要低1/3左右。

尿素加氢氧化钙复合化学处理易推广使用。只要将5～7 kg的生石灰和2～3 kg尿素溶于50 kg水中，然后喷洒在切碎的100 kg秸秆上，混合均匀后密封，夏天20～30 d，春秋40～60 d，冬季60 d以上，即可开封饲喂。此复合处理适宜的秸秆水分为40%，尿素用量不得低于2%，否则秸秆会发霉。

尿素+氢氧化钙的复合化学处理也适合于秸秆的工厂化处理。秸秆经粉碎加入复合化学处理沼液并搅拌均匀，进入造粒机制成颗粒。一般颗粒出机后密封堆放1～2 d就可获得满意的处理效果。经复合处理后，细胞壁含量均有明显下降，体外有机物消化率从39%～45%提高到56%～65%，精蛋白含量也从4%～6%提高到9%～10%，且增加的氮与秸秆的结合更紧密，在瘤胃中降解速度比尿素在瘤胃中的分解速度要缓慢。秸秆经粉碎机和造粒，堆积容重可提高到400 kg/m^3，不但利于储存运输和饲喂，还利于秸秆采食量的提高。

三、生物处理方法

生物处理方法主要包括青贮技术和微贮技术两种。

(一)青贮技术

青贮技术就是把作物秸秆、藤蔓等在新鲜青绿时刈割、切碎填入密闭的青贮窖或青贮塔内，在隔绝空气条件下经自然或人工添加微生物，经过发酵作用而制成的一种耐储存的饲料技术。利用青贮技术生产的饲料就叫做青贮饲料。这种饲料基本上保留了青绿饲料原有的青绿、多汁、营养丰富等特点，制成品是具有一种特殊气味、营养丰富的饲料，并且它基本上保持了青绿饲料原有的一些特点，因此有“草罐头”之称。

青贮是利用微生物的乳酸发酵作用，达到长期保存青绿多汁饲料的营养特性的一种方法。其实质是将新鲜植物紧实地堆积在不透气的容器中，通过微生物(主要是乳酸菌)的厌氧发酵，使原料中所含的糖分转化为有机酸——主要是乳酸。当乳酸在青贮原料中积累到一定浓度时，就能抑制其他微生物的活动，并制止原料中养分被微生物分解破坏，从而将原料中的养分很好地保存下来。乳酸发酵过程中产生大量热能，当青贮原料温度上升到 50℃时，乳酸菌也就停止了活动，发酵结束。由于青贮原料是在密闭并停止微生物活动的条件下储存的，因此可以长期保存不变质。

1. 青贮工艺

(1)青贮原料选择 青贮饲料的原料较多，凡是可做饲料的青绿植物都可做青贮原料。但根据原料含糖量的高低，可将青贮原料分为 3 类：

第一类是糖分含量较高、易于青贮的原料，如玉米秸、禾本科牧草及甘薯秧等。这类原料中含有较丰富的糖分，在青贮时不需添加其他含糖量高的物质。

第二类是含糖分较低但饲料营养价值较高、不易青贮的原料，如紫花苜蓿、草木樨、沙打旺、三叶草、饲用大豆等豆科植物。这类原料多为优质饲料，应与第一类含糖量高的原料如玉米秸混合青贮，或添加制糖副产物如鲜甜菜渣、糖蜜等。

第三类是含糖量低、营养含量不高、适口性差、必须添加含糖量高的原料才能调制出中等质量青贮饲料的原料，如南瓜藤和西瓜藤等。适时收割是保证青绿饲料营养价值的重要前提。一般禾本科牧草在孕穗期刈割，豆科牧草在初花期刈割。带果穗的玉米在蜡熟期收割，收穗的玉米秸在玉米穗收获后(玉米秸秆下部仅有 1～2 个黄叶)立即收割青贮。

(2)青贮设施建设 青贮设施主要指青贮窖、青贮壕、地面青贮池及青贮袋等青贮设施。青贮设施建设场址要选择在地势高燥、土质较坚实、地下水位较低、距畜舍较近而又远离水源和粪坑的地方。不同类型的青贮设施建设具体要求为：

①青贮窖。青贮窖是我国广大农村应用最普遍的青贮容器。按照窖的形状，可分为圆形窖和长方形两种。青贮窖有地下式、半地下式和地上式三种。地下式适用于水位较低、土质坚硬的地方，后两种适用于水位较高的地方。根据自身的经济条件确定建土窖还是永久性的水泥窖，土窖的壁面必须光滑一致，以利于原料的下沉压紧，避免损坏四周的塑料薄膜和壁面。其具体要求是：窖横切面应为倒楔形，一般为上宽 5～7 m、下宽 3～5 m、高为 3.5～5 m，也可根据饲养牲畜的数量及种类确定窖的长度(成年牛的青贮饲料用量为 4 t/年，羊为 0.8～1 t/年；青贮的量为 500～700 kg/m^2)，窖的四周、角要圆滑，无凹凸现象。应设计排水沟，以防止雨水进窖而损害贮料。

②青贮壕。青贮壕是指大型的壕沟式青贮设施，适用于大型饲养场使用。此类建筑最好选择在地方宽敞、地势高燥或有斜坡的地方，开口在低处，以便夏季排出雨水。青贮壕一般宽 4～6 m，深 5～7 m，地上至少 2～3 m，长 20～40 m，必须用砖、石、水泥建筑永久窖。青贮壕是三面砌墙，地势低的一端敞开，以便车辆运取

饲料。

③地面青贮池。大型和特大型饲养场，为便于机械化装填和取用饲料，采用地面青贮方法。在宽敞的水泥地面上，用砖、石、水泥砌成长方形三面墙壁，一端开口。宽 8～10 m，高 7～12 m，长 40～50 m。可以同时多台机械作业，用链轨拖拉机压实。

④青贮袋。近年来随着塑料工业的发展，国外一些小型饲养场，采用质量较好的塑料薄膜制成袋，装填青贮饲料，袋口扎紧，堆放在畜舍内，使用很方便。袋宽 50 cm，长 80～120 cm，每袋装 40～50 kg。但因塑料袋贮量小，成本高，易受鼠害，在我国应用较少。

(3)青贮收割和切短　根据原料种类的不同，选择适宜的收割时期，可获得较高的产量和最好的营养价值。一般禾本科牧草在孕穗到抽穗期，最好在抽穗前收割；豆科牧草应在孕蕾到始花期收割为宜。过早收割会影响产量，过晚收割会使饲料品质降低。青贮料装窖前应将原料切短，其长度视原料质地的粗细、软硬程度以及所喂家畜而定。玉米等粗硬秸秆的长度不应超过 3 cm，其他细软的原料可切成 7～12 cm。

(4)原料水分调节　装填原料前，要调节原料水分，使含水率在 60%～75%。一般豆科牧草适宜青贮的含水量为 60%～70%，禾本科牧草为 65%～75%。

水分不足时，要及时添加清水，并与原料搅拌均匀。加水数量计算方法为：以原料为 100，与加水量之和为分母，原料中的实际含水量与加水量之和为分子，相除所得商即为调整后的含水量。例如：某原料原含水率为 60%，若每 100 kg 加水 30 kg，则调整后的含水率为 $(60+30)\div(100+30)\times100\%\approx69.2\%$。

水分过多时，要添加一些干饲料(如秸秆粉、糠麸、草粉等)，把含水率调整到标准水分。检测青贮原料含水量的方法，一般是以手抓法估测大致的含水量，将铡碎的不超过 1 cm 的原料在手里握成团，若草团慢慢散开，无汁液或渗出很少的汁液，含水量即在 70%左右。

此外可视秸秆干湿程度和营养价值用菌液调节原料水分。方法是将 20 g 秸秆青贮添加剂置于 36℃左右的 2 kg 温水中浸泡 10～15 min 后制成菌液，然后根据具体情况稀释备用。

(5)装填压实　切短的原料应立即装填入窖，以防水分损失。如果是土窖，窖的四周应铺垫塑料薄膜，以免饲料接触泥土被污染和饲料中的水分被土壤吸收而发霉。砖、石、水泥结构的永久窖则不需铺塑料薄膜。

在装填原料时，要进行踩实或机械压实，以减少窖内残留空气量。无论机械还人工压实，都要特别注意四周及 4 个角落处机械压不到的地方，应由人工踩实。青贮原料装填过程应尽量缩短时间，小型窖应在 1 d 内完成，中型窖 2～3 d，大型窖 3～4 d。

(6)封窖与管理　装填原料要高出窖口 40～50 cm，长方形窖呈鱼脊背式、圆形窖呈馒头状，踩实后覆盖塑料薄膜，然后再盖细土。盖土时要由地面向上部盖土，使土层厚薄一致，并适当拍打踩实。覆土厚度 30～40 cm，表面拍打坚实光滑，以便雨水流出。要把窖四周多余泥土清理好，挖好排水沟，防止雨水流入窖内。封窖后 1 周内要经常检查，如有裂缝或塌陷及时补好，防止通气或渗入雨水。青贮饲料开窖前，要防止牲畜在窖上踩踏。开窖后要将取料口用木杆、草捆覆盖，防止牲畜进入或掉入泥土，保持青贮饲料干净。

(7)青贮注意事项

①排除空气。乳酸菌是厌氧菌，只有在没有空气的条件下才能进行生长繁殖。如不排除空气，就没有乳酸菌生存的余地，而好气的霉菌、腐败菌会乘机滋生，导致青贮失败。因此在青贮过程中原料要切短(3 cm 以下)、踩实、密封严。

②温度适宜。青贮原料温度在 25～35℃时，乳酸菌会大量繁殖，很快便占主导优势，致使其他一切杂菌都无法活动繁殖，若料温达 50℃时，丁酸菌就会生长繁殖，使青贮料出现臭味，以至腐败。因此，除要尽量踩实、排除空气外，还要尽可能的缩短铡草装料过程，以减少氧化产热。

③水分适当。适于乳酸菌繁殖的含水量为 70%左右，过干不易踩实，温度易升高。过湿则酸度大，牛不喜食。70%的含水量，相当于玉米植株下边有 3～5 片干叶；如果全株青贮，砍后可以晾半天；青黄叶比例各半，只要设法踏实，不加水同样可获成功。

④原料处理。乳酸菌发酵需要一定的糖分，原料含糖多的易贮，如玉米秸、瓜秧、青草等。含糖少的难贮，如花生秧、大豆秸等。对含糖少的原料，可以和含糖多的原料混合贮。也可以添加 3%～5%的玉米面或麦麸单贮。豆科牧草和蛋白质含量较高的原料应与禾本科牧草混合青贮，禾豆比以 3∶1 为宜；糖分含量低的原料应加 30%的糖蜜(制糖的副产品)；禾本科牧草单独青贮可加 0.3%～0.5%的尿素；原料含水量低、质地粗硬的可按每 100 kg 加 0.3～0.5 kg 食盐，这些方法都能更有效地保存青料和提高饲料的营养价值。

⑤青贮时间。饲料作物青贮，应在作物子实的乳熟期到蜡熟期进行，即兼顾生物产量和动物的消化利用率。利用农作物秸秆青贮则要掌握好时机，过早会影响粮食的产量，过晚又会使作物秸秆干枯老化、消化利用率降低，特别是可溶性糖分减少，影响青贮的质量。玉米秸秆的收贮时间，一看子实成熟程度，乳熟早，枯熟迟，蜡熟正适时；二看青黄叶比例，黄叶差，青叶好，各占一半就嫌老；三看生长天

数，一般中熟品种 110 d 就基本成熟，套播玉米在 9 月 10 日左右，麦后直播玉米在 9 月 20 日左右，就应收割青贮。秸秆青贮应在作物子实成熟后立即进行，而且越早越好。

2. 青贮添加剂

青贮添加剂的种类很多，在青贮过程中，往往根据作物秸秆本身的特点加以选用。青贮添加剂一般有以下几类。

（1）微生物制剂　最常见的微生物制剂是乳酸菌接种剂，一般作物秸秆所含的乳酸菌数量极为有限，添加乳酸菌能加快作物的乳酸发酵，抑制和杀死其他有害微生物，达到长期酸贮的目的。乳酸菌有同质和异质之分，在青贮中常添加的是同质乳酸菌，如植物乳杆菌、干酪乳杆菌、啤酒片球菌和粪链球菌等，同质乳酸菌发酵产生容易被动物利用的 *L* -乳酸。我国近几年用于秸秆发酵的微生物制剂也有很多，大多是包括乳酸菌在内的复合菌剂，如新疆海星牌秸秆发酵活干菌。

（2）酶制剂　酶制剂是近年来研究较多的一种青（黄）贮添加剂。

（3）抑制不良发酵添加剂　这类添加剂用的较多的有甲酸、甲醛。甲酸对青贮的不良发酵有抑制作用，其用量为 2～5 L/t。甲醛则对所有的菌都有抑制作用，其添加量一般 1.5%～3%。添加甲酸、甲醛（或其混合物）的费用较大，在我国目前还难以推广。添加丙酸、己二烯酸、丁酸及甲酸钙等能防止发酵中的霉变。这类添加剂的添加剂量一般为 0.1%。

（4）营养添加物　补充可溶性碳水化合物（WSC）的玉米面、糖蜜、胡萝卜，补充粗蛋白质含量的氨、尿素，补加矿物质的碳酸钙及镁剂等，都属于这一类添加剂。这类添加剂可以改善青（黄）贮的营养价值。

（5）无机盐　青贮饲料中加入石灰石粉，不但可补钙，而且可以缓和饲料的酸度，每吨青贮料中加入石灰石粉 4.5～5 kg；添加食盐可提高渗透压，丁酸菌对较高的渗透压非常敏感而乳酸菌却较为迟钝，添加 4%的食盐，可使乳酸含量增加，乙酸减少，丁酸更少，从而改善青贮的质量和适口性。

3. 青贮饲料品质

青贮饲料封窖后经过 30～40 d 时间，就可完成发酵过程开窖喂用。圆形窖应将窖顶覆盖的泥土全部揭开堆于窖的四周。必须将窖口打扫干净，窖口周围 30 cm 内不能堆放泥土，以防风吹、雨淋或取料时泥土混入窖内污染饲料。长方形窖应从窖的一端挖开 1～1.2 m 长，清除泥土和表层发霉变质的饲料，从上到下，一层层取用，防止开窖后饲料暴露在空气中，酵母菌及霉菌等好气性细菌活动，引起二次发酵。

通常优良的青贮料呈青绿色或黄绿色，有光泽，近于原色，有芳香酸味，质地柔软，易分离，湿润，紧密，茎、叶、花保持原状。中等品质的青贮料呈黄褐色或暗褐色，有淡香味或刺鼻酸，质地柔软，水分多，茎、叶、花部分保持原状。劣等品质青贮料呈黑色、褐色或墨绿色，气味为霉味、刺鼻腐臭味，质地呈黏块，污泥状，无结构。

4. 青贮饲料喂养

青贮秸秆只能用于喂饲牛、羊等反刍动物，不能喂猪、鸡等非反刍家畜。青贮饲料作为基础饲粮时，要防止长期单一饲用，一般应与青草、青干草或其他草料混合饲喂。青贮秸秆中粗蛋白和维生素含量少，必须补充油饼或豆科饲料。喂养牛、羊的饲料，其结构、营养成分、精粗料的比例要合适，这样才能保证牛、羊对于物质和粗纤维的采食量。一般情况下，奶牛和育肥牛青贮秸秆的比例占饲料干物质的30％～40％即可。

对各类家畜饲喂青贮料的数量和种类应区别对待，要遵循循序渐进、逐步加大饲喂量的原则。如果比例搭配不当或秸秆用量过大，就会造成饲料中粗纤维素过高、能量和干物质不足，反而限制了动物的生长发育，甚至导致动物生病。

(二)微贮技术

微贮技术是对农作物秸秆机械加工处理后，按比例加入微生物发酵菌剂、辅料及补充水分，并放入密闭设施（如水泥池、土窖等）中，经过一定的发酵过程，使之软化蓬松，转化为质地柔软，湿润膨胀，气味酸香，牛、羊、猪等动物喜食的饲料。该法还可利用微生物将秸秆中的纤维素、半纤维素降解并转化为菌体蛋白，具有污染少、效率高、利于工业化生产等特点，从而成为今后秸秆饲料的发展趋势。

1. 微贮技术优势

(1)制作成本低　每吨秸秆制成微贮饲料只需用 3 g 秸秆发酵活干菌（价值 10 余元），而每吨秸秆氨化则需要 30～50 kg 尿素，在同等条件下秸秆微贮饲料对牛、羊的饲喂效果相当于秸秆氨化饲料。

(2)消化率高　秸秆在微贮过程中，由于高效复合菌的作用，木质纤维素类物质大幅度降解，并转化为乳酸和挥发性脂肪酸（VFA），加之所含酶和其他生物活性物质的作用，提高了牛、羊瘤胃微生物区系的纤维素酶和解脂酶活性。麦秸微贮饲料的干物质体内消化率可提高 24.14％，粗纤维体内消化率提高 43.77％，有机物体内消化率提高 29.4％，干物质代谢能为 8.73 MJ/kg，消化能为 9.84 MJ/kg。

(3)适口性好　秸秆经微贮处理，可使粗硬秸秆变软，并且有酸香味，刺激了家畜的食欲，从而提高采食量。

(4)秸秆来源广泛　麦秸、稻秸、干玉米秸、青玉米秸、土豆秧、牧草等，无论是干秸秆还是青秸秆，都可用秸秆发酵活干菌制成优质微贮饲料且无毒无害、安全可靠。

(5)制作不受季节限制　秸秆发酵活干菌发酵处理秸秆的温度为10～40℃，加之无论青的或干的秸秆都能发酵，因此，在我国北方地区除冬季外，春、夏、秋三季都可制作，南方地区全年都可制作。

2. 微贮工艺

(1)复活菌种　先将活干菌种倒入25 kg水中，充分溶解。也可在水中加糖2 g，溶解后再加入活干菌，这样可以提高复活率、保证饲料质量。然后在常温下放置1～2 h使菌种复活，成为复活的菌种，配制好的菌剂一定当天用完。一般3 g活干菌可处理干秸秆1 t或青饲料2 t。

(2)配制菌液　将复活好的菌剂倒入充分溶解的1%食盐水中拌匀。食盐水及菌液量根据秸秆的种类而定，1 000 kg稻、麦秸秆加3 g活干菌、12 kg食盐、1 200 L水；1 000 kg黄玉米秸加3 g活干菌、8 kg食盐、800 L水；1 000 kg青玉米秸加1.5 g活干菌，水适量，不加食盐。

(3)切短秸秆　用于微贮的秸秆一定要铡短，养牛用5～8 cm，养羊用3～5 cm。这样易于压实和提高微贮窖的利用率及保证贮料的制作质量。

(4)装填入窖　在窖底铺放20～30 cm厚的秸秆，均匀喷洒菌液水，压实，再铺20～30 cm秸秆，再喷洒菌液压实，如此反复。分层压实的目的，是为了排出秸秆空隙中的空气，给发酵菌繁殖造成厌氧条件，尤其窖的四周要踩实压紧。在装填时，可根据实际情况加入玉米粉、小麦麸和糖类等，比例为每吨秸秆添加8～10 kg，目的是为菌种繁殖提供一定的营养物质，可使微贮饲料的质量得到很好的改善。

(5)水分控制　微贮饲料的含水量是否合适是决定微贮饲料好坏的重要条件之一。因此，在喷洒和压实过程中，要随时检查秸秆的含水量是否合适，各处是否均匀一致，特别是要注意层与层之间水分的衔接，不要出现夹干层。含水量的检查方法是：抓取秸秆，用双手扭拧，若有水往下滴，其含水量约为80%以上；若无水滴，松开手后看到手上水分很明显，约为60%。微贮饲料含水量在60%～70%最为理想。

(6)封窖　在秸秆分层压实直到高出窖口40～50 cm，再充分压实后，在最上面均匀洒上食盐粉，用量为250 g/m^2，其目的是确保微贮饲料上部不发生霉烂变质。盖上塑料薄膜后在上面铺20～30 cm秸秆，覆土15～20 cm，密封，在周围挖好排水沟，以防雨水渗入。

(7)开窖　开窖时应从窖的一端开始，先去掉上边覆盖的部分土层、草层，然后揭开薄膜，从上至下垂直逐段取用。每次取完后要用塑料薄膜将窖口封严，尽量避免与空气接触，以防二次发酵和变质。微贮饲料在饲喂前，最好再用高湿度茎秆揉碎机进行揉搓，使其成细碎丝状物，以便进一步提高牲畜的消化率。

3.微贮注意事项

①在气温较高的季节封窖 21 d 后，较低季节封窖 30 d 后，完成微贮发酵，即可开窖取料饲喂家畜。开窖后首先要进行质量检查，优质的微贮麦(稻)秸和干玉米秸色泽金黄，有醇、果酸香味，手感松散、柔软、湿润。如呈褐色，有腐臭或发霉味，手感发黏，或结块或干燥粗硬，则为质量差，不能饲喂。开窖、取料、再盖窖的操作程序和注意事项与氨化饲料相同，但微贮料不需晾晒，可当天取当天用。

②在微贮时可加入 5%的大麦粉、麦麸、玉米粉，但应和分层入秸秆一样分层撒入，目的为菌种繁殖提供营养。

③家畜喂微贮料时，可与其他饲草和精料搭配，要本着循序渐进、逐步增加喂量的原则饲喂。由于在制作时加入食盐，这部分食盐应在饲喂牲畜的日粮中扣除。

(三)蛋白生物饲料生产技术

蛋白生物饲料就是以农作物秸秆、杂草、树叶等为主要原料，将秸秆粉置于人工造就的特定的生态环境中，经过制作剂(又叫催化精)——秸秆生化饲料发酵剂的生物化学作用，促使微生物的大量繁殖和活动，合成游离氨基酸和菌体蛋白，从而使秸秆转化为富含粗蛋白、脂肪、氨基酸及多种维生素的高效能秸秆饲料。它是近几年发展起来的一项饲料生产新技术，不仅成本低(仅是传统饲料成本的 50%)、适应范围广(可广泛用于喂猪、鸡、鸭、鹅、鱼和奶牛等畜禽)，而且营养价值高，是发展畜牧业，促进农民增收的最佳方法之一。蛋白生物饲料制作生产工艺如下：

(1)原料处理　利用秸秆做原料生产菌体蛋白饲料，要进行粉碎处理。粉碎时要根据饲养的畜禽种类，灵活掌握。如用菌体蛋白饲料养殖猪、禽、兔，秸秆粉碎得越细越好。粉碎机筛孔以 0.5～1 mm 为宜，每小时可粉碎 150～250 kg 秸秆，粉碎的秸秆应成细末状，无杂质。用菌体蛋白饲料喂牛、羊时，秸秆粉碎可粗些，粉碎机筛孔以 20～25 mm 为宜，每小时可粉碎秸秆 400～500 kg，也可用铡刀把秸秆铡成 1～2.5 cm 长。

(2)原料配方　秸秆粉(杂草粉、树叶粉)50 kg，生化饲料发酵剂 500 g，水 125 kg。

(3)制作准备　生产前要把所需用的原料、缸、塑料袋、水泥地、温度计等准备齐全，先把秸秆粉碎，倒在水泥地面上摊铺开，然后将发酵剂溶解在水中，混匀后泼洒到原料上，充分搅拌，使料、水、制作剂混合一致，最后装入容器中进行培养。

(4)培养方法

①塑料袋培养法。用塑料袋培养时,应选用厚度 0.06～0.08 mm 的聚乙烯或聚丙烯塑料膜袋,以周长 2 m、高 1.8 m 为宜,把袋底用电熨斗黏合封严。一般每袋可装干料 30 kg。把拌好的料装袋,边装边轻轻压实,使料上下松紧一致。

②缸培养法。用缸培养时,以大缸为宜,摆放在空房里,把拌好的料装缸,边装边轻轻压实,直到装满为止,使上下松紧一致。

③水泥池培养法。水泥池的建造:池长 2～3 m,宽 1～1.5 m,高 1～1.2 m,池壁要光滑平整。把拌好的料装池至满,操作同上。

④水泥地面培养法。把拌好的料堆成圆形或长方形的堆,每平方米堆放 75 kg 为宜。

(5)密封发酵 将以上装、堆好的料进行密封厌氧发酵,注意一定不要漏气。

一般放置 7(夏)～15(冬)d 后,打开薄膜观察,如果料变成金黄色,软、熟,嗅之有浓郁的苹果香味时,即告成功,可取料饲喂。每次取料后要立即封严,密封好的饲料可长期保存不变质。如将发酵好的秸秆生物饲料选择晴天晒干,则更好保存。

思考题

1. 农作物秸秆饲料化化学处理技术有哪几种?
2. 目前用于秸秆饲料氨化的氨源有哪些?
3. 秸秆氨化的方法有哪几种?
4. 简述秸秆氨化处理技术。
5. 简述秸秆碱化处理技术。
6. 简述秸秆青贮技术。
7. 如何生产蛋白生物饲料?

阅读材料

苹果渣饲料化技术

我国是世界上苹果产量最大的国家之一,其中 20%左右用于果汁加工,年产苹果渣约 100 万 t。苹果渣由果皮、果核和残余果肉组成,含有可溶性糖、维生素、矿物质、纤维素等多种营养物质,其粗脂肪和无氮浸出物含量较高;含有较丰富的钙、磷、钾、铁、锰、硫等矿物质元素,其中干果渣的铁含量是玉米的 4.9 倍;赖氨酸、蛋氨酸和精氨酸的含量分别是玉米的 1.7 倍、1.2 倍和 2.75 倍,维生素 B_2 是玉米的 3.5 倍,在无氮浸出物中总糖占 15%以上。是良好的多汁饲料资源。国外利用果渣做饲料已取得了显著的经济效益，如美国、加拿大等国家已将苹果渣、葡萄渣和柑橘渣作为猪、鸡、牛的标准饲料。但我国果渣尚未得到很好的利用，目前除少量苹果渣被用作饲料外，绝大部分被当作废物抛弃。由于苹果渣含水量高达70%～80%或以上，含有丰富的可溶性营养物质，为微生物的滋生繁殖创造了适宜条件，故废弃的苹果渣极易腐败发臭。这不仅造成了资源的浪费，而且还污染环境。

一、鲜苹果渣饲用技术

鲜苹果渣的 pH 值为 3.5～4.8，酸度较大，因而开始饲喂时适口性较差。饲喂鲜渣前要用 0.5%～1.0%的食用碱进行中和处理，且喂量不宜过大，以占牛、羊、肥育猪日粮的 1/3 为宜，而且和混(配)合料拌在一起饲喂较好。还可用 15%的鲜苹果渣代替精料饲喂肉牛。

二、苹果渣饲料化技术

由于鲜苹果渣的水分高、酸度大，鲜喂时在日粮中的比例不宜大，且不易储存；与此同时，果渣的生产有明显的季节性，要充分利用果渣的饲料资源，单靠喂鲜渣对其利用很有限，因而，还必须进行加工处理。

(1)青贮　青贮可以减少鲜苹果渣饲用中无法克服的一些问题。苹果渣的青贮方法和其他饲料青贮一样，但由于其水分高，单独青贮要减少其水分。也可与玉米(带棒和不带棒的)、野青草、糠麸和铡短的干草混合青贮。其比例按所用原料的水分含量配制到适合青贮为宜。但对果渣的要求必须是 1～2 d 内加工的无污染的新鲜果渣(其他混贮的原料也要保证质量)，随到随贮。在青贮时，如能添加适量的尿素和专门用于青贮的微生态制剂，则可提高蛋白质的含量和青贮的品质。

(2)干燥　苹果渣经干燥后，根据需要可粉碎制成干粉，不仅适口性好、容易储存、便于包装和远程运输，而且还可作为各种畜禽的配合饲料、颗粒饲料的原料。干燥可以太阳晒自然干燥和人工干燥。自然干燥要有连续几天的晴天方能晒干，使水分保持在10%左右，每10 t 能干燥得到 2 t 左右。自然干燥不需要特殊设备，只要有晾晒的水泥地面或砖地面场地就行，因而投资少、成本低；但必须有连续几天的好阳光，在晾晒中碰上阴雨天容易引起发霉变质。人工干燥需要有机械设备并要消耗能源，成本高，但干燥效果好，质量高，营养素损失少，不受天气影响；因而要因地制宜。也可将二者结合起来进行，即先利用好天气将其自然晾晒，让水分减少到一定程度时再用人工干燥，这样会降低成本。

干苹果渣粉可用作配(混)合饲料的原料，并能取代部分玉米和麸皮。根据我国畜禽的饲养水平及饲料情况，干苹果渣粉在配合饲料中的推荐比例为：仔猪

3%～7%，肥育猪10%～25%，雏鸡2%～4%，青年鸡5%～10%，蛋鸡3%～5%，牛羊精料补充料10%～25%。另外，在牛、羊的饲草中还可添加部分干苹果渣。

用干苹果渣粉做配合饲料时，用量可由少到多，逐渐增加到推荐比例，让畜禽有一个适应过程。

(3)先青贮再自然干燥　将鲜苹果渣在生产旺季先青贮起来，到来年6～8月份利用夏季高温再将青贮好的果渣晾晒干燥。这时自然干燥只需2～3 d，晚间不用收堆，省劳力、省时间，干燥的效果也好，质量高。这样，既解决了果汁厂鲜果渣处理的难题，也为果汁厂夏天淡季劳力的安排找到了活路；与此同时，也解决了鲜果渣难于储存和向远方运输的矛盾，为果汁厂增加了经济效益。这样的果汁厂，既是果汁的生产厂，也是青贮-干燥果渣的饲料原料生产厂。

(4)苹果渣生物活性饲料　由于苹果渣的无氮浸出物含量较高，通过添加合适的氮源，经微生物发酵可将其转化为单细胞蛋白饲料，提高苹果渣的营养价值。通过双层平板法从苹果渣中分离出酵母菌，其最适培养温度为35℃，适于生长的pH值为6.0～6.5，尿素是较理想的氮源培养基，水分为55%左右适于酵母生长。且苹果渣发酵适合的培养基是麸皮，豆饼、菜子饼、棉子饼、啤酒糟等配合较为合适，尿酸和硫酸铵作为无机氮源的添加量为尿酸1.5%，硫酸铵2.0%。用于发酵生产的优良菌种组合为白地霉＋康宁木霉和白地霉＋米根霉，发酵产物的粗蛋白含量由20.10%提高到29.30%，提高了45.77%。也可利用激光混菌发酵苹果渣技术生产饲料蛋白，适宜发酵温度30～34℃，接种比4∶1，接种量10%。此外还可利用黑曲霉与酵母菌发酵提高发酵产物蛋白质含量，接菌处理的粗蛋白和纯蛋白含量分别为50.0～65.0 g/kg和33.5～54.4 g/kg，较对照(未接菌)43.4 g/kg和31.7 g/kg分别提高了15.2%～49.8%和5.7%～71.6%。加入无机氮硫酸铵后效果更佳，接菌发酵产物中纯蛋白含量为41.2～98.7 g/kg，较无菌对照提高了17.4%～181.2%。

用柑橘渣生产单细胞蛋白(SCP)饲料

(1)发酵原料　将柑橘渣(含种子、橘络、囊衣等)，添加1%～3%的尿素、5%～15%的麸皮，调配混匀后作为发酵原料备用。

(2)菌种生产　将黑曲霉在琼脂斜面培养基、试管、茄子瓶中用PDA培养基逐级扩大培养；酵母菌在琼脂斜面培养基、试管、三角瓶中用麦芽汁培养基逐级扩大培养；其中黑曲霉在28～32℃下培养4～6 d，制成悬液后，镜检其孢子数达到107～109个/mL，酵母菌在25～32℃下培养1～2 d，镜检酵母菌细胞悬液，其细胞数为 108～1 010 个/mL，将上述扩大后菌种复配，黑曲霉∶产朊假丝酵母比例 1∶(1～20)（菌数比），菌体细胞浓度为 107～109 个/mL。

(3)单细胞蛋白(SCP)饲料生产　复配菌种按每克发酵原料 10^6～10^8 个加入，且复配菌株悬液与发酵原料的体积质量比为 5%～15%，发酵原料不灭菌，直接搅拌后置入 28～32℃ 静置培养，期间每 24 h 搅拌一次，发酵 2～4 d，取出置于 45～55℃ 中干燥，粉碎成粉末后即为单细胞蛋白(SCP)饲料。

柑橘废渣生产单细胞蛋白(SCP)饲料适口性、安全性、营养性较好，且真蛋白含量≥20%，真蛋白提高率≥100%，无机氮转化率≥80%，纤维素降解率≥5%。

第六章　农业固体废物的材料化技术

知识目标：

- 掌握农业固体废物材料化的方法。

能力目标：

- 能利用农业固体废物生产建筑装饰材料、包装材料、化工材料、生产材料等。

第一节　概　　述

农业固体废物材料化是指利用特定加工工艺将农业固体废物转化为可供利用的生产生活资料。农业固体废物材料化是农业固体废物资源化的又一个拓展领域，具有广阔的前景。

一、可材料化农业固体废物的种类

作物秸秆、塑料残膜及生活垃圾中的废玻璃、废纤维等农业固体废物均可通过特定加工工艺进行材料化处理。本章主要讲述秸秆、废玻璃、废纤维等农业固体废物的材料化技术，塑料残膜材料化请参考第七章相关内容。

二、农业固体废物材料化的前景

农业固体废物材料化的原料，部分或全部来自于农业生产生活排放的各种固体废物，由此产生了以下三方面的效应：①固体废物材料化的原料来源广泛，价格比较低，制品的造价也低于其他同类产品。②这些废物如不被再利用，将给环境带来很大负荷，即使采用填埋、焚烧、堆肥化等工序进行处理，在处理过程中，中间和最终产物产生的长期效应也会导致对环境的污染和破坏，因此，废物材料化不仅大大减小了废物对环境的负效应，而且为社会处理了大量的废物。③农业固体废物中必然有一部分还具有利用价值，直接丢弃一方面会造成资源的浪费，另一方面也加快了地球上有限的一次资源的消耗，所以，农业固体废物材料化可以节约日益短缺的一次资源。因此，从原料来讲，固体废物材料化相对于其他材料更具有环境友好的优势，特别是在全球范围内日益提倡循环经济的今天，农业固体废物材料化必将具有更广阔的发展前景。

目前农业固体废物材料化的途径主要是通过特定工艺生产建筑装饰材料、包装材料、化工材料、生产材料及单细胞蛋白等。

第二节　建筑装饰材料

一、墙体材料

（一）生物质复合墙体

生物质复合墙体质轻、防水、防火性能优异、强度高、韧性好、抗震性能好，工艺简单。

1. 原料组成

植物纤维 65%～85%，生物质胶黏剂 5%～20%，植物香料 0%～0.5%，石灰石粉 2%～10%，氢氧化镁 1%～5%，熟石灰 1%～5%，主成分氢氧化钙。植物纤维主要取材于玉米秸秆、芦苇、棉花秆、葵花秆、油菜秆、麻秆等农作物纤维，可选一种或几种以任意比例混合。生物质胶黏剂由以下物质组成：蛋白胶 30%～60%，淀粉胶 30%～70%，熟石灰 3%～10%，纯度为 80%的氢氧化镁 1%～10%。植物香料可采用以下物质中的一种或几种以任意比例混合：熏衣草、香樟树、薄荷、艾篙、松柏叶、桉叶、木梨、月桂叶、檀香和橘子皮等，均是粉末或细屑状固体。氢氧化镁起防腐、防火的作用，氢氧化钙起防腐和胶结的作用，石灰石粉起防火和附着装修涂料的作用。

2. 生产工艺

生物质复合墙体生产工艺包括蛋白胶制备、淀粉胶制备和成品加工 3 个工序。

（1）蛋白胶制备　①提取粗蛋白：从菜子饼、棕榈饼、棉子饼、茶树子饼、蓖麻饼、小油桐子饼等油料作物的下脚料中采用碱法水解溶出分离提取粗蛋白。②提取蛋白胶：将上面提取的粗蛋白以料液比（1～2）∶10 kg/L 分散在 3 mol/L 尿素溶液中，搅拌反应 1～2 h，使尿素充分作用于粗蛋白；然后添加占粗蛋白质量为

2%～8%的三聚磷酸钠，继续搅拌反应 1～2 h，使其进行充分反应，反应过程中，用 2 mol/L 的 HCl 调节溶液的 pH 值，使 pH 值始终保持在 8.0，使反应充分进行；反应完后将它们用水稀释到相同的体积即可。

(2)淀粉胶制备　称取淀粉在 60～80℃水中调配成 50%的淀粉乳，用 10%的氢氧化钠调溶液 pH 值为 8～10；加入有效氯含量 10%的、干淀粉重的 1.5%～4.0%的次氯酸钠溶液，50℃时搅拌反应 2～3 h，保持淀粉乳的 pH 值为 8～10；到达反应时间后，以 5%的盐酸调节 pH 值为 6.0～6.5，用硫代硫酸钠还原剩余的氧化剂；边搅拌边加入干淀粉重的 0.5%～1.5%、浓度为 30% 氢氧化钠溶液，搅拌 20 min，使淀粉乳充分糊化成均匀透明的淡黄色胶体；然后加入干淀粉重的 0.1%～0.5%的硼砂、干淀粉重的 10%～20%的聚乙烯醇溶液、干淀粉重的 1%～5%的硅酸钠，并适量地补充水，使水粉比达到(7～8.5)：1，搅拌 20 min，得到复合改性淀粉胶。

(3)成品加工　①秸秆预处理：将收集到的秸秆进行分类挑选，干燥。②切断阶段：利用高速旋转刀具将秸秆切断为长度 0.5～6 cm，宽度 0.5～2 cm，筛分除尘。③称取原料：按比例称取各种所需原料。④制备生物胶黏剂：将称取的几种生物质胶黏剂原料混合均匀，待用。⑤喷胶布料：先对切断的秸秆进行蒸汽增湿处理，然后将所制备的胶黏剂喷到各种物料表面，搅拌，均匀分层铺装于墙体模具中，模块自下而上分层布料，各种物料之间以所配置的胶黏剂进行胶结；其中混合物料分为添加香料和未添加香料两种，并分别进行布料，在生产外墙体时，其布料程序为：先在成型碾压底板上均匀铺撒一层石灰石粉，然后再铺撒未添加香料的物料，平整后再铺撒一层石灰石粉。在生产内墙体时其布料程序为：先在成型碾压底板上均匀铺撒一层石灰石粉，然后铺撒添加香料混合物的物料，铺设的厚度使压实成型后的厚度在 1 cm 左右为宜，然后再铺撒未添加香料的物料，平整后再铺撒一层石灰石粉。⑥预压：采用热压机，预压压力 1.5 MPa，时间 1～6 min，温度 95～135℃。⑦热压：采用热压机，热压压力 3.5 MPa，时间 1～9 min，温度 95～135℃。⑧形成墙体：将所形成的墙体材按用户所需横向锯切，边沿处理，烘干保存。

(二)夹芯保温轻质墙板

夹芯保温轻质墙板有近似水泥板的刚强度，又有木材一样的柔韧性，同时隔热、隔音并保温。

(1)原料组成　秸秆粉 48%～50%，轻矿粉 35%～42%，粉煤灰 4%～8%，卤粉 10%～12%，玻纤丝 1%～2%，胶凝剂 0.2%～1%，阻燃剂 0.5%～0.8%，增白剂 0.05%～0.1%，固化剂 0.03%～0.09%，内芯为聚苯乙烯泡沫板，厚度 30～100 mm。

(2)制造方法 将所需原料成分按比例配合→均匀搅拌→注入模具→平整→铺玻纤丝→第二次注入混合原料→二次平整→安置长 2 600 mm×250 mm×80 mm 的聚苯乙烯泡沫板两块,其间留出一条 10 mm 的夹缝→第三次注入混合原料→第二次铺玻纤丝→第四次注料→平整(整个操作过程在 20 min 内完成)→固化→脱模→自然养护,干燥后即可使用。

(三)秸秆墙体材

秸秆墙体材强度高、重量轻,防火、防震、防水、隔音效果好,生产工艺简单,特别适用于内墙隔段、窗台板等使用。

(1)原料组成 秸秆 40%~50%,石粉 20%~30%,石膏 5%~10%,粉煤灰 4%~6%,石灰 4%~6%,丙烯酸树脂黏合剂 10%。秸秆可用麦秸、芦苇、玉米秸等。

(2)生产方式 首先按比例称取秸秆、石粉、石膏、粉煤灰、石灰等生产原料,破碎后配以一定水掺和、搅拌,拌匀后加入一定量的丙烯酸树脂黏合剂,充分搅拌后倒入模具,震动、静止凝固,脱模晾干即可。

(四)石膏棉秆隔墙板

石膏棉秆隔墙板热膨胀率与吸水膨胀率小,制造容易,工艺性能好,适宜大量生产。

(1)原料组成 磷石膏(经过预处理成为半水石膏粉),细度为 0.092 mm 的矿渣,长度为 5~20 mm、直径为 0.5~3 mm 的棉秆纤维;磷石膏、矿渣、棉秆纤维质量比为 5∶3∶2。

(2)制备方法 将原料按比例在搅拌机内干混合均匀,再加入适量水拌和均匀,此时物料呈半干状态。均匀铺装在模具上送入成型压机,在 2.8 MPa 压力下保压 40 min,压制成 10 mm 厚板材。此外可在原料中掺入 3%石灰粉和 2%普通硅酸盐水泥,替代等质量的石膏粉。

二、装饰材料

(一)硼泥泡沫玻璃锦砖

硼泥是化工厂用硼矿或硼镁矿提取硼砂的生产过程中排放的主要垃圾。以脱镁硼泥和废玻璃为主要原料制备泡沫玻璃锦砖,可有效利用硼泥,降低泡沫玻璃锦砖的生产成本。

(1)原料组成 硼泥泡沫玻璃锦砖原料由生料、泡沫玻璃配合料和锦砖料组成。生料由废玻璃和脱镁硼泥构成,废玻璃为平板玻璃、瓶罐玻璃,选取其中的一种或两种;脱镁硼泥为硼泥与盐酸或硫酸反应过滤掉水溶性镁盐后剩下的滤渣。泡沫玻璃配合料由玻璃粉、发泡剂、助熔剂和稳泡剂构成。锦砖料由玻璃粉、助熔剂、颜料构成，玻璃粉由生料熟化并研磨得到；发泡剂为炭黑、碳酸钠和碳酸钙，选取其中一种以上；助熔剂为硼砂、硼酸、萤石、氟硅酸钠和碳酸钡，选取其中一种以上；稳泡剂为磷酸钠、氧化锌和二氧化锰，选取其中一种以上；颜料为氧化铅、氧化铁、氧化锌和硼酸锌，选取其中一种以上。生料中废玻璃与脱镁硼泥的质量比例为 100∶(30～80)；泡沫玻璃配合料中玻璃粉、发泡剂、助熔剂和稳泡剂的质量比例为 100∶(2～15)∶(0.5～5)∶(1～8)；锦砖料中玻璃粉、助熔剂、颜料的质量比例为 100∶(0.5～6)∶(0.3～6)；锦砖料与泡沫玻璃混料的质量比例为 1∶(1～5)。

(2)制备工艺　①将废玻璃粉碎，按比例与脱镁硼泥混合、研磨成生料，加热到 800～1 300℃，保温 30～50 min，然后淬火、干燥、研磨得到玻璃粉。②将玻璃粉、发泡剂、助熔剂和稳泡剂按比例称量，混合均匀后制备泡沫玻璃配合料。③将玻璃粉、助熔剂、颜料按比例称量，混合均匀后制备锦砖料。④锦砖料与泡沫玻璃配合料按顺序加入模具中，压制成型，按以下烧结制度烧成。⑤预热阶段，升温速度为 10～30℃/min，在 450～650℃ 进行恒温预热 20～40 min。⑥保温发泡阶段，升温速度为 5～20℃/min，温度范围为 700～1 000℃，恒温时间为 10～60 min。⑦快速降温阶段，冷却速度为 20～30℃ /min，冷却至 400～600℃，恒温 40～120 min。⑧降温退火阶段，降温速度为 0.5～2℃/min，退火到 100～350℃ 得到泡沫玻璃锦砖。

(二)废渣玻璃锦砖

(1)生产原料　①基体材料：废玻璃、玻璃纤维渣和工业废渣(铜渣、粉煤灰、废砂、废陶瓷、高炉渣、铁尾矿渣和铜尾矿渣)。②添加剂：辅助晶核剂(氧化铬)、黏结剂(磷酸)、助熔剂和金属氧化物。

(2)制备方法　工业废渣特别是冶金废渣的化学成分主要是 SiO_2、Al_2O_3、CaO、MgO 及少量的 FeO、MnO、Cr_2O_3 和 TiO_2 等氧化物，它们颗粒强度高、二氧化硅含量高、体积稳定，是生产玻璃所必需的氧化物。以玻璃为基体、工业废渣作为颗粒强化材料，通过烧结复合工艺，使熔融玻璃浸润和包覆颗粒材料，可以得到废物复合材料玻璃锦砖。其工艺流程如图 6-1 所示。

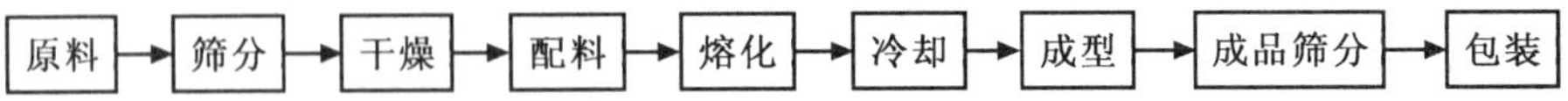

图 6-1　玻璃锦砖生产工艺流程

(3)产品性能　用矿业废渣和废玻璃制备的玻璃锦砖在坚硬耐磨、耐风化、耐腐蚀和耐污染性及无放射性方面已接近矿渣微晶玻璃，超过了普通花岗岩、大理石，制备过程和成本又占明显的优势。

(三)植物纤维装饰材料

(1)原料组成　植物纤维10%～80%、玉米淀粉黏胶剂10%～90%、防水剂10%～80%、颜料适量、水10%～15%。植物纤维包括谷壳、秸秆、棉秆、高粱秆、竹粉、木屑、甘蔗渣、玉米芯、花生壳等农业固体废物；玉米淀粉黏胶剂是以玉米淀粉为原料，经过化学变性，复配制得；防水剂为各类淀粉。

(2)生产工艺　①将植物纤维粉碎至100目。②按原料配比称取原料。③将玉米淀粉黏胶剂和防水剂混合均匀。④将植物纤维粉置入带搅拌器的容器中，边搅拌边缓缓喷入占原料总质量10%～15%的水，再边搅拌下边缓缓加入③所得的混合物，即制得植物纤维装饰材料的混合料。⑤将④所得混合料注入成型设备中按需要制成各种形状的植物纤维装饰材料。⑥取出坏件，检测合格后送去包装。

(四)环保吸音隔音纤维装饰材料

(1)原料组成　旧报纸或纸浆60%～75%、硼酸10%～20%、硼酸钠5%～8%、黏合剂5%～10%、植物纤维5%～10%，植物纤维为棉或麻纤维。

(2)生产工艺　按上述组成比例充分混合搅拌并打碎，然后利用高压喷涂喷料机将混合物喷淋在需要施工的墙面上，晾干后即可。也可以将搅拌并打碎的混合物料浇灌在模具中烘干，制成具有特定形状的建筑材料，施工时贴合在墙面上即可。

(五)麦秆室内装饰材料

麦秆室内装饰材料的生产步骤为：①取圆筒状麦秆，剪掉麦秆上的骨节和叶子，取中间3～4段比较粗长的麦秆段。②将密闭容器内装入70%～80%体积的麦秆段，1 m^3 的容器内对应使用0.25～0.35 kg硫磺点燃熏30～40 min。③将色剂溶化在水中并煮沸，加入熏白的麦秆段煮1～2 min，取出沥水。④将沥水的麦秆段用普通水蒸气蒸18～25 min。⑤将蒸好的麦秆段沿长度方向切开，并在100～200℃的温度下将其熨平、烫干，成麦秆片。⑥把平展的麦秆片内面穰脂去除，四边割齐切等宽即成。可用刮刀反复刮，或在转动的细沙带机上磨。

麦秆室内装饰材料可用于编织或平面粘铺，用作高档环保墙纸及天花板、工艺品等室内装修材料面，不会变形和脱色，无毒无味，天然环保，适合进行产业化大规模机械生产。

三、人造板材

人造板材具有质轻、隔热、防潮、耐磨的优良性能，且制造工艺和设备简单，操作方便；制成的板紧密，强度高，可用作地板、装饰板等，用途广泛，成本低廉。

（一）防水型秸秆压制板

防水型秸秆压制板是一种耐水性好、材料易得、成本低廉的建筑板材。

(1)原料组成　塑料25%～35%、秸秆粉45%～55%、白油15%～25%。塑料可采用聚丙烯、ABS等材料，其中ABS需要烘干脱水，防止表面产生丝纹。

(2)生产方法　先将秸秆干燥，使含水量不超过25%，再粉碎成颗粒大小为0.8～1 mm的粉末。将塑料粉碎为颗粒，直径为0.1～0.5 mm，然后按上述原料组成比例(如塑料30%、秸秆粉50%、白油20%)混合均匀，经塑料挤出机挤出，造粒，以使秸秆与塑料形成均匀分布。该工序可进行2～3次，至混合均匀为止，再粉碎成1 mm颗粒，最后加温模压成型。

（二）秸秆粉聚乙烯再生板材

秸秆粉聚乙烯再生板材是利用粉碎后的秸秆粉和废旧聚乙烯塑料为基本原料配上适量的阻燃剂加工而成。

(1)原料组成　秸秆粉60%～65%、废旧聚乙烯塑料33%～40%、阻燃剂1%～3%。秸秆为玉米秸秆、稻草或麦草秸秆，阻燃剂为硼酸锌。

(2)生产方式　将秸秆粉碎成粉末状，粒度在40目以上，按原料组成比例如秸秆粉60%、废旧聚乙烯塑料37%、阻燃剂3%进行配料、混匀，再通过压塑机压塑成型，压塑温度为160～180℃。

（三）秸秆冷压板材

(1)原料组成　农作物秸秆粉50%～60%、粉煤灰10%～20%、氧化镁粉30%～50%、化学助剂①0.12%～0.4%、化学助剂②0.2%～0.7%。助剂①由磷酸三钠37.5%、减水剂37.5%、三乙醇胺12.5%、丙三醇12.5%组成；助剂②由硫酸与水按1∶5比例拌合，中和至pH值为6.5。

(2)生产方法　①将经干燥后的农作物秸秆等纤维材料破碎磨成120目以上细粉，进行灭菌处理。②按配比将纤维粉与120目以上的粉煤灰及氧化镁混合均匀。③向混料中加入化学助剂①0.12%～0.4%和化学助剂②0.2%～0.7%，加入40%～50%的水，并拌合均匀。④在20～25℃和40%～45%的温、湿度条件下，将拌和均匀的物料装入按生产需求定制的模具，自然冷压成型12 h后脱模。⑤将脱模后的半成品按尺寸要求进行切边处理，养护(干养)28 d后成品入库。

(四)玉米秸秆人造板

首先剥取玉米秸秆外皮，然后将玉米秸秆外皮粉碎，再将粉碎的外皮与黏合剂按质量百分比(78～82)：(18～22)混合，搅拌均匀后，在120～140℃的条件下加压，保压40～50 s后即制得成品。压力应随板坯面积而变化，一般应保持1.47～2.45 MPa，黏合剂由脲醛树脂、氯化铵和石蜡按质量百分比(96～98)：(0.2～1)：(1.5～3)配成；该黏合剂在常温下不到24 h就能完全固化，因此黏合剂应随用随配。

(五)稻草、麦秆、高粱秸秆人造板

稻草、麦秆、高粱秸秆人造板由稻草、麦秆、高粱秸秆细纤维、麻筋和黏结剂制成板基，在板基上表面黏合装饰层，在装饰层覆盖化学耐磨层；在板基下表面黏合防水纸层，在防水纸层覆盖化学防水层而成。其生产工艺如下：①将稻草、麦秆、玉米秆、高粱秆等秸秆粉碎成20～40目(装饰板)或40～100目(地板)的秸秆细纤维。②将秸秆细纤维加水和漂白粉浸泡6～24 h后过滤，甩干后得漂白细纤维。原料质量配比水100，漂白粉30，秸秆细纤维100。③将漂白细纤维和黏结剂(脲醛树脂或酚醛树脂或107胶)按下述质量配比混合搅拌均匀：秸秆细纤维65～90，麻筋0～30，黏结剂5～30。④将混合物放入模具中，用液压机施压20 min左右，加热温度50～80℃，压力为500～2 000 t/m^2，制得基板。⑤在基板表面黏合装饰层(如木纹纸)，在装饰层覆盖三聚氢胺或三氧化二铝构成耐磨层，在基板下表面黏合防水纸，在防水纸上覆盖三聚氢胺或硅酸钠组成的防水层。干燥后即得成品。

四、刨花板

刨花板不仅具有轻质、高强、防火、隔热、隔音、调节室内湿度等良好的物理力学性能，而且具有可锯、可钉、可钻、可开槽以及可直接在其表面进行各种饰面装饰的良好的施工性能。

(一)水泥刨花板

水泥刨花板是以普通硅酸盐水泥为胶凝材料，木质刨花(碎料)为增强材料，并掺入适量化学助剂和水，经搅拌、铺装、加压成型、养护与调湿干燥等工序制成的建筑板材。

(1)原料组成　木质刨花(碎料)1.0份、水泥0.5～3.0份、化学助剂0.02～0.24份。木质刨花可以是棉秆、麦秸、蔗渣、刨花、木屑等植物性纤维，刨花长度30～150 mm；水泥采用$425^{\#}$以上普通硅酸盐水泥，生产中也可以掺入不超过30%的原状粉煤灰以替代水泥；化学助剂可以是三氯化磷、硫酸钙、氯化钙、氯化镁、氯化铁、氟化钠或二乙醇胺中。

(2)生产工艺　水泥刨花板的生产工艺流程如图 6-2 所示。

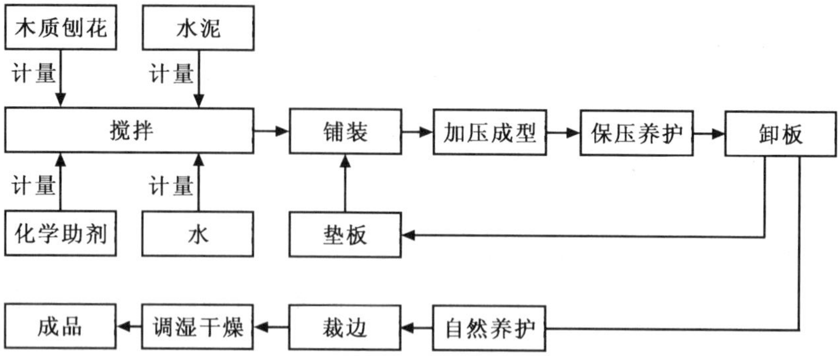

图 6-2　水泥刨花板的生产工艺流程

(3)用途　水泥刨花板适于建筑中做非承重的内外墙板、天花板、地板、屋面重板、建筑模板、活动房屋、封檐板、烟风道与组合卫生间等。

(二)石膏刨花板

石膏刨花板是以建筑石膏为胶凝材料，木质刨花(碎料)为增强材料，并掺入适量的缓凝剂与水，经搅拌、铺装、加压成型、干燥等工序制成的建筑板材。

(1)原料组成　木膏比 0.4，水膏比 0.35，缓凝剂柠檬酸(化学纯)0.05%(以石膏用量为基准)。木质刨花碎料可用棉秆、麦秸、蔗渣、刨花、木屑等植物性纤维，石膏可以采用建筑石膏，也可采用生产磷酸时的副产品磷石膏或排烟脱硫石膏。木质刨花(碎料)可以是棉秆、麦秸、蔗渣、刨花或木屑等植物性纤维。

(2)生产工艺　石膏刨花板的生产工艺流程如图 6-3 所示。

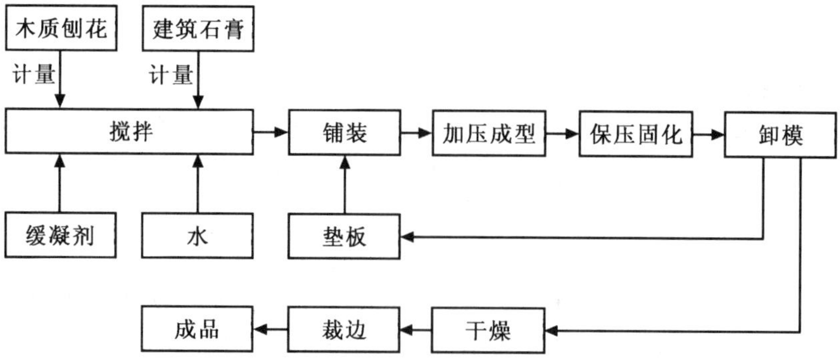

图 6-3　石膏刨花板的生产工艺流程

(3)用途　石膏刨花板适于建筑中做有承重墙柱的内隔墙、天花板、地板与音箱等。

(三)矿渣刨花板

矿渣刨花板是以水淬高炉矿渣经粉磨后加入适量的活性催化剂为胶凝材料，木质刨花为增强材料，并加入适量的水，经搅拌、铺装、预压和热压等工序制成的建筑板材。

(1)主要原材料　①木质刨花(碎料)。棉秆、麦秸、蔗渣、刨花和木屑等植物性纤维。②矿渣。采用高炉炼铁后的废物水淬高炉矿渣。

(2)生产工艺　矿渣刨花板的生产工艺流程如图 6-4 所示。

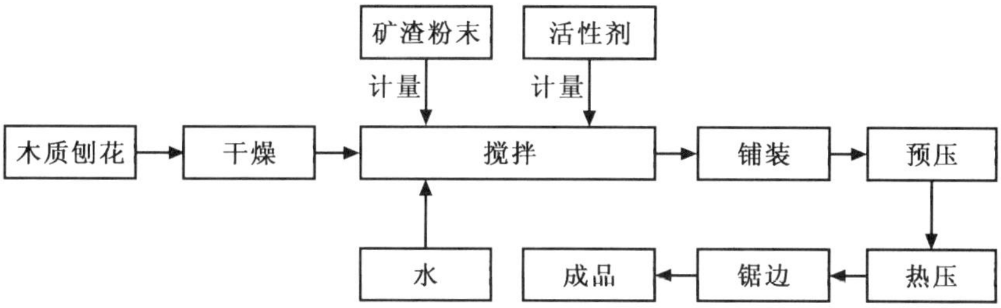

图 6-4　矿渣刨花板的生产工艺流程

(3)用途　矿渣刨花板适于建筑中做非承重的内外墙板、天花板、地板与吸音板等。

(四)玉米根茎刨花板

(1)原料组成(质量份)　玉米根茎 1 100～1 300 份，脲醛胶 130～150 份，氯化铵 2～3 份。

(2)生产工艺　①切碎工序。将玉米根茎切成 10～25 mm 的短片。②刨片工序。将已切成短片的物料用刨片机刨成 0.15～0.5 mm 的薄片。③风选工序。将上述刨成薄片的物料经风机去除玉米根茎内的髓部。④筛分去土工序。用振动筛将大块的不合格物料与小块的合格物料分离并去除杂质(如土等)。⑤打磨工序。将④中分离出的大块不合格物料经送打磨机进一步打磨成小块的合格物料。⑥干燥工序。将经过④、⑤中筛分去土的小块合格物料及打磨加工成的小块合格物料一起经过鼓风机送入干燥机进行干燥，干燥机干燥温度为(130±5)℃，干燥后的物料含水率在 6%以下。⑦调胶拌胶工序。将干燥好的物料经计量料仓计量，脲醛胶中加氯化铵 1%～3%进行拌胶，用胶量为每立方米 130～150 kg，胶的固体含量为 60%～64%。⑧铺装工序。将经过调胶拌胶的物料用气流铺装机或其他形式的铺装机进行铺装。⑨热压工序。将铺装好的物料用热压机进行热压,热压温度为 140～160℃,时间为 0.5 min/mm,最高压力为 2.5 MPa。⑩锯边工序。按要求用锯切机将热压成形的板材锯边、检验,然后入库。

五、复合材料

(一)秸秆/塑料复合材料

(1)原料组成　秸秆可选用稻秆、麦秆、高粱秆和玉米秆等,最好是稻秆和麦秆。表面处理剂可选用脲醛树脂、钛酸酯偶联剂、马来酸酐接枝聚乙烯和马来酸酐接枝聚丙烯等。塑料可选用聚氯乙烯、聚乙烯和聚丙烯等热塑性塑料,其中可含有 0～30%(质量)的回收塑料。

(2)生产工艺　秸秆/塑料复合材料工艺流程如图 6-5 所示。①将秸秆日照晒干,然后用粉碎机粉碎,过 30～60 目筛子,再于 60～80℃烘箱中干燥 0.5～4 h。②将干燥后的秸秆粉倒入高速捏合机中(图 6-6),并加入秸秆粉用量 0.5%～10%的表面处理剂,混匀,并在温度 60～170℃下处理 5～10 min。③经表面处理剂处理的秸秆粉碎,并在 80℃烘箱中干燥 4 h。④将粉碎烘干的秸秆 20%～85%(质量)与塑料 15%～80%(质量)一起,在温度 130～200℃下于双辊开炼机(图 6-7)上熔融塑炼 5～20 min。⑤拉片,粉碎,制得复合材料粒料。⑥将复合材料粒料用压机直接压制成板材,压制温度为 160～190℃,压制时间为 0.2～1 h,压制压力为 3～5 MPa,或者将复合材料粒料在 80℃烘箱中干燥 2 h 后,再用挤出机或注塑机(图 6-8)成型各种产品,成型温度为 130～190℃,螺杆转速 30～100 r/min。

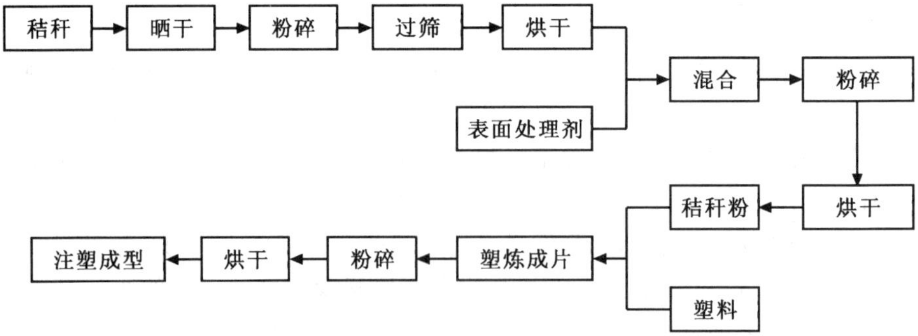

图 6-5　秸秆/塑料复合材料生产工艺流程

图 6-6　高速捏合机

图 6-7　双辊开炼机

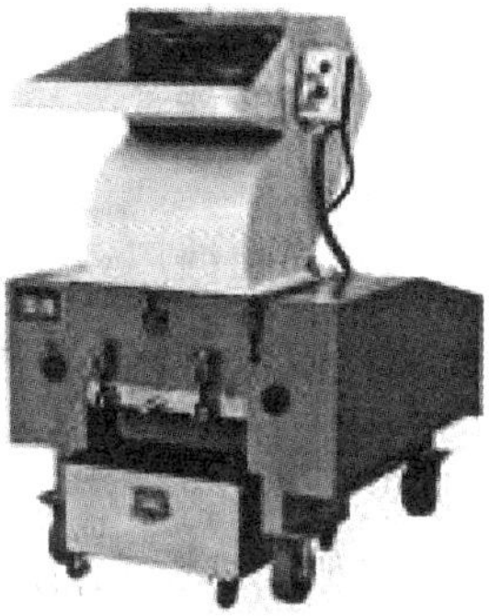

图 6-8　注塑机

（二）秸秆/水泥复合材料

（1）原料组成（质量份）　秸秆纤维 1～75，水泥 10～95，防霉剂 0～5，减水剂 0～1，防水剂 0～5，增强剂 0～30。秸秆指麦秸、稻草等作物秸秆；防霉剂指硫酸锌或氧化锌、硼砂、尼泊金、五氯苯酚等常用防霉剂；减水剂指木质素磺酸盐、萘磺酸盐或硅油等减水剂；防水剂指石蜡、油脂、沥青等防水剂；增强剂指二氧化硅、碳酸钙、氯化镁、氧化锌、氧化钙、硫酸钙或氧化铝等填充材料。

（2）生产工艺　秸秆切断→去除蜡质→与水泥、添加剂、适量水混合→加压成型→养护→加工成型材。

（三）木塑复合托盘

木塑复合托盘是以塑料或废旧塑料（如 PS、PP、PS、PVC 等）和植物纤维（如稻糠、麦秸、果皮、锯末等)为主要原料(两项占 90%以上),采用特定技术生产的一种工业产品。

(1)生产原料　植物纤维(如稻糠、秸秆、果皮、锯末等),塑料残膜。

(2)生产工艺　木塑复合托盘的生产工艺流程如图 6-9 所示。

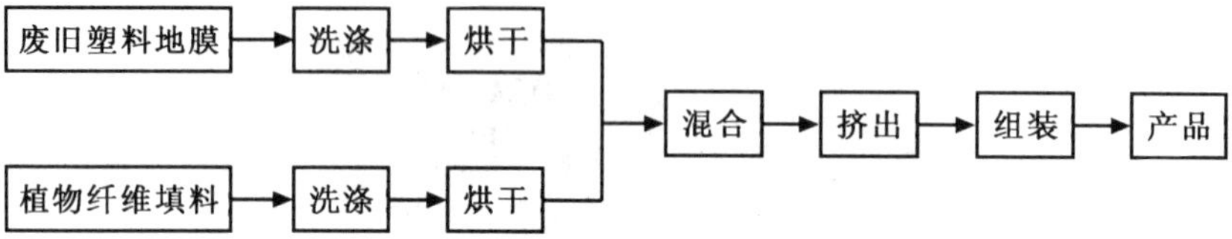

图 6-9　木塑复合托盘生产工艺流程

(3)产品性能　木塑复合托盘兼备木材与塑料的双重特性,其各项性能指标可以与硬木产品相媲美,同时还提高了产品的刚度(弹性模量)和韧性(冲击强度),所以说木塑复合托盘既能承受静载、动载,又能承受冲击。

(四)多孔炭板

甘蔗渣是甘蔗在糖厂经榨糖后所得的残渣,它是各类非木材纤维材料中化学成分最接近木材的材料之一。通常甘蔗渣离开糖厂时含有 48%纤维素、21%木质素、26%半纤维素和 5%其他物质。用甘蔗渣和酚醛树脂可生产复合材料——多孔炭板。

(1)生产原料　甘蔗渣(其成分 99%以上为蔗渣)和热塑性酚醛树脂(作为黏结剂和骨架)。

(2)制备方法　多孔炭板的制备包括复合坯体的制备和炭化工艺,其工艺流程如图 6-10 所示。

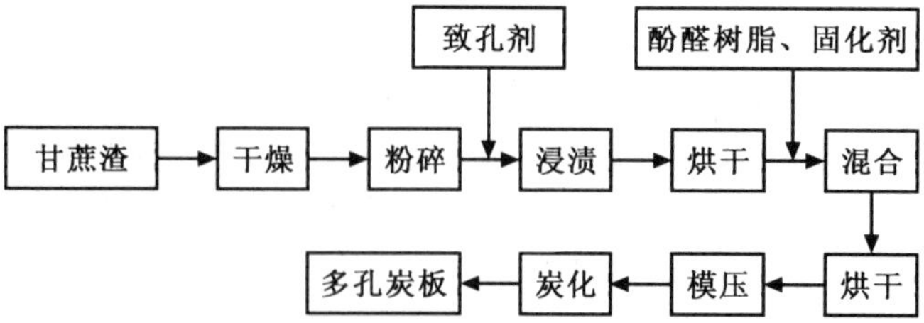

图 6-10　多孔炭板生产工艺流程

(3)产品性能　多孔炭板的强度较低,但隔音效果好,具有导电性,是很好的电磁屏蔽材料。

(五)玻璃/铝复合材料

目前玻璃/铝复合材料有 4 种生产方法,分别为粉末冶金法、压力浸渍法、铸渗法和搅拌法。搅拌法是较常用的生产方法。

(1)工艺原理　通过可以调速的搅拌桨在金属铝熔体中作高速旋转,形成以搅拌旋转轴为对称中心的旋转涡流,将废玻璃颗粒加到旋涡中,依靠旋涡的负压抽吸作用,玻璃颗粒逐渐混合进入金属熔体中并与其复合在一起,形成均匀的玻璃/铝基复合材料。加热升温到浇注温度,可以浇注成锭;经升温挤拔,可生产皮带运输机所用的托辊产品等。

(2)生产原料　①废玻璃;②废铝,如易拉罐。

(3)原料预处理　废玻璃要先经清洗、晒干、球磨、筛分,制成一定粒度的玻璃粉;废铝产品如易拉罐要焖烧除漆、精炼、除渣、加硅后制得铝硅合金。

(4)工艺流程　通过机械搅拌将玻璃颗粒逐渐混入金属熔体中,冷却得到混合均匀、质地良好的复合材料。其生产工艺如图 6-11 所示。

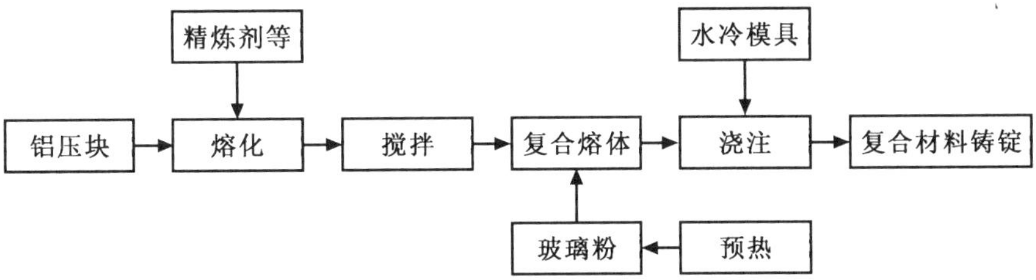

图 6-11　玻璃/铝复合材料生产工艺流程

六、人造木材

(一)多功能人造木材

(1)生产原料　多功能人造木材由纤维浆、水溶性淀粉塑料胶联剂及填充料三大类原料制成。纤维浆原料可选用天然纤维,如稻草、麦草、龙须草、芦苇、棉秆、柳条、桑树条、毛竹、构树皮、废麻、木屑、刨花、干蔗渣、青藤树皮和红藤树皮等;也可选用人造纤维,如人造纱或人造棉的下脚料、破布、玻璃丝等,石棉、岩棉等矿物纤维亦可。水溶性淀粉塑料胶联剂原料为淀粉冷固化胶浆、水溶性树脂(丙烯酸树脂和酚醛树脂、环氧树脂、脲醛树脂)和废塑料改良胶液。填充料为锯末稻壳类粉粒。

(2)原料组成　纤维浆 40%～50%,水溶性淀粉塑料胶联剂 40%～50% ,填充料 10%～15%。纤维浆配方为长纤维 40%～60%,中长纤维 20%～40%,短纤维10%～30%;水溶性淀粉塑料胶联剂配方为淀粉冷固化胶浆25%～55%,水溶性树脂15%～45%,废塑料改良胶液25%～35%。

(3)生产工艺　①纤维浆制备。纤维浆制备用纤维浓缩法。首先按纤维浆配方收集各原料,切碎成5～15 cm、分类浸泡于0.3%稀酸液8～15 h,然后在40～90℃、4～10个大气压(400～1 000 kPa)下蒸球内蒸熟纤维茎秆(需5～8 h),出料后倒入打浆机中水洗脱脂制浆,出料浓缩而成原料纤维浆;再将各原料纤维浆按纤维浆配方称取,混合搅均,即得纤维浆,备用。②水溶性淀粉塑料胶联剂制备。水溶性淀粉塑料胶联剂是连接纤维浆和填充料的黏接剂。按水溶性淀粉塑料胶联剂配方称取各原料,投放搅拌缸内,边搅拌边加氨水调节pH值至5～8时,即可出料备用。为在冬季能顺利进行生产,在水溶性淀粉塑料胶联剂中临时可加入适量防冻剂,如乙二醇等。③填充料制备。填充料可选取木屑、谷壳、玉米秆和各类粗糠等,用粉碎机粉碎为20～40目粉粒料即可。④木材生产。首先按人造木材配方分别称取上述制备好的各种原料,将纤维浆放入罐式搅拌机内,边搅拌边加入水溶性淀粉塑料胶联剂,搅匀后再加入填充料充分搅拌,然后输送入螺杆式挤出机中,按所需产品形状挤压成型。

(二)秸秆型材

(1)原料组成　农作物秸秆粉40%～70%、塑料树脂20%～40%、碳酸钙5%～15%、阻燃剂1%～3%、防老化剂1%～2%、润滑剂1%～3%、增亮剂1%～2%。农作物秸秆可以是稻草秆、大麦秆和小麦秆中的一种或几种。碳酸钙、阻燃剂、防老化剂、润滑剂、增亮剂和塑料树脂均为市售的民用或工业用的试剂商品。塑料树脂可以是PVC(聚氯乙烯)、PP(聚丙烯)、PE/EVA(聚乙烯)、PS/ABS(聚苯乙烯)或废旧塑料。

(2)生产工艺　①将农作物秸秆干燥至水分含量在8%～15%,然后粉碎至100～300目。②按比例取配料,将配料搅拌混合均匀后置入揉炼机中,在130～170℃条件下揉炼10～15 min。③揉炼后的混合料用双螺旋挤出机挤出冷却成型。

(三)仿木材料

(1)原料组成(质量份)　农业废物50～1 000份、催化凝固剂150～1 500份。农业废物包括稻糠、稻草、棉花秆、豆秆、麦秆、秸秆、落叶、干草、谷壳、高粱秆、蔗渣中的1种、2种或2种以上的混合物。催化凝固剂组成(质量份):70%氧化镁10～300份、40%氯化镁水溶液15～450份、硫酸亚铁1～20份、多聚磷酸钠2～30份、98%磷酸5～50份、尿醛树脂1～20份、三氯化铁1～20份、水10～1 000份。

(2)生产工艺　①将农业废物中的1种、2种或2种以上的混合物粉碎,过

10～60 目筛，加水至其含水率达 10%～40%。②将氧化镁、氯化镁水溶液、硫酸亚铁、多聚磷酸钠、磷酸、尿醛树脂、三氯化铁、水混合搅拌均匀，得到胶体物料即催化凝固剂。③将①中的农业废物和②中的催化凝固剂加入搅拌机中，边搅拌边加水，直至得到软体材料。④将③中的软体材料注入成型机中，振动挤压成型。⑤将④中的成型料送入由锅炉供蒸汽的室内养护，温度为 80～150 ℃，时间为 10～20 h，然后送往堆场进行自然养护 20～30 d，即得到所需的仿木材料。

第三节　包装材料

一、纤维包装材料

(一)秸秆纤维包装材料

(1)原料组成(质量份)　①细度 100 目以上的秸秆粉 50～80 份。②细度 100 目以上的淀粉 15～30 份。③细度 100 目以上的无机添加剂 5～20 份。④防腐品 3 份。⑤防潮品 3 份。⑥小苏打 2 份。⑦煮沸的水 45～72 份。配方中还可加入质量份数为 3 份的阻燃剂。配方中无机添加剂可是滑石粉、碳酸钙或浮石粉，或它们的组合；防腐品是过硼酸钠、硼砂、乌洛托品、山梨酸钾或焦磷酸钠等。防潮品可以是湿强剂 PPE、酪素、硼酸锌、羟基封端聚硅氧烷或有机硅防水剂等。阻燃剂是 ZR-01 聚磷酸铵、FP-86 阻燃剂、磷酸三聚氢铵、三乙烯磷酸酯或三氧化锑等。秸秆可用稻草、稻壳、麦草、玉米秆、棉花秆或麻秆等原料。

(2)生产工艺　首先将秸秆原料在清水里洗净、干燥，再将其在粉碎机中粉碎成粒度为 100 目以上，过筛；再按上述的份数配比，将秸秆粉、淀粉、滑石粉、防腐品、防潮品、阻燃剂和小苏打等放在搅拌机里搅拌混合均匀后，再在搅拌机运转工作中，慢慢倒进配比份数的开水，将搅拌机里的所有原材料搅拌均匀，制得秸秆植物纤维合成材料；再把搅拌机里配制成功的秸秆植物纤维合成材料取出，进入秸秆植物纤维制成品的生产车间的机器生产工序上，根据生产工序上制定的生产方法，生产出秸秆植物纤维合成材料制成品。

(二)油菜秸秆包装材料

(1)原料组成(质量份)　含水 3%的油菜秸秆粉 100 份，粒径 50 nm 二氧化硅 1.5 份，双氨基硅烷 1.3 份，三偏磷酸钠 0.8 份，高密度聚乙烯(HDPE) 20～30 份，偶氮二甲酰胺 1～2 份，滑石粉 6～10 份，石蜡 1～3 份，氯化聚乙烯(CPE) 2～4 份，三元乙丙橡胶(EPDM) 2～4 份。

(2)生产工艺　①将三偏磷酸钠和粒径 50 nm 的纳米粒度二氧化硅混合后投

入 45 r/min 的球磨机筒体内，使纳米粒度二氧化硅充分分散。②将烘干至含水量为 3%的油菜秸秆粉碎至 80 目，倒入 90℃ 的高速搅拌机中混合，加入双氨基硅烷对所述的油菜秸秆粉进行改性 10 min，得到改性产物。③将步骤①得到的纳米粒度二氧化硅、步骤②得到的改性产物、高密度聚乙烯、滑石粉、石蜡、氯化聚乙烯、三元乙丙橡胶和发泡剂偶氮二甲酰胺置 110℃ 高速混合机混合 15 min，得到混合物料。④将步骤③得到的混合物料置于双螺杆挤出机中挤出，各段加热温度分别为 90℃、124℃、154℃、150℃、132℃及 125℃，主机转速 93 r/min，料压1.8 MPa，经模具定型、冷却、牵引、切割即为成品。

(三)降解生物包装材料

降解生物包装材料以农作物粉料，如秸秆、树枝、植物茎叶等为原料配以明胶等添料加工而成，制作方法简单易行，价格低廉。

(1)原料组成(质量分数)　农作物粉料 55%～63%、明胶 13%～18%、聚乙烯树脂 8.2%～10%、脂肪酸酯 6.1%～8.3%、二氧化硅 7.5%～9.4%。

(2)制备过程　将选好的农作物干燥、粉碎至 100 目，其他原料粒径在 2 mm 以内即可；上述原料在搅拌机内充分混合搅拌 6 min；然后放入模压机内以 150℃ 加热 8 min，制坯；再将坯料粉碎成颗粒后融熔成包装用料即可。

(四)双发泡植物纤维包装材料

双发泡植物纤维包装材料是在植物淀粉变性处理后加入植物纤维和功能助剂，采用高效简便的膨化成型工艺生产双发泡植物纤维包装材料，整个生产工艺简便，产品质量轻，防霉，防潮，抗压抗震强度好；产品使用后废物自然降解，降解后可作为有机肥料。

(1)原料组成(干基质量份)　植物纤维 30～70 份、填料 5～30 份、发泡剂 0.5～6 份、植物淀粉 10～40 份、淀粉改性剂 0.5～4 份、柔软剂 0.1～1 份、防霉剂 0～1 份、防水剂 1～6 份。植物纤维是农业废物秸秆、稻麦草、棉短绒、蔗渣、废纸、龙须草中的 1 种、2 种或 2 种以上物质的组合物；植物淀粉是红薯淀粉、红薯粉、玉米淀粉、玉米粉、土豆淀粉、木薯淀粉和米粉中的 1 种、2 种或 2 种以上物质的组合物；淀粉改性剂是乙酸锌、乙二醛、磷酰氯、表氯醇中的 1 种、2 种或 2 种以上物质的组合物；柔软剂是甘油、硬脂酸钙、硬脂酸锌中的 1 种或几种物质的组合物；防霉剂是苯甲酸钠、丙酸钙、水杨酸钠中的 1 种；发泡剂是 4,4 -氧代双苯磺酰肼、对甲苯磺酰肼，偶氮二甲酰胺、碳酸氢钠、尿素中的 1 种或几种物质的组合物；防水剂是松香乳液、蜡乳液、聚丙烯酸乳液中的 1 种或几种物质的组合物；填料是碳酸钙、滑石粉、瓷土、膨润土、二氧化钛中的 1 种或几种物质的组合物。

(2)生产方法　①淀粉变性。在反应罐中按顺序、比例先后加入水、植物淀粉、淀粉改性剂、柔软剂、防霉剂及防水剂，加水量为反应罐中物料的固含量达到水与物料的混合量的 10%～30%，使其混合并进行反应，控制反应物料温度为 20～90℃和反应时间为 30～360 min，反应完成后进行过滤、水洗、干燥、回收变性淀粉。②配料。按比例分别将植物纤维、变性淀粉、填料和发泡剂加入混合设备中混合均匀，混料机中混料的固含量达到 30%～70%。③一次成型。采用二次发泡成型工艺，将配料送入双螺杆挤出膨化设备中，控制设备温度为 40～90℃，经过10～120 s 挤出直径为 0.5～3 mm 的膨化颗粒。④二次成型。将膨化颗粒吹入一定的模腔中，在一定的温度和压力作用下。二次发泡膨化成型为模具形态的包装材料。二次发泡成型的温度为 100～150℃，时间为 30～180 s。

二、纸浆材料

（一）秸秆纸浆

秸秆纸浆生产工艺过程如下：①秸秆粉碎，粒度为 40～450 目。②先将秸秆粉末浸泡 5 min 以上，再加热煮 5～15 min，然后滤除水分，获得制备机械浆的原料；或先将秸秆粉末浸泡 5 min 以上，放入蒸煮液中浸泡 10～30 min，再加热煮开 5～15 min，然后滤除蒸煮液，获得制备化学浆的原料。蒸煮液组成为水和 NaOH，秸秆粉末与 NaOH、水的质量比是 10∶4∶(100～300)。③将处理后的秸秆粉末与粒度为 14～40 目的矿石粉入搅拌机搅拌。滤除水分的秸秆粉末与矿石粉是以 10∶(200～300)的质量比例混合，入搅拌机搅拌 1～10 min。矿石粉可采用白云石或石英或白云岩等矿石。④将搅拌后的混合物注水形成悬浮液，倒出悬浮液与矿石粉分离，再将悬浮液经 60～100 目的筛子滤筛一遍即得原始纸浆，矿石粉可以重复利用。原始纸浆可用漂白剂或荧光增白剂对其进行漂白。

（二）椰壳纤维纸浆

椰壳纤维纸浆制备包括如下 3 个加工过程：①剥制加工。从椰壳上剥离下椰壳纤维球，放入烘道内烘干，加热温度为 100～110℃，加热时间为 15～25 min，然后取出椰壳纤维球，经轧碎机轧碎，再经粉碎机粉碎。②萃取脱蜡。将椰壳纤维放置于萃取槽内，加入极性溶剂，使溶剂浸没椰壳纤维，在常温常压下循环清洗 3～5 min，使椰壳纤维除去月桂酸类油，即脱蜡，随后排除溶剂，取出椰壳纤维。萃取槽内的极性溶剂是石油醚、四氯乙烯或三氯乙烯，也可以是三氯乙烷。③烘干处理。将脱蜡后的椰壳纤维放入烘道内烘干，加热温度为 100～110℃，加热时间为 15～25 min，然后取出烘干后的椰壳纤维，作为纸浆原料，送去造纸。

三、稻草或麦秆一次性快餐盒或卫生筷

稻草或麦秆一次性快餐盒或卫生筷生产方法如下：①备料。将干净无霉烂的稻草或麦秆晾晒干燥或用其他方法(吹风或烘烤)使其干燥。②粉碎。将干燥的稻草或麦秆用粉碎机械粉碎成长3～6 mm、直径0.5～2 mm的粉丝状细料。③制黏液。将聚乙烯醇和水按1：(3～4)的质量比加入到加热容器内，加热并保温在90℃左右，搅拌使聚乙烯醇完全溶解，制得黏稠状液体。④挤压成型。将溶解好的聚乙烯醇黏液与粉碎好的稻草或麦秆细料按1：(5～6)的质量比同时加入到有螺旋轴的挤压机中，再由挤压机挤注入一次性快餐盒或卫生筷成型模具内，制得一次性快餐盒盒底和盒盖的单盒初坯或卫生筷的单筷的初坯。⑤配对。将一次性快餐盒盒底和盒盖的配对单盒初坯或卫生筷的配对单筷初坯拼排在一块，并用聚乙烯醇溶液或其他黏合溶液将其搭接黏合。⑥烘干。将配对黏合的一次性快餐盒或卫生筷初坯送入烘房内烘干，取出晾凉，即为成品。

第四节 化工材料

利用纤维性农业固体废物为原料制取化工材料，也是综合利用农业固体废物、提高其附加值的有效方法。如甘蔗渣、玉米芯、稻壳等制取糠醛，稻壳、麦秸、高粱秆、玉米皮和豆荚可制得淀粉，向日葵壳可制取草酸等。

一、糠醛

糠醛，学名呋喃甲醛，它是一种重要的有机化工原料，在合成树脂、石油化工、染料、医药和轻化工等方面都有着广泛的用途。目前，生产糠醛的原料主要有玉米芯、向日葵壳、棉子壳、稻壳、甘蔗渣、棉麻秆和阔叶林等植物纤维性废物，其中玉米芯中多缩戊糖的含量为最高，达38%，糠醛潜含量达到25%。

(一)玉米芯生产糠醛

含水率为15%～20%的风干玉米芯，先经筛选，去除杂质，再粉碎至粒径为1～3 cm，然后与5%的稀硫酸混合，固液比在1：(0.4～0.6)之间，经搅拌机拌匀后，由出口直接装入水解锅内，锅内水解压力为0.588～0.784 MPa，相应的水解温度为175℃左右，水解时间为5～6 h。水解过程中生成的醛汽浓度为4%～6%，经冷凝器冷凝后进入初馏塔脱去大部分水，塔顶引出沸点为97.8℃的醛水共沸物，经冷凝器冷却后进入分醛罐液相分层，上层水层回流入塔，下层醛层流入贮罐，此时得到糠醛粗产品，其中糠醛含量约为92%，有机酸0.2%～0.4%(以醋酸计)，其

余是水和少量高低沸点杂质。

(二)甘蔗渣制糠醛

生产工艺如下：①甘蔗渣与稀硫酸(4%～10%)按质量比1∶3混合后装入水解锅中，直接蒸汽加热，并把生成的糠醛带出水解锅。②含糠醛3%～6%的蒸汽冷凝(回收热能产生二次蒸汽)，送到初馏塔蒸馏，该塔顶冷凝液中含糠醛30%左右，冷却到40～50℃分层。③上层送低沸点物蒸馏塔，除去低沸点物后返回初馏塔回收糠醛。④下层粗糠醛送脱水塔和精制塔加工，分别除去水分、低沸点物和甲基糠醛等高沸点物，得产品，避光，除氧，密封储存。刚蒸馏所得的产品是无色透明的油状液体，与空气接触或在光作用下颜色逐渐变深，最终成黑色。

二、淀粉

(一)麦秸制淀粉

把洗净的麦秸切成5～6 cm长的小段后放入锅内，每100 kg原料加沸水18 kg、纯碱0.12 kg，蒸煮0.5 h后捞出，放入冷水中揉搓；然后用磨磨碎或石臼捣烂(越细越好)。再将揉搓的浆液合并用细筛过滤，滤液于缸中沉淀12 h后去除上层清液，用布袋挤去下层沉淀物水分，即得湿淀粉。

(二)高粱秆制淀粉

将高粱秆按节折断剥皮，取内瓤为原料，放入缸中加沸水烫泡3 h，再放入锅内用大火煮料；然后用石磨加水磨成浆液，或用石臼捣成糊状，在浆液中加适量清水，搅拌后用粗、细筛分别过滤，滤后的浆液用布袋吊干水分即为湿淀粉。

(三)玉米秸皮制淀粉

将玉米秸皮洗净浸泡8 h后放入碱水锅内(开水中加入玉米秸皮质量12.5%的纯碱溶化)，大火煮沸3 h，每隔0.5 h翻1次，并补充盐水，待用手搓即成丝时捞出，用清水洗去碱液；然后将原料放入缸内用木棍捣烂，再加入适量清水搓压，使淀粉与纤维素分离，在石板上敲打并用清水搓洗1次，将2次所得浆液用粗、细筛分别过滤，再将过滤出的浆液用布袋挤去水分(以挤出浆液不是粉白色为宜)，接着将挤出的糊状物放入清水中沉淀，捞去上层清液和杂质后，装入布袋吊干或挤干水分，即得湿淀粉。

(四)豆荚制淀粉

将洗净的豆荚放入清水中浸泡8 h，捞出放入锅内，每100 kg原料加纯碱2 kg，再加适量水，用大火蒸煮2 h，豆荚发黏时捞出，用磨碾烂或用石臼捣烂，将浆液放在清水中搅拌揉搓，再用粗、细筛分别过滤，把所得浆液用布袋吊干水分即得淀粉。

(五)稻草制淀粉

先将稻草用水冲洗干净,再用切草机或铡刀切碎,放入铁锅内,每 100 kg 原料加沸水 20 kg、纯碱 0.12 kg,煮 45 min 后捞出,放入冷水中猛搅揉搓,捞出后粉碎的秆料放回原液中,经十几分钟搅动后用细筛过滤,将滤液放入大罐中澄清。经 12 h,将上层带有杂质的废液撇除,将下层浓液装入布袋中挤干即成湿淀粉。每 100 kg 原料可得湿淀粉 20 kg 左右。

(六)谷壳制淀粉

先将谷壳用水洗干净,再用机器将其轧开,使其无完整粒,然后放入大锅,按每 100 kg 原料加沸水 25 kg、纯碱 0.13 kg 的比例加足水和碱,用大火煮 80 min 后捞出粉碎,然后再放入原液中猛搅,搅到谷壳几乎半透明后用细筛过滤,将滤液放入大缸沉淀。经 10 h 左右清浆,撇除废液,将下层溶液装入布袋挤干或吊干,便可得到湿淀粉。每 100 kg 原料一般可得湿淀粉 70 kg 左右。

三、棉秸秆提取纤维及染色剂

棉秸秆提取棉皮纤维及染色剂步骤如下;①棉秸秆取皮、扎把顺着摆入煮锅内(也可将包好的棉纱同浴染色)压实。②去皮的棉秸秆代替煤炭供锅炉使用,供热、供气。③将棉秸秆燃后的灰烬收入容器,加水制得高浓度的灰汁为 10%~15%。④往煮锅里注入配制好的灰汁,灰汁和棉皮的质量比例为 1∶(20~25),加热煮炼温度为 95~100℃,时间为 1 h,制得染色剂,并将染色剂排入染缸,待染布、染纱用。⑤将煮后的棉皮取出放入温水池水洗去污、脱水。⑥将脱水后的棉皮再分别重复做①、④、⑤三步骤 2~3 遍,即可制得原棕色棉皮纤维(可同时加双氧水开锅煮到 95~100℃,时间 2 h,每升溶液加入双氧水 5~8 g,脱水后可得乳白色光亮棉皮纤维)。⑦干燥后的棉皮纤维经过上油、打纤、切纤、开松、梳棉得到棉纱。

四、向日葵壳制取草酸

草酸是重要的化工原料,广泛用于药品生产、织物漂白以及高分子合成等工业。目前已成功研制出用向日葵壳为原料采用水解—氧化—水解工艺制取草酸。

(1)原理　先将向日葵壳浸泡在浓 H_2SO_4 中使其水解,使纤维大分子裂解为更易水解的低聚糖和单糖混合物,在水解平衡体系中加入催化剂 $V_2O_5-FeCl_3$,用 65%的 HNO_3 将体系中的单糖氧化成草酸。因体系中单糖不断减少,水解平衡体系被打破,这时伴随着氧化反应进行的低聚糖二次水解为单糖的反应也在同时进行。所以,实际上整个体系是以氧化促进水解,以水解维持氧化,最终得到目的产物草酸。

(2)工艺流程　先将向日葵壳粉碎、过筛，然后用一定量的70%H_2SO_4浸泡3 h以上，然后稍作稀释，再加催化剂V_2O_5-$FeCl_3$。将反应物移入装有搅拌器、温度计、滴液漏斗和导气管的四口烧瓶中，用水浴加热至40℃后缓慢滴加65%的HNO_3。HNO_3滴加完毕，将体系升温至65℃，保温反应5 h后停止反应，趁热抽滤，滤液静置过夜，析出结晶，抽滤得粗品，经重结晶得纯度为99.50%的草酸二水合物。

(3)影响草酸得率的因素　影响草酸得率的因素很多，其中包括H_2SO_4含量、浸泡时间、HNO_3用量、氧化-水解反应时间、氧化-水解反应温度等。

用向日葵壳制取草酸原料易得，工艺简单，经济效益好，特别适合乡镇企业生产。

五、秸秆生产饴糖

饴糖，也称水饴或糖稀，可代替白糖生产糖果、糕点及果酱等食品。玉米秸秆含有12%～15%的糖分，是加工饴糖的好原料，有来源广、产量大、易集中、方法简便、实用性强、原料易得、成本较低等特点。

(1)原料配比(质量份)　鲜玉米秸秆100份，淀粉酶0.5份(或麸皮20份或麦芽粉15份)，粗稻糠20份。

(2)工艺流程　玉米秸秆生产饴糖工艺流程如图6-12所示。

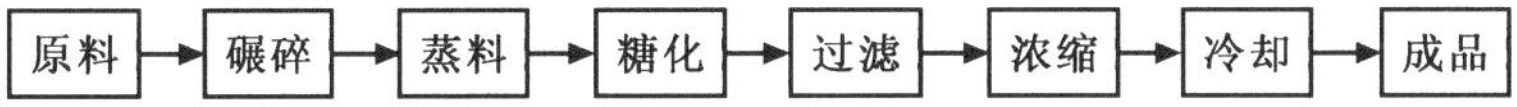

图6-12　玉米秸秆生产饴糖工艺流程

①原料与碾碎：将鲜玉米秸秆除去大部分茎叶，用茎部5节内秸秆，切碎或用铡刀铡成3 cm左右的小段，然后将其碾碎。

②蒸料与糖化：按原料配比将碾碎的玉米秸秆与粗稻糠均匀拌和，以利通蒸汽软化，拌匀后铺于蒸笼内，为使蒸汽焖透秸秆，铁锅内加入50～70 kg清洁水，大火煮沸蒸制约30 min，务必使秸皮与秸秆心软化。将软化的蒸料倒入大缸内，待温度下降至60～65℃时，拌入0.5%的淀粉酶(AMY)做糖化剂。如无淀粉酶，可用20%的麸皮代替。如用麦芽粉，虽然成本增高，但比用淀粉酶多出15%的饴糖。拌匀后加入75℃的蒸料水50 kg左右，用干净木棒沿缸边来回搅匀。为防止杂菌污染，缸口用塑料膜捆紧密封。温度保持在70℃左右，使其发酵糖化，时间约24 h。

③过滤与浓缩：将糖化料捞入滤袋，过滤，糖液用勺子舀出冲洗浇料，以增加滤速，并反复挤压，至无水滴出为止，糖渣可做牲畜饲料。

④冷却与成品：滤液移入铁锅，在常压下大火煮沸，使水分汽化蒸发，注意不断搅拌，防止糖液粘锅焦煳。当锅内起泡有糖饴涨出时，不可加水，可用勺舀糖饴窜动，涨浆自会下落。起泡后不久，糖饴呈鱼鳞状、色呈黄红时用波美计检查浓度达40 度时即可停止浓缩，出锅冷却后即为成品饴糖。铁锅浓缩的饴糖色泽较深，而低温真空浓缩质量较好，最好二者联合使用，即开始时低浓度用铁锅煮沸一段时间，浓度较高后用低温真空浓缩至终点，可得到色泽较浅、质量较好的饴糖。

第五节 生产材料

一、铝塑废纸再生颗粒料

铝塑废纸再生颗粒料可用塑料注塑机械挤压成家庭或办公室用具、卷纸筒、铅笔外体等各种制品。

(1)原料组成 长纤维纸 79%～74%、塑料 20%～25%、铝箔 1%。

(2)生产工艺 ①备料。收集铝塑纸制品的废物，如牛奶、红茶的包装纸盒等。②清洗。将收集的铝塑纸制品，尤其是包装容器(如牛奶包装盒等)，先行剪开，以使其容器的内部完全外露，再将剪切后的铝塑废纸送入滚筒式清洗机中，清洗机中盛装有温度为 30～45℃的水，浸泡在温水中的铝塑废纸经反复滚绞后，即可去除油脂、污物。③干燥。先将清洗后的铝塑料废纸送入离心式甩干机中甩干，这样可节省加热烘干的能源，再将甩干后的铝塑废纸送入烘干机加热烘干备用，加热温度视铝塑废纸的湿度、环境温度选定，但最高不超过 60℃。④粉碎。将铝塑废纸送入粉碎机中进行粉碎，其运行过程中随时检查粉碎作业的程度，直至铝塑废纸被粉碎后形成的纸屑尺寸不大于 5 mm。⑤去杂质。将粉碎后的铝塑废纸屑置入设置有去除铁质杂物设施的传送带中(如设置一组磁铁)，混杂在纸屑中的铁质杂物在纸屑传送过程中得到清除。⑥加温造粒。将去除杂质后的铝塑废纸屑输入锥形螺杆式挤出机中，通常采用强制进料装置，该挤出机进口的体积和出口体积的比率在(4～6)∶1 之间，借以提高造粒的粒子密度，其加温装置是布设在挤出机主体外侧，相应的加热温度自进口处逐渐向出口处升高，其工作温度范围是 140～200℃ ，在挤出过程中加温，在挤出机的出口处设置有切刀装置，该装置将挤出机出口的呈条状的铝塑废纸胶质条切割成颗粒状。⑦再生颗粒料。自挤出机出口切割的颗粒状胶体，经冷却形成再生颗粒料，冷却方式视环境和颗粒的温差情况，可为自然冷却，也可用强制通风冷却。该铝塑废纸再生颗粒料的造粒技术，利用普通的粉碎机、挤压机，以简捷的工艺程序获得再生颗粒料。

二、聚合物-秸秆复合管道

聚合物-秸秆复合管道具有较好的热性能、结构性、模量和压缩强度，可用于生产排水管、排污管等管材。

(1) 原料组成(质量份)　聚合物 30～90 份、秸秆粉 10～70 份、冲击改性剂 0～20 份、发泡助剂 0～1.5 份、润滑剂 0～4 份、PVC 稳定剂 0～6 份、加工助剂 0～4 份。冲击改性剂为回收废旧橡胶粉，是由回收的轮胎胎面胶经粉碎、研磨制得的大小在 60～320 目之间的具有表面活性的粉末。秸秆粉是由农作物秸秆(如稻草秆、麦秆、玉米秆等)经粉碎后制成，大小在 50～320 目之间，微观形态呈纤维状。PVC 稳定剂为低铅复合稳定剂、改性三盐基硫酸铅、钙锌复合稳定剂中的一种。加工助剂为丙烯酸类加工助剂 PA-21、pA-20、401、R822 中的一种。润滑剂为聚乙烯蜡、聚丙烯蜡、硬脂酸、石蜡、硬脂酸酰胺中的一种。聚合物为聚氯乙烯，也可以是聚乙烯(PE)、聚丙烯(PP)、乙烯-丙烯无规共聚树脂(PPR)等可用于管道生产的热塑性聚合物或其共混料。

(2)生产工艺　首先将秸秆粉进行干燥脱水，在搅拌状态下加入 1%～10%的表面处理剂，在 60～100℃之间进行表面处理。表面处理剂可以是钛酸酯、铝酸酯或丙烯酸酯等。再将配方各组分加入高速搅拌机中混合，加料顺序为聚氯乙烯树脂、稳定剂及其他助剂、冲击改性剂和秸秆粉，出料温度为 100、105、110、115 或 120℃，将混合料放入低速冷搅机中搅拌，冷却至 60℃ 以下，用挤出机挤出成型管材或先制成粒料，再用于成型管材。混合好的粒料通过加料斗进入挤出机，在挤出机中通过螺杆向前输送同时被加热和塑化，物料到达排气孔时温度达到 150℃以上，以排出水分和低分子挥发分。塑化均匀的物料通过机头成型成具有一定直径、壁厚和结构的管坯，再经过冷却水箱定型、冷却，通过牵引机、切割机切成一定长度的管材。

三、秸秆活性塑化颗粒料

秸秆活性塑化颗粒料是一种利用农业秸秆制备木塑复合材料专用的、具有活性、塑性颗粒料。其生产工艺流程为：

(1)塑化工序　①将秸秆切段、碾磨至 20～40 目粗颗粒。②将上述颗粒 100 份送入搅拌机，并加入浓度为 1.5%～3%的氢氧化钠 3～5 份、尿素 3～5 份和增效剂 1～7 份，混合搅拌均匀。③将搅拌均匀的物料送入 25 m^3 通用造纸纤维蒸煮设备，温度90～105℃，蒸煮塑化时间3～4 h，得蓬松活性塑化物料。④冷却、自然干燥后得含水率为15%～24%的蓬松活性塑化物料。

(2)造粒工序 ①取上述含水率为15%～24%的蓬松活性塑化物料70～85份，并加入800～1 250目超细滑石粉5～10份，硬脂酸钙0.5～1份、硅烷偶联剂3～5份、热塑性树脂5～10份、硬脂酸1份和丙烯酸-苯乙烯-马来酸酐交替共聚物3～5份混合表面处理。②将经过混合表面处理后的蓬松活性塑化物料送入平行双螺杆造粒机，所得即为颗粒状产品。

上述秸秆可为麦秸秆、稻草、棉秸秆、木屑、稻糠和甘蔗渣。增效剂为三聚氰胺。热塑性树脂为聚乙烯、聚丙烯、聚氯乙烯和聚苯乙烯。

四、废渣、污泥和废玻璃轻质材料

废渣、污泥和废玻璃轻质材料具有密度小、强度高、导热系数小等物理性质，且具有保温、隔热、吸声、防火、防潮等功能，能广泛用在化工、建筑、交通、电力、冷藏等领域。

(1)原料组成 废玻璃10%～30%，废渣、污泥50%～80%，添加剂5%～20%；添加剂为发泡剂(碳酸盐类、硅酸盐类，如碳酸钠、硅酸钠等)，助熔剂(磷酸盐类、硼酸盐类，如磷酸钠、硼砂)，稳定剂(磷酸盐类，如磷酸钠等)。

(2)生产方法 首先将废渣、污泥和废玻璃原料进行预处理，废渣经过磁选再经破碎、粉磨、选粉处理后达到工艺所要求的粒度；污泥经过脱水干燥、制渣，再经破碎、粉磨、选粉处理后达到工艺所需的粒度；废旧玻璃经过清洗、破碎、选粉达到工艺所需的粒度要求。按工艺配比如铸造废砂80%、废玻璃10%、添加剂10%(碳酸钠∶磷酸钠∶硼砂＝6∶2∶2)或铸造废砂30%、废玻璃20%、污泥渣30%、添加剂20%[碳酸钠∶磷酸钠∶硼砂∶水玻璃(硅酸钠)＝6∶2∶2∶10]称取废渣、污泥渣和废玻璃以及发泡剂、助熔剂、稳定剂等，均匀搅拌混合后形成配合料，配合料装入烧结模具，放入烧结炉中，温度为(900±10)℃，恒温1 h，在适宜的烧结气氛下，经过低温预热、高温熔融、发泡、稳泡、退火等烧结过程制备成轻质材料。所制取的材料可根据不同的需求，切割成不同尺寸的形状。也可采用更换烧结模具的方法获得。

五、食用菌培养基

食用菌是真菌中能够形成大型子实体并能供人们食用的一种真菌，以其鲜美的味道、柔软的质地、丰富的营养和药用价值备受人们的青睐。

培养基是食用菌生长繁殖的基质，是食用菌生长的“土壤”。秸秆、粪便等农业固体废物含有丰富的碳、氮、矿物质及激素等营养成分，加之资源丰富、成本低廉，因此很适合做生产食用菌的培养基材料。生产过食用菌后的菇渣，由于菌体的生物降解作用，氮、磷等养分的含量也有显著提高，可作为饲料和优质肥料。下面介绍几种常见菇种培养基的制作。

（一）平菇培养基

(1)生产料配方　平菇培养基生产料配方常用的有以下几种：①棉子壳 87%，米糠或麸皮 10%，石膏 1%，石灰 1%，过磷酸钙 1%。②棉子壳 96.5%，石膏 1%，过磷酸钙 1%，石灰 1%，尿素 0.5%。③稻草 93.85%，石膏 1%，玉米粉 5%，尿素 0.15%。④麦秸 96.5%，石膏 1%，过磷酸钙 1%，石灰 1%，尿素 0.5%。⑤花生壳（粉碎）77%，麦麸 20%，糖 1%，石膏粉 1%，石灰 1%。⑥玉米秸 88%，麦麸 10%，石膏粉 1%，石灰 1%。

(2)生产工艺　①原料处理：秸秆切成 15～23 cm 长，浸泡 1～2 d，然后捞起滤去水分。②建堆：先在地面上铺一些高粱秆或玉米秆，以利通气。堆的大小要适中，松紧要适宜，堆形要做成馒头状。堆好以后，上盖草席或塑料薄膜，以便保持温度和湿度，但 2～3 d 以后要去掉薄膜，以免通气不良，造成厌气发酵。③翻堆：培养料堆制过程中要进行多次翻堆，翻堆的作用是调节堆内的水分条件和通风条件，促进微生物活动，加速物质的转化。翻堆的方法是把料堆扒开，将料抖松，将堆内外、上下的培养料混合均匀，并喷水调节湿度和 pH 值，添加辅料。正常情况下，建堆后 2～3 d 堆温开始上升，温度可达 70～80℃。温度达到高峰后，可维持 1～2 d，然后进行翻堆，翻堆后重新建堆。第一次翻堆后经 1～2 d，堆温很快就上升到 75℃左右，可进行第二次翻堆。如此进行 2～3 次。最后一次翻堆要调节好水分、pH 值，一般含水量为 60%左右、pH 值 5.5～6.5 为宜。加入 0.3%的多菌灵或其他杀虫、杀菌剂将料拌匀即可装袋播种。

（二）草菇培养基

(1)生产料配方　蚕豆秆 80%，干牛粪粉 10%，麦麸或米糠 4%，油菜子饼粉 2%，过磷酸钙 2%，石膏粉 2%；另加石灰粉 5%（对水拌料）。pH 值 9，含水量 65%。

(2)生产工艺　①原料处理：蚕豆茎秆要晒干，破碎成 5～10 cm 的小段。②建堆：蚕豆秆用石灰水充分预湿，其他辅料与牛粪粉混合拌匀后，用 500 倍多菌灵药液预湿，分别建堆覆膜，24 h 后再合堆发酵。建堆时，先铺一层 20 cm 厚的蚕豆秆，其上撒一层混合辅料，再铺一层蚕豆秆，加辅料，如此堆成高度和宽度各 1 m、长度不限的料堆。建堆时如水分不够，可分层添加石灰水，堆完后四周围膜，保温发酵。③翻堆：当料温上升到 60℃后保持 48 h 即可翻堆。首先将料堆上下、内外的原料相互调换位置,以建堆方式复堆;当料温再次升高到60℃以上后保持24 h,再次翻堆;共需翻堆3～4次,总发酵期为7～8 d。每次翻堆时均应检查、调整料内水分,需补水时补充石灰水。发酵结束后,料深褐色,松软有弹性,无杂菌虫害、无氨味和酸臭等异味,料内有大量高温白色放线菌,pH值为9,含水量为65%,则为优质生产材料,然后播种发菌。

(三)香菇培养基

(1)生产料配方　香菇培养基主要生产料配方有以下几种:①棉子壳76%,麸皮20%,石膏粉1.5%,过磷酸钙1.5%,糖1%。料与水之比为1∶1.3。②棉子壳40%,木屑35%,麸皮20%,玉米粉2%,石膏粉1%,过磷酸钙1%,糖1%。料与水之比为1:(1.2～1.3)。③玉米芯50%,棉子壳30%,麸皮15%,玉米粉2%,石膏粉1%,过磷酸钙1%,糖1%。料与水之比为1∶1.3。④稻草62%,木屑15%,麸皮19%,糖1%,石膏1.5%,过磷酸钙粉1%,尿素0.3%,磷酸二氢钾0.2%。料与水之比为1∶1.2。

(2)生产工艺　①原料处理:作物秸秆要切成1～2 cm的小段,并浸泡水中软化。玉米芯要粉碎成玉米粒大小。②拌料:先将棉子壳、玉米芯、秸秆等主要原料和不溶于水的麸皮、玉米面等辅助原料按比例称好后混匀,再将易溶于水的糖、过磷酸钙、石膏等辅料称好后溶于水中,拌入料内,充分拌匀,调节含水量为60%左右,即手握培养料时,指缝间有水渗出,但不下滴为宜。拌料时还应注意培养料的pH值,一般pH值5.5～6.5为宜。然后装袋,灭菌,当料温降至30℃以下即可接种。

(四)黑木耳培养基

(1)生产料配方　生产中常用的黑木耳培养基配方有以下几种:①棉子壳93%,麸皮或米糠5%,石膏粉1%,蔗糖1%。②玉米芯76%,麸皮20%,石膏1%,石灰1%,蔗糖1%,豆饼1%。③甘蔗渣84%,麸皮14%,石膏1%,碳酸钙1%。④棉子壳40%,玉米芯40%,麸皮18%,石膏粉1%,蔗糖1%。⑤稻草40%,棉子壳50%,麸皮8%,石膏1%,蔗糖1%。

(2)生产工艺　①培养料处理:生产料应选择新鲜、干燥、无霉变的原料,使用前先经太阳暴晒1～2 d,可有效降低杂菌污染率。麸皮和米糠要求新鲜、无结块、无霉变。棉子壳要求新鲜、无霉烂,使用前(特别是陈年棉子壳)一定要暴晒。玉米芯使用前要晒1～2 d,再粉碎成黄豆大小。配料前,干燥的玉米芯要加水预湿(一般100 kg玉米芯加水150～180 kg)。稻草应截成2～3 cm长的小段,浸水5～6 h。甘蔗渣一定要加适量石灰水调节其pH值为8.0左右。②拌料:按照配方要求,称量好各种培养料。首先将不溶于水的辅助原料(如麸皮等),与主料稻草或棉子壳等混合，干拌均匀；石灰、蔗糖、石膏、碳酸钙和过磷酸钙等辅料溶于水中再和主料拌匀。再加水，充分拌匀。培养料含水量以55%～60%为宜。手握配好的培养料，指缝中有水渗出但不下滴。酸碱度控制在pH值7.0～7.5。然后装袋，灭菌，当料温降至28℃以下即可接种。

(五)银耳培养基

(1)生产料配方　生产中常用的银耳培养基配方有以下几种：①棉子壳50 kg，麸皮12.5 kg，石膏粉2 kg，尿素200 g，碳酸镁200 g。②玉米粉250 kg，棉子壳250 kg，麸皮11 kg，石膏粉1.5 kg，尿素250 g。③甘蔗渣20 kg，杂木屑20 kg，棉子壳10 kg，麸皮15 kg，石膏粉1.5 kg，过磷酸钙1 kg，尿素250 g。

(2)生产工艺　①培养料处理：培养料要求新鲜、干燥，使用前暴晒2～3 d，其中杂木屑用前应过筛，玉米芯应粉碎为蚕豆大小的颗粒状。②拌料：先将棉子壳或甘蔗渣、麸皮等不溶于水的物质进行干拌，然后将糖、石膏、尿素、磷肥和硫酸镁等能溶于水的物质溶入水中，再将水溶液加入料中进行拌料。一般每100 kg干料要求加水110～120 kg，做到边加水边搅拌，力求拌料均匀，使含水量保持在55%左右，pH值保持在7。然后装袋，灭菌，待料温降至30℃以下即可接种。

(六)金针菇培养基

(1)生产料配方　生产中常用的金针菇培养基配方有以下几种：①棉子壳(或废棉)78%，麸皮(或米糠)20%，糖1%，石膏粉1%。②棉子皮80%，麸皮(或米糠)15%，玉米粉3%，糖1%，石膏粉1%。③玉米芯(粉碎)73%，麦麸(或米糠)25%，石膏1%，糖1%。④玉米芯(粉碎)73%，麦麸(或米糠)2 5%，石膏粉1.2%，过磷酸钙0.5%，硫酸镁0.1%，尿素0.2%。⑤稻草(或麦秸、芦苇叶、高粱壳、大豆秸壳)95%，过磷酸钙2%，石膏2%，尿素1%。⑥甘蔗渣70%，麸皮(或米糠)25%，玉米粉2%，糖1%，石膏(或碳酸钙)1%，磷酸二氢钾0.5%，硫酸镁0.5%。上述配方均可添加0.03%～0.05%的多菌灵(25%粉剂)以减少杂菌污染。

(2)生产工艺　①培养料处理：棉子壳(皮)用前应在阳光下摊开暴晒1～2 d或提前1～2 d拌料，使其堆积发酵，以降低杂菌数量；玉米芯使用前应先在太阳光下暴晒2～3 d，然后粉碎成麦粒大小的颗粒，经过堆积发酵处理后再配料；稻草等秸秆类的物质、甘蔗渣在使用前应晒干，并用粉碎机粉碎；配料时，必须调节培养料含水量在65%～70%。②拌料：将配制好的培养料堆闷1～2 h，待料吸足水分后，即可装袋，灭菌，料温降至28℃以下即可播种。

第六节 其他材料

利用纤维性农业固体废物可生产单细胞蛋白(single cell protein,SCP)。单细胞蛋白又叫微生物蛋白、菌体蛋白。按生产原料不同,可以分为石油蛋白、甲醇蛋白、甲烷蛋白等;按产生菌的种类不同,可以分为细菌蛋白、真菌蛋白等。1967 年在第一次全世界单细胞蛋白会议上,将微生物蛋白、菌体蛋白统称为单细胞蛋白。单细胞蛋白主要是通过培养单细胞生物而获得的生物体蛋白质,其生产微生物包括细菌、放线菌中的非病源菌、酵母菌、霉菌和微型藻类等。单细胞蛋白是从纯培养的微生物细胞中提取的总蛋白,它可以作为人或动物的蛋白质补充。用于人类食用的单细胞蛋白即为食物,用于动物的单细胞蛋白则是饲料。

随着世界人口的急剧增长,食品不足、蛋白质资源短缺及农业不断产生大量的纤维素、半纤维素有机固体废物,利用微生物将这些物质转化为蛋白质不仅能提高资源的利用效率,而且对消除环境污染、改善生态环境都具有重要的意义。

一、单细胞蛋白的优点

(1)生产效率高 微生物蛋白的生产效率比动植物蛋白高成千上万倍。这主要是因为微生物的生长繁殖速度快、蛋白产量高。根据计算,质量为 500 kg 的肉牛,每天能增加 0.5 kg 蛋白质(牛肉),而同样质量的酵母菌,在相同时间里可产生 1 000 kg 以上的蛋白质;池塘里的单细胞藻类每年每平方米能生产 1.12 t(干物质的量)蛋白质,比大豆的产量高出 10～15 倍。

(2)生产原料来源广泛 农业固体废物如秸秆、蔗渣、甜菜渣、木屑等含纤维素的废物均作为生产单细胞蛋白的原料。在适宜条件下,也可利用碳水化合物、碳氢化合物、石油加工副产品等生产微生物蛋白,来源广泛且价格低廉。

(3)营养价值大 微生物的蛋白质含量高,氨基酸组成齐全,富含维生素,因而具有很高的营养价值。

(4)能工业化生产 微生物能在相对小的连续发酵反应器中大量培养,占地小,需要的劳动力少,不受地区、季节和气候的限制,而且产量高,质量好,所以微生物蛋白易于工业化规模生产。微生物比植物和动物更容易进行遗传操作,对它们更易于大规模筛选高生长率的个体,更易实施转基因技术。

二、生产蛋白的微生物种类

用于生产单细胞蛋白的微生物种类很多，包括细菌、放线菌、酵母菌、霉菌以及某些原生生物。这些微生物通常要具备下列条件：①所生产的蛋白质等营养物质含量高（如酵母蛋白质含量为35%～60%，细菌蛋白质含量为40%～80%）。②对人体无致病作用。③味道好并且易消化吸收。④对培养条件要求简单。⑤生长繁殖迅速等。

不同种类的微生物，其生理特性各不相同。一般来说，细菌生长速度快、蛋白质含量高、能利用糖类和烃类做原料，但菌体体积小、分离困难，且蛋白质不如酵母菌易于消化吸收；丝状真菌虽易于回收，但生长速度慢、蛋白质含量较低；藻类因纤维质细胞壁的存在也不易为人体消化吸收；而酵母菌个体细胞大，易于分离回收，蛋白质易于被人体吸收，目前生产上应用较多。

三、单细胞蛋白生产工艺

单细胞蛋白生产工艺一般都包含预处理、有氧发酵、细胞分离和细胞干燥等主要工序。每种工艺都要求对原料进行某种预处理，预处理的内容各不相同。生产单细胞蛋白，通常用过滤或离心方法收集细胞，然后对所得到的细胞产物进行洗涤和喷雾干燥就得到可以出售的产品。以这种方式生产的单细胞蛋白可用作动物饲料，如果供给人类食用，还需要另外进行一些加工，如蛋白质的提取和纯化、细胞溶解和核酸水解等。作为人类食用的单细胞蛋白，特别是作为蛋白质的来源，它必须是干的可溶性的粉末，色泽极淡且极少气味，活细胞数低，没有病原体，营养价值高，核酸含量低，并且毒性物质含量低。典型单细胞蛋白生产工艺如图6-13所示。

下面介绍霉菌和高等真菌以玉米秸秆为底物原料生产单细胞蛋白的生产工艺。

(1)预处理　首先把切碎的玉米秆投入混合槽并加入稀碱溶液，在室温下浸胀、软化得到玉米秆浆。发酵之前将玉米浆放在一个连续管式消毒器中，在不同的温度条件下加热一段时间进行灭菌并去除部分木质素。把消毒过的浆料通过一个换热器与冷的营养补充液相混合，使之在送往发酵罐前冷却。

(2)发酵　首先通过有氧发酵获得含有大量分解纤维素的多细胞真菌溶纤维素毛壳霉(*Chaetomiumcellulolyticum*)的培养液。发酵器内装置特殊设计的充气系统，使过滤后的空气以气泡形式进入培养液，同时用搅拌器帮助充气和混合，含CO_2的废气则被排出。在开始发酵时应加入纯培养的溶纤维素毛壳霉的培养物，

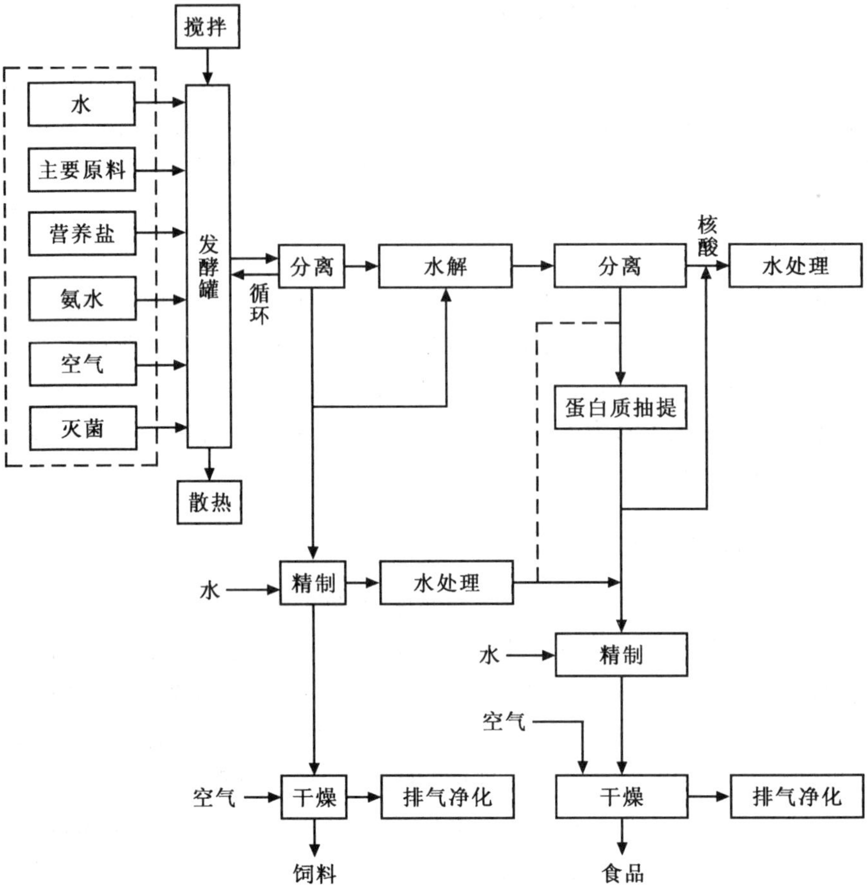

图 6-13 典型单细胞蛋白生产工艺

(引自李建政,2003)

并根据底物将 pH 值控制在一定范围内,而发酵罐中的平均停留时间则为 4～12 h,发酵器的温度控制在 37℃。加入的浆料中的碳氮比约为 10∶1。在发酵过程中,细胞的猛烈增殖将导致温度升高,因此必须采取冷却措施除去产生的热量以保持温度,满足细胞生长的最佳条件。

(3)产品回收 首先将发酵后的浆料中的清液分出,再把得到的细胞生物物质进行干燥。发酵液中固体物质和清液的分离在压滤机、真空转鼓式过滤机或离心机一类的分离器中进行,分离排出的清液不含固体物、BOD 值低且无毒,一部分液体可返回到过程中去,用以稀释进料,从而减少向外排放的废液量。分离出的固体物在鼓式干燥器中进行干燥，得到含25%～35%蛋白质的产品。这种含有真菌生物物质的干片可以磨成粉末用作动物饲料。

(4)核酸的去除　如果把单细胞蛋白作为人类食品，从中除去核酸是非常必要的。因为人体内没有尿酸霉，而尿酸酶的作用是把尿酸氧化成可溶且可排泄的代谢物(如尿囊素)。

此方法生产的链状纤维素真菌生物物质颜色浅灰，呈颗粒状，有蘑菇气味，约含10%的水分。真菌单细胞蛋白中含45%左右的蛋白质、35%左右的碳水化合物、10%左右的脂肪，核酸、矿物质和灰分各占5%左右。真菌单细胞蛋白在直接供人类食用方面比酵母更富潜力，因为它的核酸含量低而硫氨酸含量较高。

思考题

1. 农业固体废物材料化的途径有哪些？

2. 如何利用农业固体废物生产装饰材料、人造板材、刨花板、复合材料和人造木材？

3. 如何利用农业固体废物生产纤维包装材料、纸浆材料、稻草或麦秆一次性快餐盒或卫生筷？

4. 如何利用农业固体废物生产淀粉、糠醛、草酸，提取纤维及染色剂，生产铝塑废纸再生颗粒料等生产材料？

5. 如何利用农业固体废物生产食用菌培养基和单细胞蛋白？

阅读材料

香蕉皮造纸法

日本国家化工实验室已发明了一种用香蕉皮制纸浆的方法，可取代用木浆造纸的方法，是一种造高强度纸的技术。传统造纸法是先将树和其他制纸原料放在硫化钠和氢氧化钠内煮，然后放在漂白剂内漂白，产生一股很强的气味和大量漂白废料。新造纸法不必经过漂白这一步，而且又可用循环工序处理废料，防止污染。这种造纸法生产成本低，最适合小规模造纸厂采用。

该技术的关键在于将香蕉纤维处理成像棉纤维那样光滑。具体方法为：将剥下的香蕉皮用制蔗糖用的压榨机脱水，然后发酵。将一般生产棉、麻等纤维生产用的开松机进行一定的改造，就可用于香蕉皮纤维的造纸。这样制成的香蕉纸手感如麻，可以用于制作食品的包装袋。

第七章　农村生活垃圾与塑料残膜的综合处置技术

知识目标

- 掌握农村生活垃圾的填埋技术。
- 掌握农村生活垃圾的焚烧技术。
- 掌握塑料残膜的再生利用技术。
- 了解塑料残膜的能源化技术。

技能目标

- 能对农村生活垃圾与塑料残膜进行综合处置。

第一节　农村生活垃圾的综合处置技术

农村生活垃圾纷繁复杂，要先进行生活垃圾的分类，然后根据不同类别和农村经济条件，采用填埋、焚烧和堆肥等不同综合处置方式。

一、农村生活垃圾的分类

按照使垃圾得到最大效益的开发利用目标，可将农村全部垃圾分成五大类：

(1)厨余垃圾　可用来生产沼气或有机肥。主要包括厨余垃圾以及不需要农户在日常生活中进行分类的人畜粪便和农作物秸秆、树叶等。

(2)灰土垃圾　可用来生产砌块砖，还可以作为生产水泥的辅料以及生产农家肥、填坑造地等。主要包括炉灰、扫地(院)土、拆房(墙)土等。

(3)可再生垃圾　可卖给专门的加工厂作为原材料重新利用。主要包括废旧金属、废旧塑料、废旧纸类、废旧织物、废旧橡胶和废旧玻璃等。

(4)生物质垃圾　可作为农民生物质燃料的组成部分。主要包括各类坚果皮屑、废旧木屑、不能成为木材的树枝和树杈等。

(5)有害垃圾　由镇里集中送到有分解、处理资质和能力的单位，或由镇里集中密闭封存。主要包括各种废旧灯管、灯泡、电池、农药瓶、油漆桶以及卫生网点的医疗垃圾等。

二、农村生活垃圾的填埋技术

(一)填埋场址选择

填埋场应选择在交通方便、运距合理的地方。一般填埋库容应保证填埋场使用年限在 10 年以上，特殊情况下也不应低于 8 年。填埋场选址应考虑区域环境规划、土地利用价值、场址周围人群居住情况与公众反映、填埋气体利用的可能性以及道路、交通运输、给排水、供电及气候等条件。选址应由建设项目所在地的建设、规划、环保、环卫、国土资源、水利、卫生监督等有关部门和专业设计单位的有关专业技术人员参加。

1. 场址候选

在全面调查与分析的基础上，初定 3 个或 3 个以上候选场址。

2. 场址预选

通过对候选场址进行踏勘，对场地的地形、地貌、植被、地质、水文、气象、供电、给排水、覆盖土源、交通运输及场址周围人群居住情况等进行对比分析，推荐 2 个或 2 个以上预选场址。

3. 场址确定

对预选场址方案进行技术、经济、社会及环境比较，推荐拟定场址。对拟定场址进行地形测量、初步勘察和初步工艺方案设计，完成选址报告或可行性研究报告，通过审查确定场址。

注意填埋场不应设在地下水集中、供水水源地及补给区、洪泛区和泄洪道，填埋库区与污水处理区边界距居住区或人畜供水点 500 m 以内的地区，填埋库区与污水处理区边界距河流和湖泊 50 m 以内的地区，填埋库区与污水处理区边界距民用机场 3 km 以内的地区、活动的坍塌地带，尚未开采的地下矿区、灰岩坑及溶岩洞区、珍贵动植物保护区和国家、地方自然保护区、公园，风景、游览区，文物古迹区，考古学、历史学、生物学研究考察区，军事要地、基地，军工基地和国家保密等地区。

(二)填埋场总体布置

根据场址地形,填埋场类型可分为沟槽型(图 7-1)、平原型(图 7-2)和坡地型(图 7-3)。填埋场总体布置应按填埋场类型,结合工艺要求、气象和地质条件等因素经过技术经济比较确定。

图 7-1 沟槽型填埋场

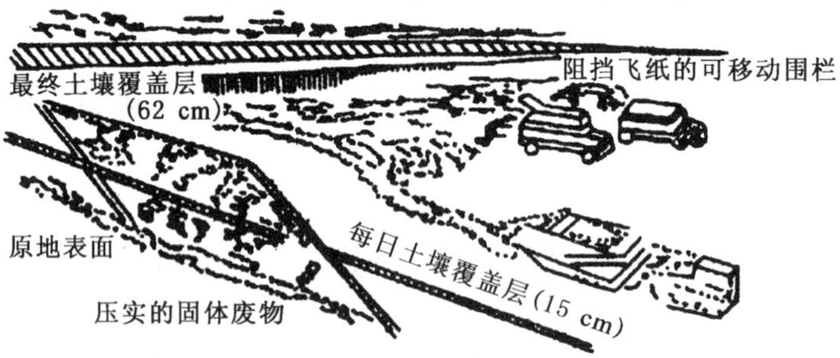

图 7-2 平原型填埋场

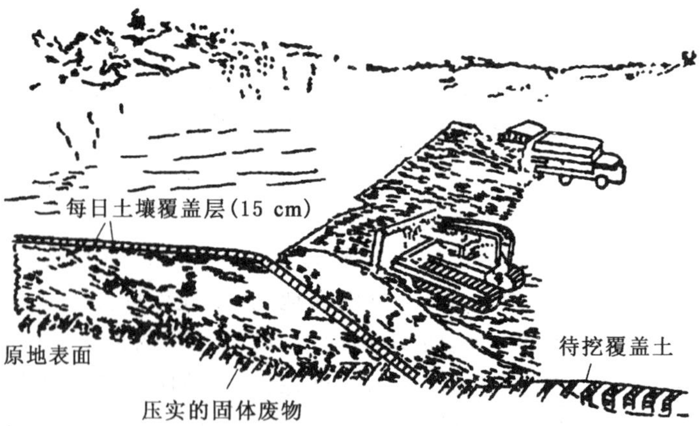

图 7-3 坡地型填埋场

填埋场配套工程及辅助设施和设备应包括进场道路、备料场、供配电、给排水设施、生活和管理设施、设备维修、消防和安全卫生设施，车辆冲洗、通信、监控等附属设施或设备。填埋场宜设置环境监测室、停车场，并设置应急设施(包括垃圾临时存放、紧急照明等设施)。

填埋场总体布局应工艺合理，按功能分区布置，便于施工和作业；竖向设计应结合原有地形，便于雨污水导排，并使土石方尽量平衡，减少外运或外购土石方。生活和管理设施宜集中布置并处于夏季主导风向的上风向，与填埋库区之间宜设绿化隔离带。填埋库区的占地面积为总面积的70%～90%，不得小于60%。

填埋场供电宜按三级负荷设计，建有独立污水处理厂时应采用二级负荷。填埋场应有供水设施。

(三)填埋场地基及防渗处理技术

填埋库区地基应是具有承载填埋体负荷的自然土层或经过地基处理的平稳层，不应因填埋垃圾的沉降而使基层失稳。填埋库区底部应有纵、横向坡度，纵、横向坡度均宜不小于2%。

填埋场必须进行防渗处理，防止对地下水和地表水的污染，同时还应防止地下水进入填埋区，人工防渗系统应符合下列要求。

1.人工合成衬里防渗系统

人工合成衬里的防渗系统应采用复合衬里防渗系统，位于地下水贫乏地区的防渗系统也可采用单层衬里防渗系统，在特殊地质和环境要求非常高的地区，库区底部应采用双层衬里防渗系统。

2.复合衬里结构铺设

(1)库区底部复合衬里结构(图7-4)　地下水导流层厚度应大于30 cm；膜下防渗保护层黏土厚度应大于100 cm，渗透系数不应大于1.0×10^{-7} cm/s；渗沥液导流层厚度应大于或等于30 cm。

(2)库区边坡复合衬里结构(图7-5)　地下水导流层厚度应大于30 cm；膜下防渗保护层黏土厚度应大于75 cm，渗透系数不应大于1.0×10^{-7} cm/s。

3.单层衬里结构铺设

(1)库区底部单层衬里结构(图7-6)　地下水导流层厚度大于30 cm；膜下保护层黏土厚度大于100 cm，渗透系数不应大于1.0×10^{-5} cm/s；渗沥液导流层厚度大于30 cm。

(2)库区边坡单层衬里结构(图7-7)　地下水导流层厚度大于30 cm；膜下保护层黏土厚度大于75 cm，渗透系数不应大于1.0×10^{-5} cm/s。

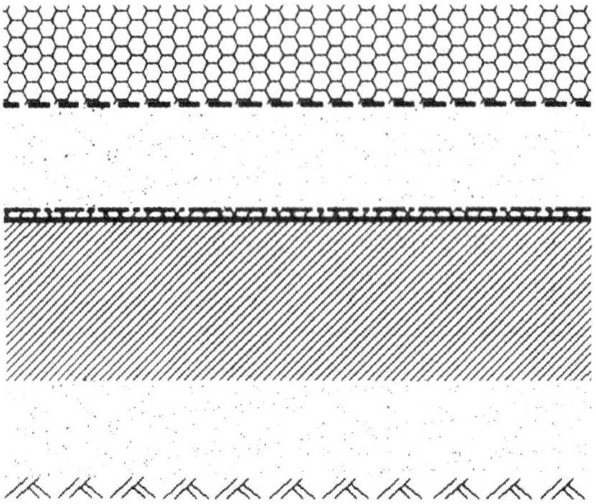

图 7-4 库区底部复合衬里结构示意图

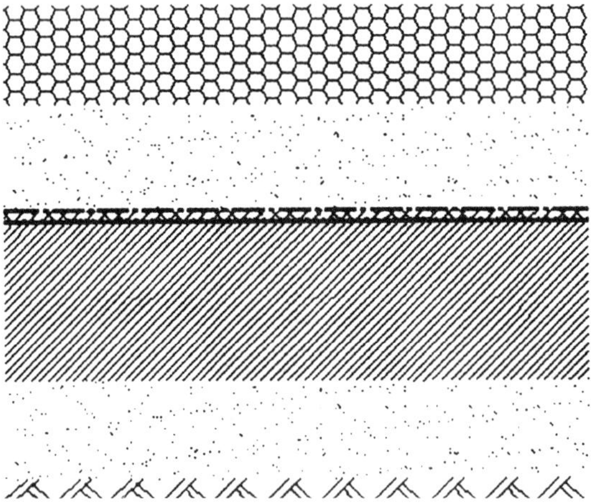

图 7-5 库区边坡复合衬里结构示意图

4.库区底部双层衬里结构铺设

库区底部双层衬里应按下列结构铺设(图 7-8)。地下水导流层厚度应大于 30 cm;膜下保护层黏土厚度应大于 100 cm,渗透系数不应大于 1.0×10^{-5} cm/s;渗沥液导流(检测)层厚度应大于 30 cm;渗沥液导流层厚度应大于 30 cm。

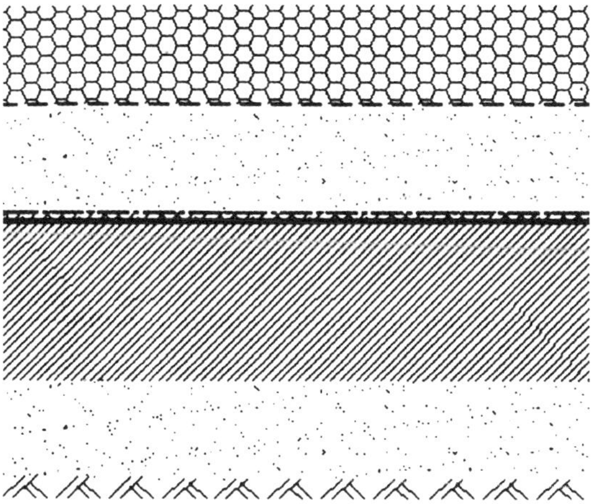

图 7-6　库区底部单层衬里结构示意图

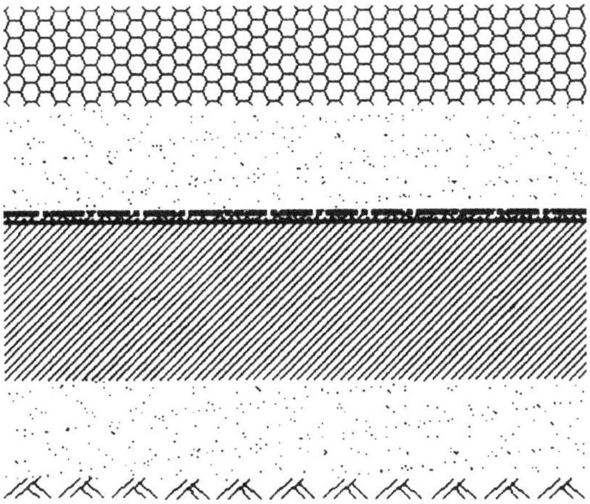

图 7-7　库区边坡单层衬里结构示意图

(四)浸沥液的产生和控制

渗沥液产生量和处理量应按填埋场类型、填埋库区划分和雨污水分流系统情况、填埋物性质及气象条件等因素确定。填埋库区防渗系统应铺设渗沥液收集系统，一般包括导流层、盲沟、集液井(池)、调节池、泵房和污水处理设施等。

①盲沟宜采用砾石、卵石、碴石($CaCO_3$ 含量应不大于 10%)、高密度聚乙烯

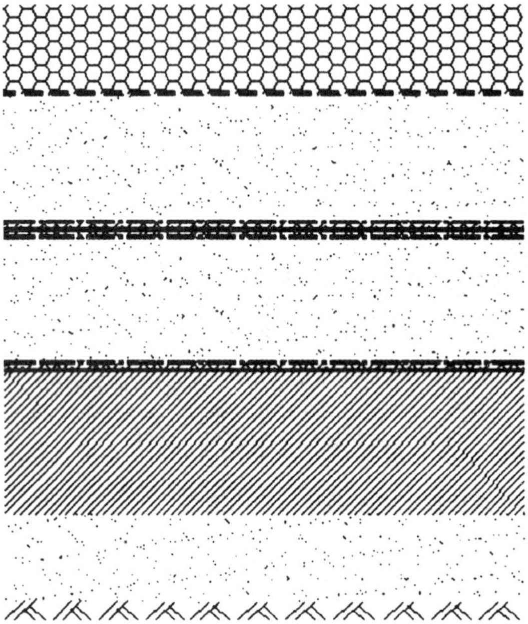

图 7-8 库区底部双层衬里结构示意图

(HDPE)管等材料铺设,结构应为石料盲沟、石料与 HDPE 管盲沟、石笼盲沟等。石料的渗透系数不应小于 1.0×10^{-3} cm/s,厚度不宜小于 40 cm。HDPE 管的直径干管不应小于 250 mm,支管不应小于 200 mm。HDPE 管的开孔率应保证强度要求。HDPE 管的布置宜呈直线,其转弯角度应小于或等于 20°,其连接处不应密封。

②集液井(池)宜按库区分区情况设置,宜设在填埋库区外部。

③调节池容积应与填埋工艺、停留时间、渗沥液产生量及配套污水处理设施规模等相匹配。

④集液井(池)、调节池及污水流经或停留的其他设施均应采取防渗措施。

⑤渗沥液应处理达标后排放。应优先选择排入城市污水处理厂处理方案,排放标准应达到《生活垃圾填埋场污染控制标准》(GB 16889—2008)中的三级指标。不具备排入城市污水处理厂条件时应建设配套完善的污水处理设施。

(五)填埋气体的导排与防爆

填埋场要设置有效的填埋气体导排设施,如竖井(管)或横管(沟)或横竖相连的导排设施,以防止填埋气体自然聚集、迁移等而引起火灾和爆炸。当填埋场不具备填埋气体利用条件时，应将填埋气体导出并采用火炬法集中燃烧处理。

导排竖井(管)可采用穿孔管居中的石笼，穿孔管外宜用级配石料等粒状物填充。竖井宜按填埋作业层的升高分段设置和连接；竖井设置的水平间距不应大于50 m；管口应高出场地1 m以上。当填埋深度大于20 m采用主动导气时，可设置横管。若有条件进行填埋气体回收利用时，可设置填埋气体利用设施。

填埋场应设消防贮水池，配备洒水车，储备干粉灭火剂和灭火沙土等安全防护设施和8 m宽度的防火隔离带，同时配置填埋气体监测及安全报警仪器。严禁将火种带入填埋库区。

填埋场上方甲烷气体含量必须小于5%；建(构)筑物内，甲烷气体含量严禁超过1.25%。

填埋场应防止填埋气体在局部聚集。填埋库区底部及边坡的土层10 m深范围内的裂隙、溶洞及其他腔型结构均应予以充填密实。填埋体中不均匀沉降造成的裂隙应及时予以充填密实。对填埋物中的可能造成腔型结构的大件垃圾应进行破碎。

(六)填埋操作与管理

1. 填埋作业准备

①填埋场作业人员应经过技术培训和安全教育，熟悉填埋作业要求及填埋气体安全知识。运行管理人员应熟悉填埋作业工艺、技术指标及填埋气体的安全管理。

②填埋作业规程应制定完备，并应制定填埋气体引起火灾和爆炸等意外事件的应急预案。

③应根据地形制定分区分单元填埋作业计划，分区应采取有利于雨污分流的措施。

④填埋作业分区的工程设施和满足作业的其他主体工程、配套工程及辅助设施，应按设计要求完成施工。

⑤填埋作业应保证全天候运行，应在填埋作业区设置雨季卸车平台，并应准备充足的垫层材料。

⑥装载、挖掘、运输、摊铺、压实和覆盖等作业设备，应按填埋日处理规模和作业工艺设计要求配置。在大件垃圾较多的情况下，应设置破碎设备。

2. 填埋作业

①填埋物进入填埋场必须进行检查和计量。垃圾运输车辆离开填埋场前宜冲洗轮胎和底盘。

②填埋应采用单元、分层作业，填埋单元作业工序应为卸车、分层摊铺、压实，

达到规定高度后应进行覆盖、再压实。

③每层垃圾摊铺厚度应根据填埋作业设备的压实性能、压实次数及垃圾的可压缩性确定，厚度不宜超过 60 cm，且宜从作业单元的边坡底部到顶部摊铺；垃圾压实密度应大于 600 kg/m^3。

④每一单元的垃圾高度宜为 2～4 m，最高不得超过 6 m。单元作业宽度按填埋作业设备的宽度及高峰期同时进行作业的车辆数确定，最小宽度不宜小于 6 m。单元的坡度不宜大于 1∶3。

⑤一个单元作业完成后，应进行覆盖，覆盖层厚度宜根据覆盖材料确定，土覆盖层厚度宜为 20～25 cm；每一作业区完成阶段性高度后，暂时不在其上继续进行填埋时，应进行中间覆盖，覆盖层厚度宜根据覆盖材料确定，土覆盖层厚度宜大于 30 cm。

⑥填埋场填埋作业达到设计标高后，应及时进行封场和生态环境恢复。

3. 填埋场管理

①填埋场应按建设、运行、封场、跟踪监测、场地再利用等程序进行管理。

②填埋场建设的有关文件资料，应按《中华人民共和国档案法》的规定进行整理与保管。

③在日常运行中应记录进场垃圾运输车辆数量、垃圾量、渗沥液产生量和材料消耗等，记录积累的技术资料应完整，统一归档保管，填埋作业管理宜采用计算机网络管理。填埋场的计量应达到国家三级计量认证。

④填埋场应设置地下水本底监测井、污染扩散监测井、污染监测井。填埋场应进行水、气、土壤及噪声的本底监测及作业监测，封场后应进行跟踪监测直至填埋体稳定。监测井和采样点的布设、监测项目、频率及分析方法应按现行国家标准《生活垃圾填埋场污染控制标准》(GB 16889—2008)和《生活垃圾填埋场环境监测技术要求》(GB/T 18772)执行。

⑤填埋场环境污染控制指标应符合现行国家标准《生活垃圾填埋场污染控制标准》(GB 16889—2008)的要求。

⑥填埋场使用杀虫灭鼠药剂应避免二次污染，作业场所应洒水降尘。

⑦填埋场应设道路行车指示、安全标志、防火防爆及环境卫生设施设置标志。

(七)填埋场封场

填埋场封场设计应考虑地表水径流、排水防渗、填埋气体的收集、植被类型、填埋场的稳定性及土地利用等因素，填埋场最终覆盖系统应符合下列规定。

(1)黏土覆盖结构(图 7-9)　排气层应采用粗粒或多孔材料，厚度应大于或等于 30 cm；防渗黏土层的渗透系数不应大于 1.0×10^{-7} cm/s，厚度应为 20～30 cm；排水层宜采用粗粒或多孔材料，厚度应为 20～30 cm，应与填埋库区四周的排水沟相连；植被层应采用营养土，厚度应根据种植植物的根系深浅确定，不应小于 15 cm。

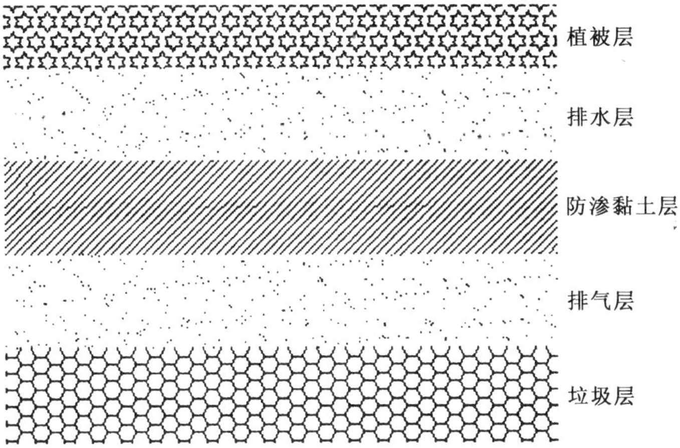

图 7-9　黏土覆盖结构示意图

(2)人工材料覆盖结构(图 7-10)　排气层应采用粗粒或多孔材料，厚度大于 30 cm；膜下保护层的黏土厚度宜为 20～30 cm；HDPE 土工膜厚度不应小于 1 mm；膜上保护层、排水层宜采用粗粒或多孔材料，厚度宜为 20～30 cm；植被层应采用营养土，厚度应根据种植植物的根系深浅确定。

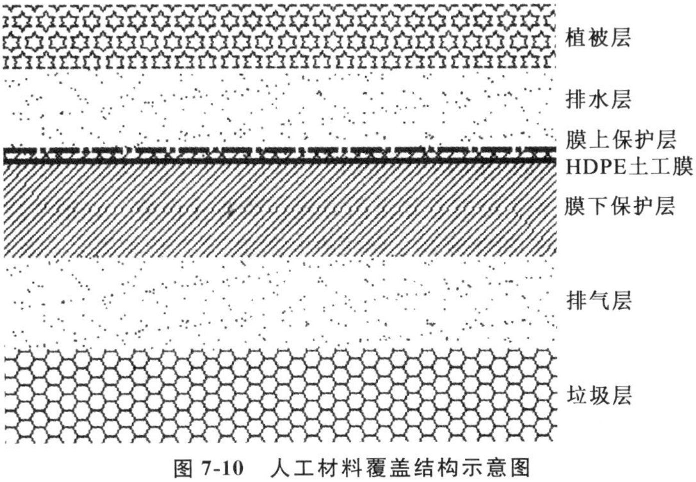

图 7-10　人工材料覆盖结构示意图

(3)填埋场封场顶面坡度不应小于5%。边坡大于10%时宜采用多级台阶进行封场，台阶间边坡坡度不宜大于1∶3，台阶宽度不宜小于2 m。

(4)填埋场封场后应继续进行填埋气体、渗沥液处理及环境与安全监测等运行管理，直至填埋堆体稳定。

(5)填埋场封场后的土地使用必须符合下列规定：

①填埋作业达到设计封场条件要求时，确需关闭的，必须经所在地县级以上地方人民政府环境保护、环境卫生行政主管部门鉴定、核准。

②填埋堆体达到稳定安全期后方可进行土地使用，使用前必须做出场地鉴定和使用规划。

③未经环卫、岩土、环保专业技术鉴定之前，填埋场地严禁作为永久性建(构)筑物用地。

三、农村生活垃圾的焚烧技术

农村生活垃圾是农村常见的固体废物，可采用焚烧方法进行处理。焚烧是指在高温焚烧炉内(800～1 000℃)农村生活垃圾中的可燃成分与空气中的氧发生剧烈的化学反应，转化为高温的燃烧气和性质稳定的固体残渣，并放出热量的过程。

农村生活垃圾经过焚烧，一般体积可减少80%～90%或以上，焚烧破坏其组成结构、杀灭病原菌，达到解毒、除害的目的。此外，焚烧产生的热能还可以回收利用。

(一)焚烧过程

物料(农村生活垃圾)从送入焚烧炉起，到形成烟气和固态残渣的整个过程总称为焚烧过程。焚烧过程包括3个阶段：第一阶段是物料的干燥加热阶段；第二阶段是焚烧过程的主阶段——燃烧阶段；第三阶段是燃尽阶段，即生成固体残渣的阶段。从炉内实际焚烧过程看，这3个阶段的界限并不十分明显，混合固体废物的焚烧过程尤其如此。农村生活垃圾组成非常复杂，焚烧过程中，有的组分开始燃烧甚至已经燃尽时，有的组分可能还处在预热阶段；即使对同一组分来讲，其表面进入燃烧阶段时，内部可能还处在加热干燥阶段。

1. 干燥阶段

从物料送入焚烧炉起，到物料开始析出挥发分和着火的时间，称为干燥阶段。随着物料送入炉内，物料温度逐步升高，其表面水分开始逐步蒸发，当温度增高到100℃左右，物料中水分开始大量蒸发，此时，物料温度基本稳定。随着不断加热，物料中水分大量析出，物料不断干燥。当水分基本析出完后，物料温度开始迅速上升，直到着火进入真正的燃烧阶段。

物料所含水分愈大，干燥阶段也就愈长，从而使炉内温度降低太大，着火燃烧就困难，此时需投入辅助燃料燃烧，以提高炉温，改善干燥着火条件。

2. 燃烧阶段

在干燥阶段基本完成后，如果炉内温度足够高，且又有足够的氧化剂，物料就会很顺利地进入真正的焚烧阶段——燃烧阶段。

3. 燃尽阶段

物料在燃烧阶段发生强烈的发热、发光氧化反应后，开始进入燃尽阶段。这个阶段常采用翻动、拨火等方法来减少物料外表面的灰层，使物料与空气尽可能充分地接触，以燃烧干净物料的可燃成分。

(二)影响焚烧的因素

影响焚烧的因素很多，其中焚烧温度、停留(燃烧)时间、搅混强度(常称3T)和过剩空气率合称为焚烧四大要素。

1. 焚烧温度

废物的焚烧温度是指废物中有害组分在高温下氧化、分解直至破坏所需达到的温度。它比废物的着火温度要高得多。提高焚烧温度有利于废物中有机毒物的分解和破坏，并可抑制黑烟的产生和减少燃烧所需的时间。但过高的焚烧温度不仅会增加燃料消耗，而且会增加废物中金属的挥发量和氧化氮的产生量，容易引起二次污染，并会损坏炉子的耐火材料和锅炉管道。因此，不宜随意使用过高的焚烧温度。合适的焚烧温度是在一定的停留时间下由实验确定的。大多数有机物的焚烧温度范围为800～1 000℃，通常在800～900℃为宜。

2. 停留时间

停留时间的长短直接影响废物的焚烧效果、尾气组成等，停留时间也是决定炉体容积尺寸和燃烧能力的重要依据。如焚烧温度维持在850～1 000℃，并有良好的搅拌和混合，燃烧气体在燃烧室的停留时间为1～2 s。

3. 搅混强度

要使废物燃烧完全，减少污染物形成，必须使废物与助燃空气充分接触、燃烧气体与助燃空气充分混合。焚烧炉所采用的搅动方式有空气流搅动、机械炉排搅动、流态化搅动及旋转搅动等，其中以流态化搅动效果最好。中小型焚烧炉多属于固定炉床式，常通过空气的流动来进行搅动，其主要方式有以下几种。

(1)炉床下送风　助燃空气自炉床下送风，由废物层孔隙中窜出。这种搅动方式易将不可燃的底灰或未燃炭颗粒随气流带出，形成颗粒物污染，废物与空气接触机会大，废物燃烧较完全，焚烧残渣热灼减量较小。

(2)炉床上送风　助燃空气由炉床上方送风，废物进入炉内时从表面开始燃烧，优点是形成的粒状物较少，缺点是焚烧残渣热灼减量较大。

二次燃烧室内氧气与燃烧气体的混合程度取决于二次助燃空气与燃烧气体的相互流动方式和气体的湍流程度。一般来说，二次燃烧室气体速度在3～7 m/s即可满足要求。气体流速过大时，混合强度加大，但气体在二次燃烧室的停留时间会减少，反而不利于燃烧的完全进行。

4. 过剩空气率

在实际的燃烧系统中，氧气与可燃物质无法完全达到理想程度的混合及反应。为使燃烧完全，仅供给理论空气量很难使其完全燃烧，因此，需要供给比理论空气量更多的助燃空气量，以使废物与空气能完全混合燃烧，这就是过剩空气量。它常用过剩空气系数或过剩空气率表示。根据经验，在通常情况下，过剩空气系数一般需大于1.5，常在1.5～1.9之间；但在某些特殊情况下，过剩空气系数可能在2以上，才能达到较完全的焚烧效果。

(三)焚烧设备

固体废物焚烧设备是焚烧炉。固体废物焚烧炉种类繁多，主要有炉排型焚烧炉、炉床型焚烧炉和流化床焚烧炉3种类型，每种类型的炉子又有不同的结构型式。

1. 炉排型焚烧炉

将废物置于炉排上进行焚烧的炉子称炉排型焚烧炉。若炉排是固定的，则称固定炉排焚烧炉；若炉排是活动的，则称活动炉排焚烧炉。

(1)固定炉排焚烧炉　图7-11为曲径多室固定炉排焚烧炉。它有两个燃烧室，一次燃烧室为固定炉排，为固体废物燃烧室，二次燃烧室为气相燃烧室。烟气由一次燃烧室至二次燃烧室需经过火焰道和混合室，从而形成燃烧带，同时在水平和垂直方向上作90℃的弯曲运动，形成弯曲的运动途径。在每次烟气流向发生变化时，就会有一些灰尘从烟气流中被分离出来，从而使烟气得到净化。一次燃烧室内炉排位置较高，其下是收集灰渣的灰坑。

曲径多室固定炉排焚烧炉不仅能焚烧一般固体废物，还可焚烧有害危险废物，如医疗垃圾。

图7-12是同轴多室固定炉排焚烧炉。它也有两个燃烧室，但比曲径式多室焚烧炉大，燃烧空气直接进入焚烧炉，燃烧气流在焚烧炉内整体上作轴向流动。一燃室是固体废物燃烧室，二燃室为气相燃烧室。由一燃室至二燃室需经过火焰口及

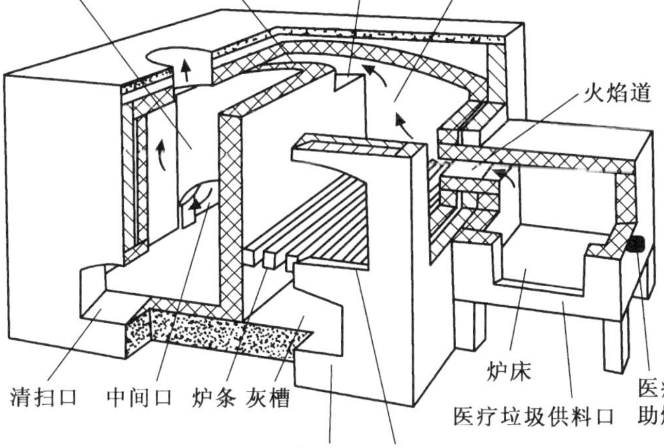

图 7-11　曲径多室固定炉排焚烧炉

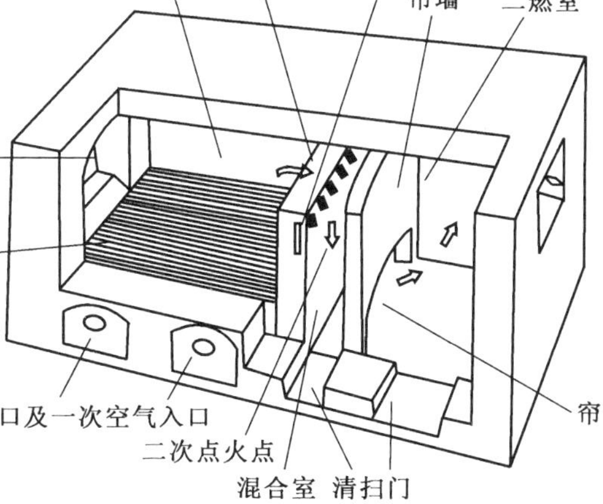

图 7-12　同轴多室固定炉排焚烧炉

混合室，形成燃烧带。废物进入一燃室，投在固定炉排上，经干燥、着火而燃烧。在燃烧时，挥发分及水分通过燃烧室部分氧化，其余部分随气流通过火焰口向下流经混合室与二次空气混合，因为混合室使气流流动区域受到限制，流向突然改变而发生湍流，促使混合均匀并产生气相反应。膨胀的气体受到帘墙阻挡使气流再次改变方向，经过帘墙口从混合室到达最后的二燃室进行二次燃烧。飞灰和其他固体颗粒物质受墙碰撞而沉落在燃烧室内。因此，这种类型的焚烧炉排出烟气中的颗粒物浓度相对较低。在许多情况下，即使没有其他空气污染控制设备，也能够满足排放标准。

固定炉排焚烧炉一般只用于间歇式或半连续式操作，多采用人工加料，劳动强度大，工作环境条件较差。焚烧量小时常采用这种形式，处理能力一般在 10～375 kg/h 之间。

(2)活动炉排焚烧炉　活动炉排焚烧炉的炉排性能直接影响固体废物的焚烧效果。最典型的活动炉排焚烧炉是机械炉排焚烧炉，这种焚烧炉可实现焚烧操作的连续化、自动化，是目前使用最为广泛的焚烧炉型式。按炉排构造不同，机械炉排分为链条式、阶梯往复式、多段滚动式等。我国目前制造的中小型焚烧炉大都为链条式或阶梯往复式。

链条炉排通过链条的转动向前移动物料(图 7-13)，它结构简单，对物料没有搅动作用，容易出现局部燃烧不完全、燃不尽等现象。而阶梯往复式炉排呈阶梯状布置，它的炉排由固定炉排和活动炉排两部分构成，两者交替叠放(图 7-14)。固定炉排始终固定不动，活动炉排则由机械推动作往复运动，从而把物料不断推向前去，同时又将料层翻动、扒松，使由炉排底部透过的空气与物料充分接触。因此，往

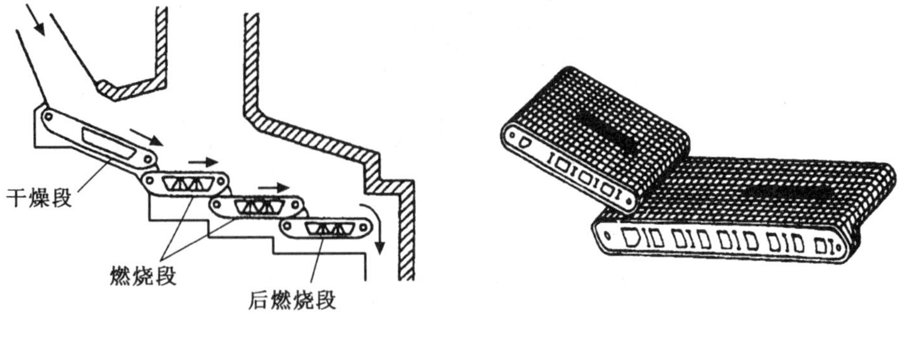

图 7-13　链条式机械炉排焚烧炉传料示意图

复式炉排的性能比链条式炉排要好，使用较为普遍。

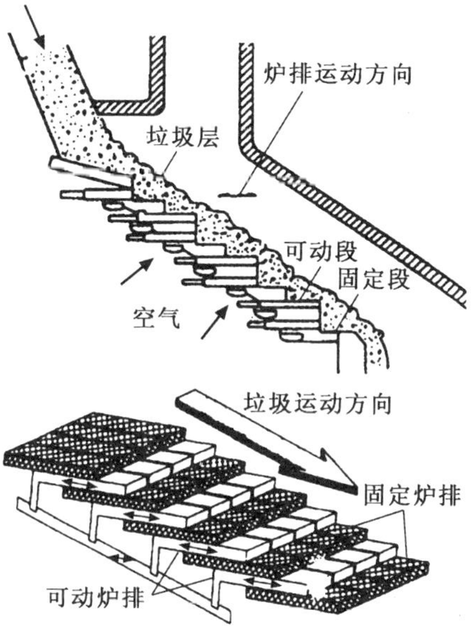

图 7-14　阶梯往复式机械炉排焚烧炉传料示意图

固体废物进入机械炉排（链条式和往复式）焚烧炉依次经过干燥段、燃烧段和后燃烧段三个阶段（图 7-13）。首先固体废物由抓斗送入焚烧炉后落入炉排的前段（即干燥段），然后在炉排的推动作用下逐步向前移动，在向前运动过程中，固体废物中的水分不断蒸发，待完全干燥后开始着火点燃，之后即进入燃烧段。炉排的后段是燃尽段（即后燃烧段），其作用是保证固体废物在达到炉排尾端时被完全燃尽成灰渣。从后燃烧段炉排上落下的灰渣进入灰斗，并随后由出灰机排出焚烧炉。焚烧所需的助燃空气由鼓风机送入炉排下方，再穿过炉排间的缝隙进入炉排上的物料和燃烧室中。而产生的烟气流向上运动，进入二次燃烧室内，与由炉排上方导入的二次助燃空气充分搅拌、混合，进行进一步燃烧，之后被导入废热回收锅炉进行热交换，以回收热能。冷却后的尾气进入废气净化装置处理后排放。

2. 炉床型焚烧炉

将废物置于炉床上进行焚烧的炉子称炉床型焚烧炉。炉床不动的称固定炉床焚烧炉，炉床可动的称活动炉床焚烧炉。而固定炉床和活动炉床焚烧炉又有多种型式。

(1)固定炉床焚烧炉 图 7-15 为立式多层固定炉床焚烧炉。它的炉体是一个

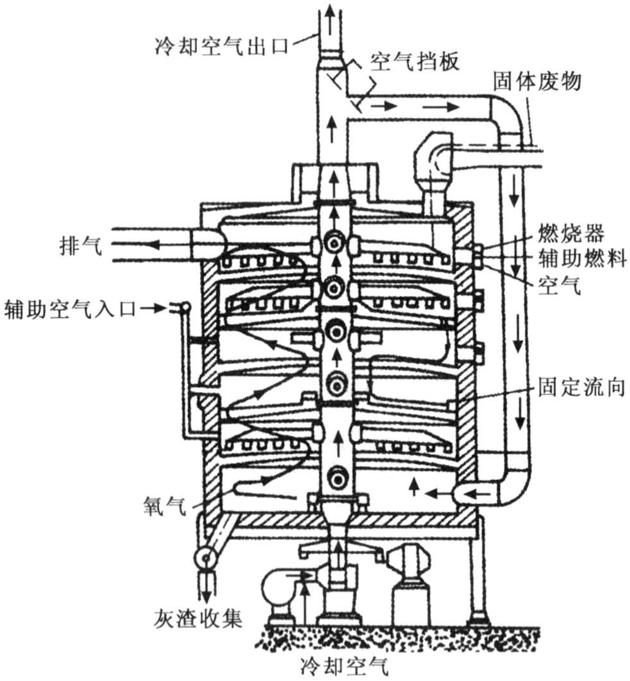

图 7-15 立式多层固定炉床焚烧炉

垂直的、内衬耐火材料的钢制圆筒,内部分许多层,每层形成一个炉膛。炉体中央装有一个顺时针方向旋转的、带搅动臂的中空中心轴。搅动臂是双筒的,其内、外筒分别与中心轴的内、外筒相连。搅动臂上装有多个方向与每层落料口的位置相配合的搅拌齿。炉顶有加料口,炉底有排渣口,辅助燃烧器安装在焚烧炉的侧壁上。在每层炉壁外还设有辅助空气入口,在需要时可提供二次空气。

固体废物进入立式多层固定炉床焚烧炉依次经过干燥区、燃烧区和冷却区三个过程。首先固体废物经输送带或螺旋推进器由炉顶送入,然后由耙齿耙向中央的落口,落入下一层;再由下层的耙齿耙向炉壁,由四周的落料口落入第三层,以后依次向下移动。物料在炉膛内自上而下呈螺旋形运动。燃烧后的灰渣一层一层地掉至底部,并与进入炉膛的预热空气接触,进行热量交换,既冷却了灰渣,又进一步加热了空气。灰渣冷却到一定温度后被排出炉外。而预热的助燃空气(氧气)由焚烧炉的底部经中央和四周落料口向上运动(与物料下落轨迹相反),为各燃烧层提供氧气,最后由排气口排出。

立式多层固定炉床焚烧炉废物在炉内停留时间长,能挥发较多水分,适合处理含水率高、热值低的废物;可使用多种燃料,燃烧效率高;可利用任何一层的辅助燃烧器来提高炉内温度,运转灵活,对物料的适应性强。但由于物料停留时间长,温度调节较为迟缓,控制辅助燃料的燃烧比较困难;燃烧器结构复杂,移动零件多,易出故障,维修费用高;排气温度较低,易产生恶臭,排气需经脱臭处理。立式多层固定炉床焚烧炉不适于含可熔性灰分及需要极高温度才能破坏的废物的焚烧处理。

图 7-16 为螺旋式固定炉床焚烧炉。该焚烧炉由两个燃烧室组成。螺旋燃烧室为一次燃烧室,它包括圆柱形燃烧室的外壳、进出料装置、强制通风系统、集灰器和不等螺距的螺旋推进器。由顶部的钢制强制通风系统送入的一次助燃空气,经过嵌在耐火材料中的环形孔口进入螺旋燃烧室内。通过燃烧室内不等距螺旋的旋转作用输送物料。螺旋片焊接在水冷管轴上。助燃空气分三段供给,各段空气供给量是不同的,以保证物料在通过燃烧室的整个过程中都能够得到足够的空气,而又不会浪费空气。二次燃烧室是一个由耐火砖衬里、垂直安装着的圆柱体,通过壳体中的多个孔口可进行强制通风,并有一个贮灰器、一个冲洗槽和一个热气出口。

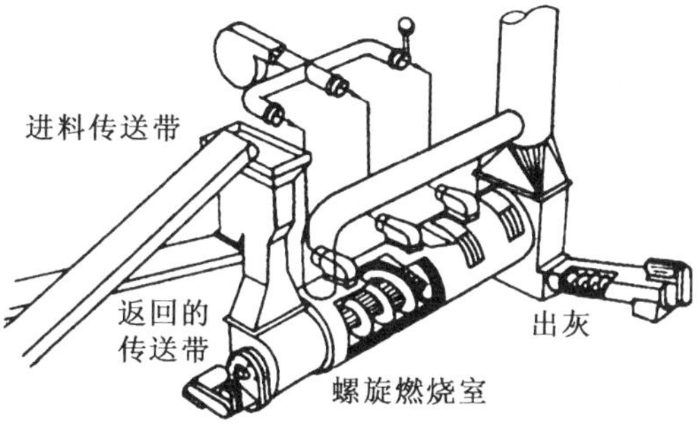

图 7-16 螺旋式固定炉床焚烧炉

经过破碎的物料(要求 90%的物料小于 20 cm)以一定的速度进入螺旋式固定炉床焚烧炉的螺旋燃烧室,并由螺旋推进器的第一个螺旋片推成一堆。然后,物料被螺旋推动滚过燃烧室。在螺旋推动物料向前移动时也起到了搅拌物料的作用,从而使物料最大限度地与注入燃烧室的空气相接触。当物料经过燃烧、体积减小时,推动物料移动的螺旋的螺距也相应地减小。螺旋燃烧室排出尾气进入二次燃烧室完全燃烧。二次燃烧室中的旋风气流也能分离、去除从螺旋燃烧室中带走的大部分颗粒。注入二次燃烧室的空气也可用来控制二次燃烧室排出气体的温度。

螺旋式固定炉床焚烧炉运行可靠而清洁;处理能力大;燃烧室的温度低、设备使用寿命长(耐火材料和螺旋);二次燃烧室只有气体燃料燃烧,因而能精确地控制排气温度;可全部实行自动控制;对物料的适应性强,能焚烧各种复杂的固体废物。这种焚烧炉不仅能用于生活垃圾的焚烧和热能的回收利用,还能处理有毒危险废物。

图 7-17 为高温气化固定炉床焚烧炉。它是由燃气发生器(一燃室)和后续二燃室组成的一种立式焚烧炉。

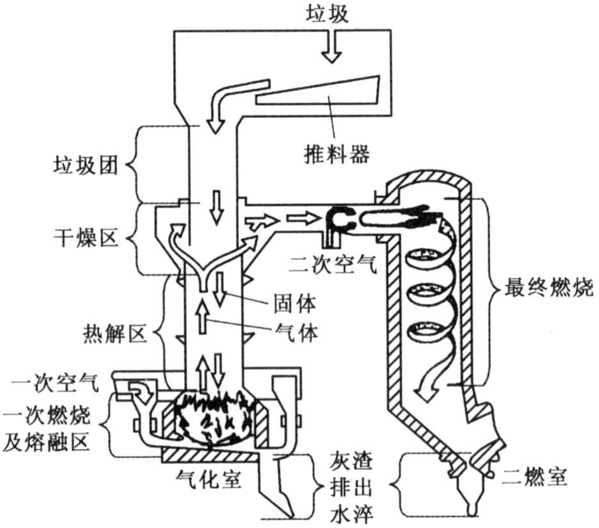

图 7-17 高温气化固定炉床焚烧炉

垃圾靠重力落入燃气发生器,自上而下通过烘干区、热解区和燃烧/熔融区。预热高温空气(约 1 038℃)被吹入燃气发生器(气化室)的炉底,使热解后残留的炭燃烧,产生的热量使惰性物质熔化和使下落的垃圾继续热解。高温炉渣(1 650℃)在炉底由出渣口连续流出,落入水冷槽,生成黑色的惰性颗粒状残渣。燃气发生器的热解气体(427～538℃)向上运动,并从切线方向进入二次燃烧室,在此与空气进行充分的燃烧,产生温度为 1 205～1 260℃的废气。二燃室的部分废气(约 15%)被引入热交换器,用于预热一次燃烧空气,一次燃烧空气在这里被加热到 1 038℃后送入燃气发生器。剩下的 85%热气体则被送往废热锅炉,用于生产蒸汽。废气经常规静电除尘器处理后排放。

(2)活动炉床焚烧炉　旋转窑式焚烧炉是一种典型的活动床式焚烧炉。它是一个略为倾斜、内衬耐火砖的钢制空心圆筒,窑体通常很长。大多数物料是由燃烧过程中产生的气体以及窑壁传输的热量加热的。固体废物可从前端送入窑中进行焚烧，通过窑体旋转来达到搅拌废物的目的。旋转时，窑体须保持适当的倾斜度，以利固体废物靠自重下滑和向前移动。此外，废液及废气可以从前段、中段、后段同时配合助燃空气送入，甚至整桶装的废物也可送入旋转窑焚烧炉燃烧。

每座旋转窑通常配有1～2个燃烧器，可装在旋转窑的前端或后端。在开机时，燃烧器负责把炉温升高到要求的温度后才开始进料。使用的燃料可以是燃料油、液化气或高热值的废液等。废液有时与固体废物混合后一起送入，或借助空气或蒸汽进行雾化后直接喷入。二次燃烧室通常也装有燃烧器，二燃室的空间约为旋转窑的30%～60%。有时炉内也设有若干阻挡板，以配合鼓风机提高助燃空气的搅拌能力。

旋转窑焚烧炉有两种：普通旋转窑焚烧炉和后旋转窑焚烧炉。普通旋转窑焚烧炉如图7-18所示，它由旋转窑和一个二次燃烧室组成。旋转窑是主燃烧室；二次燃烧室的作用是使挥发性的有机物和未燃尽的悬浮颗粒物完全燃烧掉。后旋转窑焚烧炉如图7-19所示，它由前段的干燥燃烧炉排和后段的旋转窑组成。物料在通过干燥燃烧炉排时得到干燥和被点燃，并进入后面的旋转窑继续燃烧。后旋转窑焚烧炉的特点是对物料的适应性比较强，可用来处理含有液体的大块固体废物。

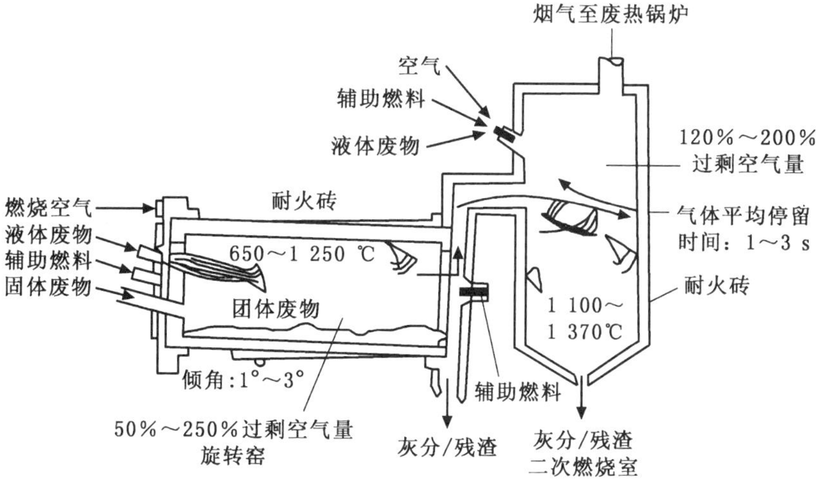

图7-18　普通型旋转窑焚烧炉

旋转窑焚烧炉对物料的适应性强，能焚烧多种液体和固体废物。除了重金属、水或无机化合物含量高的不可燃物外，各种不同物态（固体、液体和气态）和形

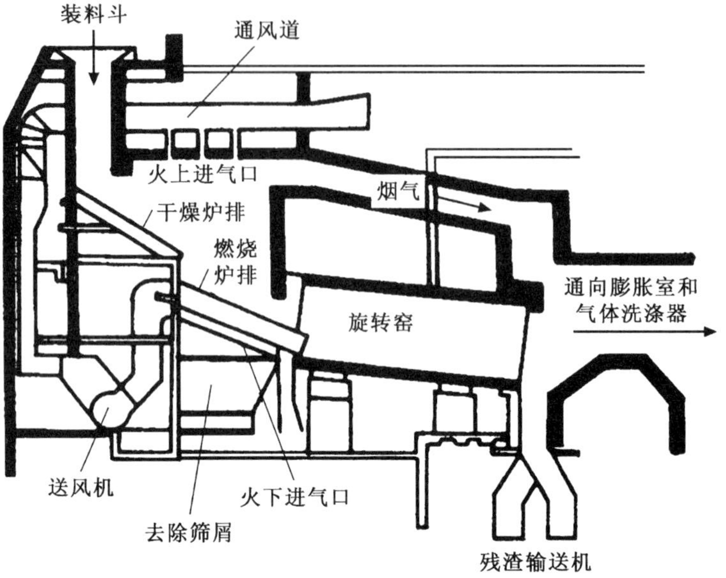

图 7-19 后旋转窑焚烧炉

状(颗粒、粉状、块状及柱状)的可燃性废物皆可送入旋转窑中焚烧。

3. 流化床焚烧炉

流化床焚烧炉借助惰性介质(如石英砂)的均匀传热与蓄热效果达到废物完全燃烧的目的。通常使用的流化床主要有气泡式流化床和循环式流化床两种。前者常用于处理生活垃圾,后者多用于处理有害废物。

气泡流化床(图 7-20)是将不起反应的惰性介质放入反应槽底部,惰性介质在助燃空气作用下形成流态化;惰性介质蓄存热量,并在流态化过程中把热量均匀传递给物料。助燃空气多由底部送入并向上流动,气流流速控制着介质的流态化程度。气流流速过小,介质形不成流态化,流速过大则会造成介质被上升气流带出焚烧炉。因此,对气泡流化床来说,流速控制是非常重要的。气泡床的表象气体流速在 1～3 m/s 之间。自下而上,气泡流化床的炉膛可分为栅格区、流化床区、床表区和干舷区等。

图 7-21 为循环流化床焚烧炉,其工作原理与气泡流化床相同,不同之处是循环流化床使用的气体流速较高,惰性介质是循环使用的。运行时,由于高速气流的作用,惰性介质被不断地吹出炉膛,之后,经旋风集尘器收集,再返回到焚烧炉的底部。如此反复,介质始终处于循环流化状态。

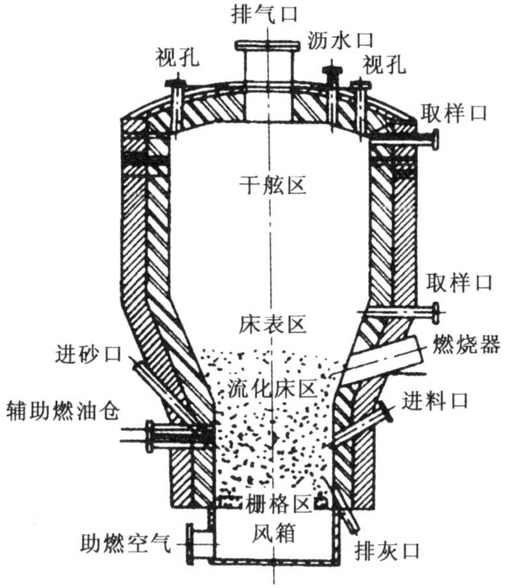

图 7-20　气泡式流化床焚烧炉

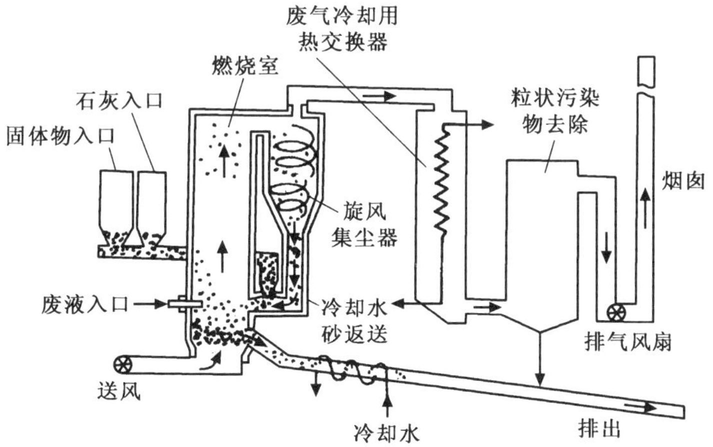

图 7-21　循环流化床焚烧炉

在流化床中，介质始终处于悬浮状态，气固间充分混合接触，传热传质效率高，燃烧速度快，效率高；炉内燃烧温度均匀，物料燃烧完全；燃烧温度可以维持在较低的水平（750～850℃），因此氮氧化物产生量较少；炉体结构简单，炉体体积较小；炉内无移动部件，炉体的故障较少。缺点是流动的介质对炉内部的磨损较大，要求进料颗粒均匀，对颗粒大小也有一定的要求，故常需要对物料进行预处理，处理能力不强（常在 50～200 t/d）。

（四）焚烧能源的回收利用

在焚烧过程中，物料的燃烧产生大量的烟气，烟气温度高达 850～1 000℃，含有大量的热能，需要加以利用，以避免高温尾气对周围环境的热污染。通常利用传热介质（空气、水等）通过废热锅炉、换热器等热交换设备来回收废热，其中废热锅炉换热冷却方式使用最为广泛。

废热锅炉（又称热回收锅炉）是利用燃烧尾气的废热为热源产生蒸汽的一种设备，它有多种型式，图 7-22 是双筒式废热回收锅炉。焚烧炉产生的高温烟气先经水冷壁冷却，然后进入锅炉的水管群（束），与水管中的水进行热交换，使之蒸发而产生水蒸气，蒸汽再用来发电或做他用。目前，中大型垃圾焚烧厂几乎均设置有汽电共生系统。

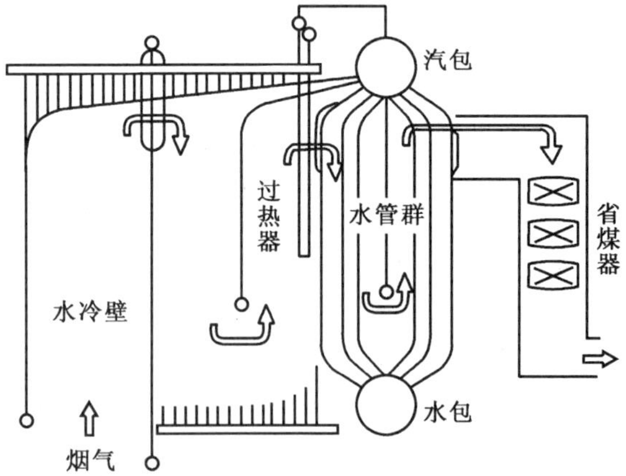

图 7-22 双筒式废热回收锅炉

利用废热锅炉既能回收废热又能降低尾气温度，且传热传质效果好，废热回收效率高；设备体积较小，安装费用低；可耐较高温度，对废气温度变化的适应性强；可生产蒸汽，供做他用，但其投资、运行与维护费用比较高。此外，尾气中的酸性气体和粉尘等会导致磨损、腐蚀、积垢等问题，导致零部件的损坏和锅炉冷却、热回收效率的降低，系统整体运行稳定性稍差。

(五)焚烧尾气的组成及控制

1. 焚烧尾气中污染物的组成

焚烧尾气污染物成分和含量受多种因素的影响，包括废物种类、焚烧炉型式、燃烧温度、供气量和废物进料方式等。尾气中主要污染物质有以下几种。

(1)不完全燃烧产物　碳氢化合物完全燃烧后的主要产物为无害的水蒸气和二氧化碳，可以直接排入大气之中。不完全燃烧产物(简称 PIC)是指燃烧不良时产生的副产物，包括一氧化碳、炭黑、烃、烯、醛、酮、醇、有机酸和聚合物等。

(2)粉尘　指废物中的惰性金属盐类、金属氧化物或不完全燃烧物质等。主要来自：①被燃烧空气和烟气吹起的颗粒较小的灰分；②高温蒸发气化的盐类和重金属等在后续冷却过程中凝缩形成或发生化学反应而生成的物质；③未燃的碳等。

(3)酸性气体　包括氯化物(HCl)、卤化氢(氯以外的卤素，氟、溴、碘等)、硫氧化物(SO_2 及 SO_3)、氮氧化物(NO_x)、五氧化二磷(P_2O_5)和磷酸(H_3PO_4)等。主要由固体废物中的 Cl、N、S、F 等在燃烧的过程中与 H、H_2O、O_2 等发生化学反应而产生。其中 HCl 主要来自塑料的焚烧。

(4)重金属污染物　包括铅、汞、铬、镉、砷等的元素态、氧化物及氯化物等。

(5)二噁英 PCDDs/PCDFs　据报道，二噁英是目前发现的毒性最强的化合物，它的毒性比氰化钾(KCN)大 1 000 倍，比马钱子碱大 500 倍，只要 1 盎司(28.35 g)二噁英，就能将 100 万人置于死地。

一般认为，垃圾焚烧产生二噁英主要有以下两个途径：①炉内生成。在燃烧过程中，若缺氧燃烧，会生成二噁英的前驱物，这些前驱物与垃圾中的氯化物、O_2、氧离子进行复杂化学反应，生成二噁英类物质。②尾部再度合成。不完全燃烧反应所生成的二噁英的前驱物以及垃圾中未燃尽的环烃物质，在烟尘中的 Cu、Ni、Fe 等金属粒子催化作用下，与烟气中的氯化物和 O_2 发生反应，生成二噁英类物质。当催化反应温度在 300℃左右时，易生成二噁英类物质。

固体废物焚烧产生的尾气中，各污染物含量的典型值为(标准状态下)：粉尘 2 000～5 000 mg/m^3、HCl 200～800 mg/m^3、NO_x 90～150 mg/m^3、SO_x 20～80 mg/m^3。尾气温度 150～300℃，含水率 15%～30%。其特点是粉尘浓度较高，酸性气体中 HCl 浓度很高。

焚烧尾气由于含有上述有毒、有害物质，所以必须经净化处理达标后方可排放。表 7-1 为我国现有焚烧技术标准尾气排放限值。

表 7-1 我国现有焚烧技术标准尾气排放限值

标准	SO_2	NO_x	CO	HCl	烟尘
HJ/T-18—1996(mg/m^3)	≤300	≤500	≤1 000	≤500	
CJ 3036—1995(kg/h)	11.0	6.0	120.0	0.4	200

2.尾气污染控制技术

(1)粉尘控制技术 焚烧尾气中粉尘的主要成分分为惰性无机物质,如灰分、无机盐类、可凝结的气体污染物质和重金属氧化物等。一般来说,固体废物中灰分含量较高时,产生的粉尘也多,颗粒大小的分布也广。

尾气中的粉尘是用除尘设备来去除的,选择除尘设备时,首先应考虑粉尘负荷、粒径大小、处理风量及容许排放浓度等因素。必要时,还需进一步了解粉尘的其他特性,如粒径尺寸分布、黏度、湿度和磨损性等,以便作出最合适的选择。

除尘器的类型很多,在垃圾焚烧厂中常用的有多管离心除尘器、布袋除尘器和静电除尘器等。

(2)酸性气体控制技术 酸性气体一般用碱吸收剂将其吸收,发生中和反应而除去,所用的碱吸收剂包括氢氧化钙、氢氧化镁、醋酸钙、醋酸镁、醋酸镁钙、甲酸钙、丙酸钙或苯甲酸钙等。主要的方法有湿式洗气法、干式洗气法和半干式洗气法三种。

①湿式洗气法:最常用的湿式洗气塔就是填料吸收塔。通过除尘器除尘的尾气由塔的下部向顶部流动的过程中与顶部喷入向下流动的碱性溶液在填料表面接触,发生反应,从而除去酸性气体。

②干式洗气法:干式洗气法是用压缩空气将碱性固体粉末(消石灰或碳酸氢钠)直接喷入烟管或反应器内,使之与酸性废气充分接触和发生反应,从而达到中和酸性气体并将其除去的目的。

③半干式洗气法:半干式洗气塔实际上是一个喷雾干燥系统。它利用高效雾化器将消石灰泥浆喷入干燥吸收塔内,使之与酸性气体充分接触并发生反应,以去除酸性气体。

(3)重金属控制技术 去除尾气中重金属的方法主要有以下几种。

①除尘器去除。通过降低尾气温度,利用除尘设备去除。如采用布袋除尘器与干式或半干式洗气塔并用方式,对重金属(汞金属除外)的去除效果非常好。

②活性炭吸附法。在干法处理流程中,可在布袋除尘器前喷入活性炭,或于流程尾端使用活性炭滤床来吸附重金属。对以气态存在的重金属物质,活性炭吸附效果也较好。吸附了重金属的活性炭随后被除尘设备一并收集去除。

③化学药剂法。在布袋除尘器前喷入能与汞金属反应生成不溶物的化学药剂，可去除汞金属。

④湿式洗气塔。部分重金属的化合物为水溶性物质，通过湿式洗气塔的作用，把它们先吸收到洗涤液中，然后再加以处理。该法可与化学药剂法结合使用。

(4)二噁英控制技术　对二噁英的控制主要从三个方面着手：①源头控制。通过废物分类收集，加强资源回收，避免含 PCDDs/PCDFs 物质及含氯成分高的物质(如 PVC 塑料等)进入固体废物中。②减少炉内形成。控制二噁英在炉内产生的最有效的方法是所谓的"3T"法，即温度(temperature)、时间(time)和湍流(turbulence)。保持炉内高温 800℃以上(最好是 900℃)，可将二噁英完全分解；保证足够的烟气高温停留时间(一般在 1～2 s 以上)，以利于二噁英的充分分解；优化炉型和二次空气的喷入方法，充分混合搅拌烟气以达到完全燃烧的目的。③避免炉外低温再合成 PCDDs/PCDFs 炉外再合成现象，多发生在锅炉内(尤其在节热器的部位)或在除尘器设备前。有研究指出，其主要原因是锅炉或除尘器的金属部件(铜或铁的化合物)在悬浮微粒的表面催化了二噁英的先驱物质，导致炉外二噁英的再合成。因此，近年来，工程上普遍采用半干式洗气塔与布袋除尘器搭配的方式，同时控制除尘器入口的废气温度在一定范围内。

在干式处理流程中，最简单的方法是喷入活性炭粉或焦炭粉，通过吸附以去除废气中的 PCDDs/PCDFs。活性炭粉虽然单价较高，但因其活性较大，用量少，且蒸气活化安全性高，同时对汞金属亦具较优的吸附功能，是较佳的选择。除活性炭粉喷入法外，也可在静电除尘器或布袋除尘器后端加设一个含有焦炭或活性炭的吸附床来去除二噁英。

需要指出的是，在实际运行中，这些方法都是结合在一起使用的。一个完整的焚烧工艺系统应能使焚烧尾气中含有的各种污染成分都得到有效的去除，使尾气最终达到排放标准。

四、农村生活垃圾的堆肥技术

农村生活垃圾肥料化后施于土壤，在提高土壤肥力、增加土壤有机质、改善土壤结构等方面有其独特的作用。有关堆肥化技术请参照第三章内容。下面介绍目前国内和国外两种生活垃圾堆肥典型处理工艺系统。

1.国内生活垃圾堆肥处理工艺系统

图 7-23 为国内生活垃圾典型堆肥工艺系统流程图，该系统的垃圾处理能力为 100 t/d。

由居民区收集的生活垃圾先运至中转站，然后再转运到堆肥处理厂。运来的

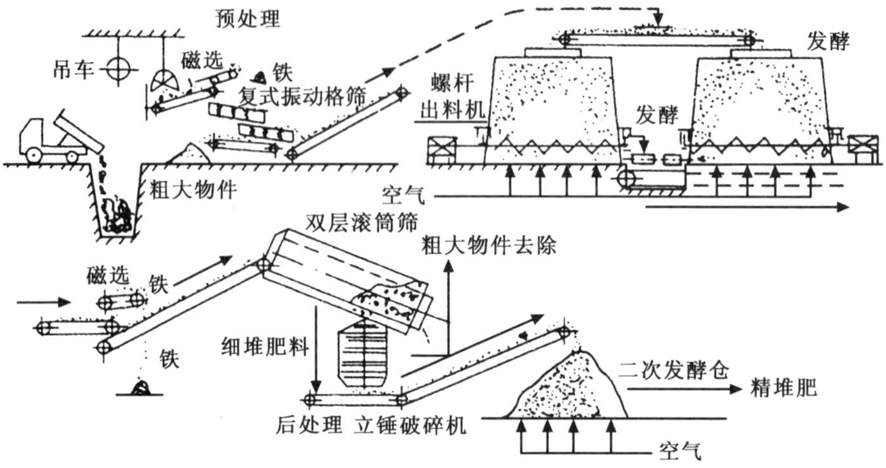

图 7-23 国内生活垃圾典型堆肥工艺系统

垃圾倒入受料坑内，由吊车把垃圾转送到板式给料机上，经磁选除铁后送至复式振动筛进行粗分选，将大于 100 mm 的粗大物件及小于 5 mm 的煤灰等分选出去。然后经输送带装入长方形的、容积为 146 m^3 的一次发酵池。在装料的同时，用污泥泵从贮粪池内将粪水分若干次喷洒到垃圾中，按一次发酵含水率 40%～50%的要求加入粪水，并使之与垃圾充分混合。待装池完毕后加盖密封，并开始强制通风，温度控制在 65℃左右。约经 10 d 的时间，一次发酵完成。一次发酵堆肥物由池底经螺杆出料机排至皮带输送机上，再经二次磁选分离铁件后送入高效复合筛分破碎机。通过筛分机的作用，大块无机物（石块、砖瓦、玻璃等）及高分子化合物（塑料等）被去除，粒径大于 12 mm 而小于 40 mm 的可堆肥物被送至破碎机，破碎后的物料与筛分出的细堆肥料一起被送到二次发酵仓，继续进行二次堆肥处理。一次发酵仓的废气通过风机送入二次发酵仓底部，为二次发酵仓继续通风，同时还可起到脱除臭气的作用。此外，为防止一次发酵池中渗出污水污染地面水源，在一次发酵池底部设有排水系统，将渗沥水导入集水井后，经污水泵打回粪池再利用。二次发酵一般需要 10 d 左右的时间。

2. 国外生活垃圾堆肥处理工艺系统

图 7-24 为国外生活垃圾典型堆肥处理工艺系统，该系统堆肥处理能力为 110 t/d，用卧式达诺滚筒做主发酵机。该系统可处理生活垃圾和污水、污泥混合物料。

收集来的生活垃圾先投入垃圾坑，然后用抓斗转送到运输机上，并被输送到

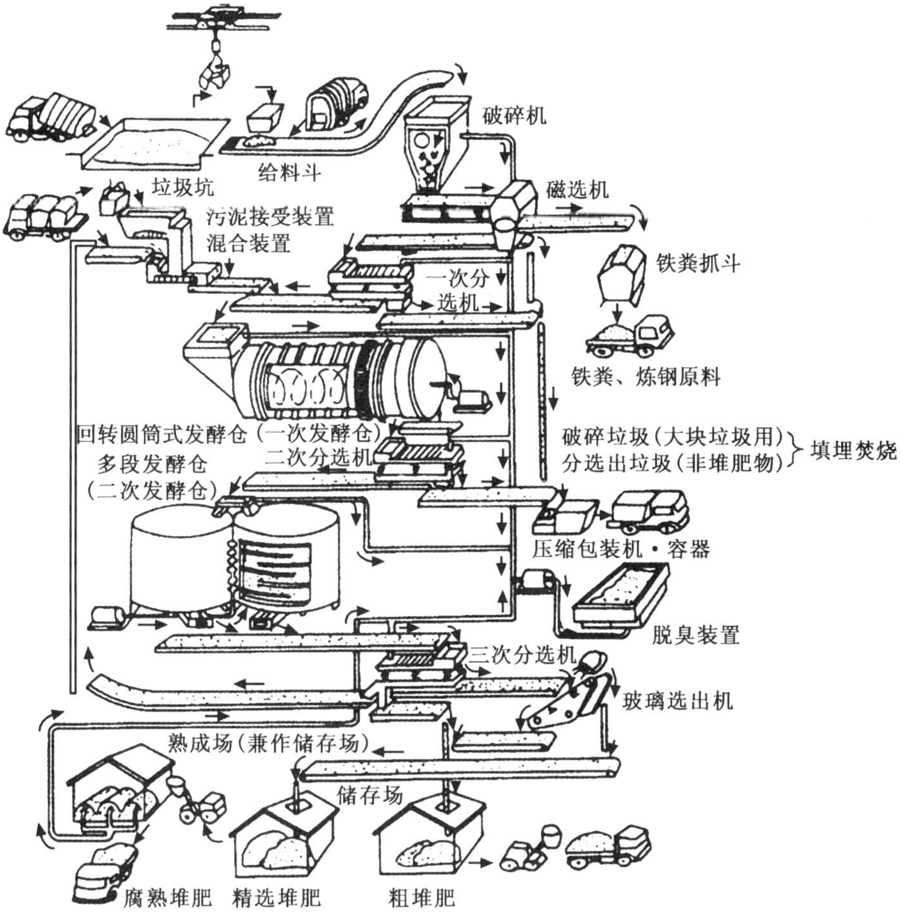

图 7-24　国外生活垃圾典型堆肥工艺系统

破碎机进行破碎。破碎后的物料经磁选机除去铁质后，用一次分选机将可堆肥物质（以厨房垃圾为主）和非堆肥物质分开。前者送到一次发酵仓通风发酵，一次发酵采用回转式达诺滚筒。一次发酵后尚未腐熟的堆肥，用二次分选机（振动筛）分成细粒未熟堆肥和非堆肥化杂质（如破碎塑料、玻璃等）两部分。从一次分选及二次分选选出的非堆肥化杂质经压缩包装处理后，送去填埋场处置或焚烧处理。未腐熟的一次堆肥进入立式多层发酵仓进行二次发酵处理。二次发酵后的腐熟堆肥再经三次分选机筛分，被进一步分成细粒堆肥和粗堆肥。一部分粗堆肥作为接种用堆肥，与下水污泥混合后送回一次发酵仓。细粒堆肥再通过玻璃选出机，靠吹风、反弹、振动等作用进一步除去细小的玻璃片、塑料等杂质，成为高纯度的精选堆肥，可直接使用或送入腐熟堆肥场进一步腐熟。在整个堆肥过程中，从破碎机、分选机、发酵仓和腐熟堆肥场等产生的臭气皆用风机抽出，并被送到过滤装置进行脱臭处理，以保护整个堆肥厂的环境。

阅读材料

旅游观光点——垃圾转运站和填埋场

美国纽约市第 59 号大街上的垃圾转运站和其临近的斯塔滕岛(Staten Island)上的世界上最大的弗雷什·基尔斯(Fresh Kills)废物填埋场是世界著名的旅游观光点。

游客们不仅能够参观转运站花园般的外部环境，还可观看其内部工作情况。整个转运站坐落在一座封闭式的大型玻璃建筑中，室内空气清新，没有臭味。这座转运站不但能够转运垃圾，还具有回收各种废物的能力，全部采用流水线进行作业。在转运站，各种混合垃圾被卸入长长的储料槽后，由传送带输送到各个分选设备，进行加工处理后，最后不可分选物被送到终端，装上大型驳船，沿哈得逊河(the Hudson River)送到斯塔滕岛上的费雷什·基尔斯填埋场。由于填埋垃圾的不断增高，这里很快成为美国东海岸上的第二个制高点。游客们站在纽约市中心曼哈顿大街上就能够看到这一壮丽的景观。通过参观，人们不仅增长了废物处理方面的知识，最重要的是认识到了保护环境和自然资源的重要性。

第二节　塑料残膜的综合处置技术

农用塑料制品已成为现代农业发展不可缺少的生产资料，是抗御自然灾害，实现农作物稳产、高产、优质和高效的一项不可替代的技术措施，已在我国农业领域得到广泛的应用，且已成为仅次于包装行业的第二大塑料制品消费领域。

清洁的废旧塑料可以重复使用，或重新用于造粒、炼油、制漆和做建筑材料等。回收利用符合固体废物处理的“减量化、资源化、无害化”的通用原则，不仅可以避免“视觉污染”，而且可以解决“潜在危害”，缓解资源压力，减轻生活垃圾处置负荷，节约土地，并可取得一定的经济效益。

塑料回收利用已成为世界各国共同关注的问题。目前中国塑料制品的产量在短短的几年中由几百万吨猛增到 1 000 多万 t；而回收利用不到 10%。特别是塑料薄膜和一次性使用的包装薄膜、餐盒、包装衬垫物，由于质轻、体积庞大不易回收，若不小心、不及时处理，就很容易被丢弃在街头、公路、田野、江河湖泊和房屋的周围，严重影响环境卫生。因此，被人们称为“白色污染”。塑料残膜种类繁多，因此在回收利用及处理处置时，应根据其性质采取不同的方式。

一、塑料残膜的种类与特点

塑料残膜种类很多，通常按塑料受热的反应性可分为热塑性塑料和热固性塑料两大类。热塑性塑料是指成型后再加热可重新软化加工而化学组成不变的塑料，如聚乙烯(PE)、聚丙烯(PP)、聚苯丙烯(PS)、聚氯乙烯(PVC)、聚对苯二甲酸乙二醇酯(PET)等。热固性塑料是指成型后不能再加热软化而重复加工的塑料，如酚醛树脂、环氧树脂、氨基树脂等，这些塑料的废料一般通过粉碎、研磨为细粉，再以15％～30％的比例，作为填充料掺加到新树脂中。

二、塑料残膜的填埋技术

塑料残膜填埋最简单的方法是就地掩埋，但这种方法不宜推广，因为这种物质在今后将很难降解或回收，而且夹杂在薄膜中的有害物渗透到地下会污染地表或地下水。

另外一种方法是填埋场填埋。填埋场填埋是世界上处理塑料残膜最普遍采用的方法，可以和生活垃圾一起填埋。这种处理方式具有成本低、技术相对简单、利于推广普及的特点。就农村居民而言，塑料残膜的填埋场填埋方式主要存在占用大量土地、支付额外倾倒费等问题。塑料残膜具体填埋技术参见上节农村生活垃圾的填埋技术。

三、塑料残膜的再生利用技术

(一)再生造粒技术

再生造粒是指将塑料残膜经破碎送入熔融装置熔化、挤压与切粒获得二次母粒，从而被加以利用的过程。塑料残膜再生造粒有湿法造粒和干法造粒两种工艺。

(1)湿法造粒工艺　对收集到的塑料残膜，首先进行破碎与清洗，之后进行脱水处理，最后送入熔融装置，获取二次母粒。其中破碎和清洗是湿法工艺中两个关键的环节。

(2)干法造粒工艺　对收集到的塑料残膜，首先进行破碎，之后进行分离除杂处理，最后送入熔融装置，获取二次母粒。分离方法有手工分离、磁力分离、静电分离、风筛分离、重力分离和温差分离等。

无论是哪种造粒工艺，其一般的工艺流程都如图 7-25 所示。

图 7-25　塑料残膜再生造粒工艺流程

①选料：首先从塑料残膜中选取可造粒残膜。

②破碎：将塑料残膜送入破碎机，破碎成 1～1.5 cm 的碎块。

③清洗干燥：将破碎后的塑料残膜碎块送入水洗分离槽，利用空气搅拌装置除去大部分铁屑、石子、砂土及灰尘等杂物，清洗除杂后经高速离心脱水机脱水，脱水后再经低温热风干燥，干燥程度达 97%以上。

④筛分：干燥后的塑料残膜经筛选机筛分，再次清除杂物。

⑤粉碎：用粉碎机再将塑料残膜碎片高速粉碎成 10 目以下粉末。

⑥混合：按不同用途，将稳定剂、颜料及增塑剂加入塑料残膜粉末中，通过塑料混合机(图 7-26)混合。

⑦挤出造粒：混均的塑料残膜粉末送入塑料挤出机(图 7-27)熔融挤成条状熔融物，再送入冷却水槽冷却，然后将冷却的条状塑料送入塑料造粒机(图 7-28)造粒。

图 7-26　塑料混合机

图 7-27　塑料挤出机

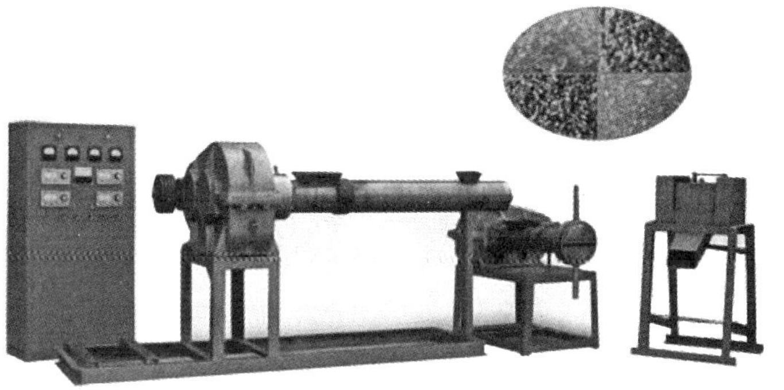

图 7-28 塑料造粒机

再生造粒是塑料残膜再利用中最经济和最方便的方法，产品需求量大，是适合中国国情的最主要的塑料残膜回收技术。

(二)直接塑化技术

塑料残膜直接塑化工艺流程如图 7-29 所示。

图 7-29 塑料残膜直接塑化工艺流程

①晾晒抖土：塑料残膜表面附着泥土，水分占总量的 50%以上，经晾晒反复翻抖，使泥土、水分减少到 30%以下，并拣去塑料残膜以外的一切杂物。

②热挤拉条：将经过晒选的塑料残膜放入塑料挤出机中，加热塑化（180～220℃），从孔径为 0.5 cm 的出口中挤出长条，并置于盛满清水的水箱中冷却硬化，即成再生料条。

③破碎加色：用破碎机将料条打碎，即成塑料再生颗粒。因料条中含有20%～40%的泥土，在塑化挤出时部分聚乙烯分子被碳化，故再生塑料色泽灰黑，进行加工必须加色。一般压制做桶、罐类加钛红或炭黑，制硬塑料管类加蓝灰。

④塑化分坯：将混合色料的颗粒料送入出糊机中，加热糅合挤出糊状大条，称重分坯。趁热送入模具中。

⑤模压成型：制作硬塑料管用出管机；制作盆、桶等，可采用压力为 300 t 以上的油压机。

塑料残膜的直接塑化技术不消耗水，没有废水产生，大部分是物理化学过程，几乎没有二次污染。

(三)生产涂料技术

塑料残膜生产涂料必须预先进行除杂、改性处理。因不同来源、不同品种的塑料残膜,其理化性质各异,必须进行改性才能适应各种性能的要求。

1. 生产清漆

(1)原料组成　塑料残膜15%～30%,混合溶剂50%～60%。

(2)工艺流程　塑料残膜生产清漆工艺流程如图7-30所示。

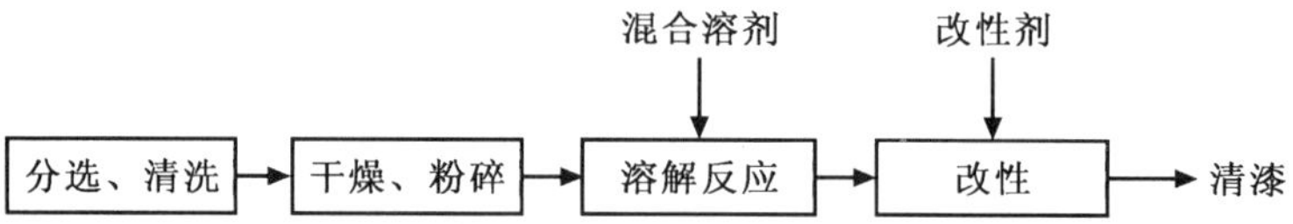

图7-30　塑料残膜生产清漆工艺流程

塑料残膜先进行分选、清水洗净,再晾干、晒干或烘干后用粉碎机粉碎成合格的粒度,加入装有混合溶剂(二甲苯70%、乙酸乙酯20%、丁醇10%)的容器中,在一定温度下使聚乙烯(PE)、聚丙烯(PP)、聚苯丙烯(PS)塑料全部催化溶解,制成塑料胶浆。在另一容器中加入配制好的改性树脂,与塑料胶浆按比例混合[废塑料∶改性用树脂为(1～5)∶1]制成清漆。

2. 生产色漆

(1)原料配比　塑料残膜∶混合溶剂∶废环氧树脂∶废酚醛树脂∶颜料＝1∶10∶(0.5～1)∶1∶(1～2)。

(2)生产工艺　塑料残膜生产色漆工艺流程如图7-31所示。

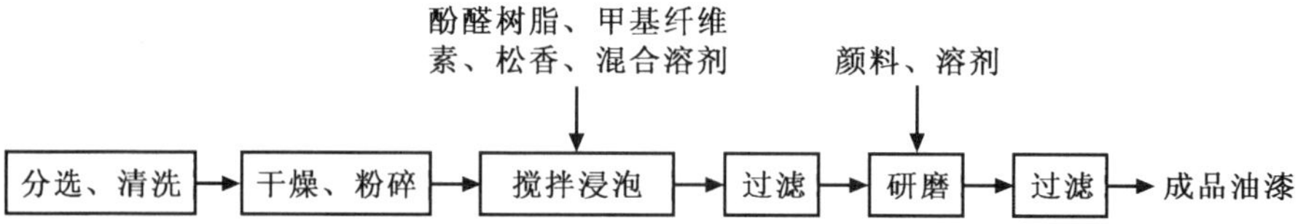

图7-31　塑料残膜生产色漆工艺流程

塑料残膜需预先除杂、清洗、除污、去油,然后晾干、晒干或烘干。将干燥的塑料残膜适当破碎,投入带搅拌的反应釜中,并加入适当比例的酚醛树脂、甲基纤维素、松香和混合溶剂(氯仿、香蕉水、二甲苯)浸泡24 h,高速搅拌浸泡物3 h以上使其完全溶解,制得均匀的胶浆状溶液。用80目筛过滤该溶液,得到合格的改性塑料浆,选好色漆颜料,如荧光颜料可制取荧光漆;荧光粉和激活剂可制夜光漆,随温度变化而变色的颜料可制示温漆等；然后加入适当的溶剂，用球磨机研磨到一定细度，过 100～120 目筛即得色浆，用 200# 溶剂汽油调节色漆黏度，过滤即得合格色漆产品。

3. 生产防锈漆

(1)原料组成(质量份)

①基料组成：废塑料 25～40 份，C9 60～75 份。废塑料可为聚苯乙烯、无色塑料或白色塑料；C9 为市售石油化工产品。

②防锈漆组成：基料 60～90 份、环氧树脂 0.7～10 份、颜料 0.2～8 份、松节油 0.1～6 份。颜料包括可以调出各种颜色，如铁锈红、中灰色、纯白色或中黄色；铁锈红色可用氧化铁红粉，中灰色可由 11.2 份立德粉、0.25 份灰黑、7.4 份钛白粉和 3.7 份的膨润土调出，纯白色可由 20 份立德粉、62 份钛白粉、0.2 份群清和 0.2 份的松香调出，黄色可由 10 份立德粉、0.05 份钛白粉、13 份中路黄调出。

(2)生产工艺 首先用 C9 溶解废塑料，将溶解后的液体经 6～8 h 沉淀，去除杂物澄清后，按比例加入其他原料，充分搅拌研磨 6～8 h 后，即可。

4. 生产防腐涂料

(1)原料组成

①基料组成：废旧 PS 泡沫塑料 30%，松香(工业级) 9%，甲苯二异氰酸酯(工业级)1.0%，混合溶剂(工业级) 60%。混合溶剂为二甲苯∶乙酸乙酯∶200# 溶剂汽油(质量比)=2∶1∶1。

②防腐涂料组成：基料 75%，滑石粉(涂料级) 4%，钛白粉(金红石型) 8%，改性剂 7%，立德粉(涂料级) 5%，烷基酚聚氧乙烯醚(化学纯)1%。

(2)制备方法

①基料制备：在装有温度计、搅拌装置和冷凝管的三口烧瓶中，加入混合溶剂和废旧 PS 泡沫塑料(将废旧 PS 泡沫塑料洗净晾干后，粉碎成细小颗粒)以及松香、甲苯二异氰酸酯，在搅拌下加热至 55～60℃，并在不断搅拌下保温反应 3～4 h，待聚苯乙烯完全溶解后，降温出料即得基料。

②防腐涂料制备：将基料、钛白粉、立德粉、滑石粉按上述配比预混合均匀后，送入砂磨机中研磨至细度≤40 μm 出料，然后加入改性剂、烷基酚聚氧乙烯醚，用高速分散机搅拌 10～15 min 即可。

5. 生产路标涂料

(1)原料组成(质量份) 废旧聚苯乙烯(PS)泡沫塑料 100 份，191 不饱和聚酯树脂 5 份，表面处理剂适量，促进剂 0.1 份，白水泥 50 份，石油树脂 2.5 份，玻璃微珠 6 份，颜料 14.5 份，轻质碳酸钙 16.5 份，石英粉 28 份，增韧剂、混合溶剂、消泡剂适量。

(2)制备方法 路标涂料生产工艺流程如图 7-32 所示。

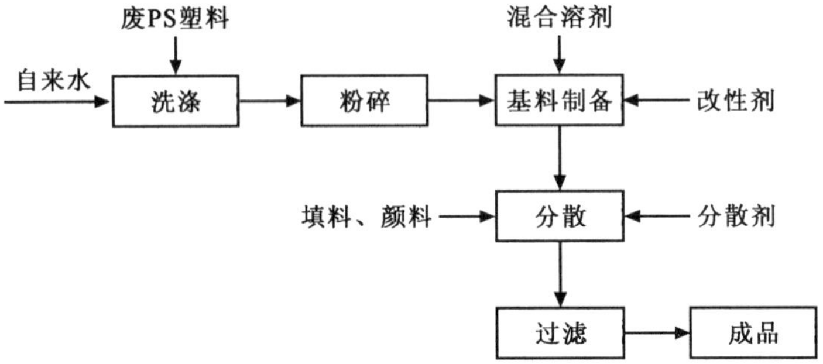

图 7-32 路标涂料生产工艺流程

将废旧聚苯乙烯泡沫塑料、不饱和聚酯树脂、水泥、填料、表面处理剂、增韧剂、促进剂、颜料、催干剂、玻璃微珠混合搅匀得到一种基料，在基料中加入混合溶剂、引发剂、消泡剂，搅匀即可制得路标涂料。

(四)生产胶黏剂技术

1.制备不干胶

(1)原料组成 废旧 PS 泡沫塑料 17%，十二烷基苯磺酸钠 1%，邻苯二甲酸二丁酯 1%，混合溶剂(混合溶剂为丙酮：乙酸乙酯：甲苯＝0.3：1.2：1.5) 20%，乙醇 2%，羧甲基纤维素 1%。

(2)制备方法

①原料处理：将废聚苯乙烯在热碱水中浸泡 5 min，机械搅拌 5～8 min(转速为 20～30 r/min)，去除污染。除污后，放入清水池中搅拌清洗 2～3 次至清洁后，取出烘干或晒干，粉碎到颗粒直径约 2 cm，为基料。

②制备过程：在室温条件下，量取一定量的乙酸乙酯、甲苯、丙酮组成混合溶剂，向反应槽中加入定量基料、适量的混合溶剂和改性剂(松香)，快速搅拌使之完全溶解，加入一定量的增塑剂[邻苯二甲酸二丁酯(DBP)]和乳化剂(十二烷基苯磺酸钠)，搅匀后再加入适量的保水剂(无水乙醇)和其他辅料(羧甲基纤维素、不饱和树脂)，搅拌均匀后即得成品。生产工艺流程如图 7-33 所示。

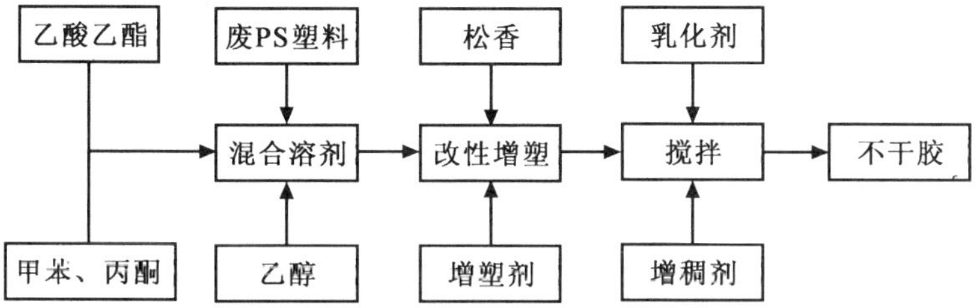

图 7-33 不干胶制备工艺

2. 制备建筑胶黏剂

(1)原料组成(质量份) 废聚苯乙烯泡沫塑料 100 份,乙酸乙酯-三氯乙烯-120# 汽油体系 360 份,酚醛树脂或丁苯橡胶 10～30 份,松香树脂 45～65 份,甲苯二异氰酸酯(TDI)0.5～1 份,中高沸点溶剂 50～100 份,硅酸钙 40～120 份。

(2)制备方法

①工艺流程:原料→净化→粉碎→溶解→搅拌→改性剂→共聚反应→胶黏剂。

②制备过程:混合溶剂为乙酸乙酯-三氯乙烯-120# 汽油体系;改性酚醛树脂或丁苯橡胶-甲苯二异氰酸酯为交联剂;乙酸乙酯、环己酮为中高沸点溶剂。将一定量的废聚苯乙烯净化处理粉碎后,加入反应釜中用乙酸乙酯和 120# 汽油溶解,并不断搅拌,然后分别加入三氯乙烯、交联剂(甲苯二异氰酸酯)和环己酮,待基料完全充分溶解后,加入酚醛树脂或丁苯橡胶及松香,继续搅拌,同时加入适量硅酸钙填料及防老剂,在 50℃下进行反应,进行 4 h 左右,即得胶黏剂。该胶黏剂适用于建材、瓷砖和水泥块等材料粘接。

3. 制备纸箱胶黏剂

(1)原料组成 废旧聚苯乙烯泡沫塑料 20%,乳化剂 1%,有机溶剂(十二烷基硫酸钠+OP-10) 24%,消泡剂(磷酸三丁酯或水溶性甲基硅油)0.01%,增塑剂(邻苯二甲酸二丁酯或邻苯二甲酸二辛酯)5%,改性剂(羧甲基纤维素或羟乙基纤维素) 1%,助剂 1%,水 49.9%。

(2)制备方法

①工艺流程:废旧聚苯乙烯泡沫→洗净后晒干→粉碎→加增塑剂和有机溶剂溶解→有机相→加入无机相(即由水、乳化剂、助剂、增稠剂和消泡剂组成的混合物溶液)→升温搅拌→蒸馏回收有机溶剂→过滤→检验→包装。

②制备过程:先将废旧聚苯乙烯泡沫塑料用净水冲洗干净后晒晾干,并经粉碎后按配方量称取其重量后加入反应瓶中,当加入总量的 1/5 时再加入配方量的有

机溶剂和增塑剂，并在搅拌下继续加入剩下的4/5废旧聚苯乙烯泡沫直至完全溶解成均匀的有机相；在另一反应瓶中依次加入配方量的水、乳化剂、助剂、增稠剂和消泡剂，加完后搅拌成均匀的无机相（在搅拌过程中可适当加热以加快溶解速度）；然后在搅拌下缓慢将无机相滴加到有机相中，加完继续搅拌，加热使瓶内温度为70～80℃，此时有机溶剂蒸馏出来，当其回收量占加入有机溶剂量的80%时则可停止加热搅拌，然后将瓶中反应物进行过滤除杂即为胶黏剂成品。

4. 制备建筑密封胶

(1)原料组成　废聚苯乙烯泡沫塑料50份，聚乙烯醇(PVA)13份，500#溶剂油40份，甲苯50份，邻苯二甲酸二丁酯1份，水80份。

(2)制备方法　将废PSF泡沫塑料洗净、晾干、粉碎，加到反应釜中，再加入混合溶剂，搅拌使其溶解，静置过滤，得到透明黏性液体。然后用分离机分离出机械杂质，将聚乙烯醇加入水中，加热到80～90℃溶解，冷却到50℃以下，加入增塑剂(邻苯二甲酸二丁酯)、表面活性剂(辛基酚)、聚氧化乙烯醚，搅拌，加入膨润剂、填料，继续搅拌。将聚苯乙烯胶黏液慢慢加入到聚乙烯醇混合液中，再搅拌，得到乳白色均匀膏状物。该密封胶可用于铝合金的门窗缝隙的密封，还可用于钢门窗、木门窗缝隙的密封。

5. 制备医用胶黏剂

(1)原料配方　废聚苯乙烯泡沫塑料80 g，聚乙烯醇胶水15 mL，二甲苯(医用品)100 mL。

(2)制备方法　先将废PSF泡沫塑料洗净，干燥，切成小块，加入盛有医用二甲苯的反应釜中，在搅拌下完全溶解，然后加入聚乙烯醇胶水，继续搅拌，使物料混合均匀即成。

(五)生产板材技术

1. 木塑板材

(1)原料组成　木质型材料70%～75%，热塑性树脂25%～30%。热塑性树脂是聚丙烯(PP)、聚乙烯(PE)、聚氯乙烯(PVC)、丙烯腈-丁二烯-苯乙烯塑料(ABS)、聚苯乙烯(PS)、聚甲基丙烯酸甲酯(PMMA)的回收塑料破碎粒。木质型材料是木材碎屑、刨花、锯末、竹屑、农作物秸秆、稻麦壳和豆壳等。

(2)制备方法　①将热塑性树脂加工成大约6 mm×6 mm碎片状或纤维状，再经80～120℃干燥到绝干。②木质型材料干燥到含水率≤2%。③将木质型材料和热塑性树脂按一定比例进行均匀混合后，送入铺装机进行铺装，并将板坯常温预压。④送入热压机热压、冷却定型，即成木塑复合板材，热压温度为150～

260℃，压力为2.5～4.0 MPa，时间0.8～1.5 min/mm。

2. 软质拼装地板

(1)原料组成(质量份)　废聚氯乙烯再生塑料100份，邻苯二甲酸二辛酯5份，邻苯二甲酸左二辛酯5份，石油脂5份，三盐基硫酸铅3份，二盐基亚硫酸铅2份，硬脂酸钡1份，硬脂酸1份，碳酸钙15份，阻燃剂、抗静电剂、颜料、香料适量。

(2)制备方法　以废旧聚氯乙烯塑料为主要原料，经过粉碎、清洗、辊炼等工艺生成塑料粒，然后加入适量的增塑剂、稳定剂、润滑剂、颜料及其他外加剂，经切料、混合、注塑成型、冲裁工艺而制成。

3. 塑料地板块

聚氯乙烯塑料地板块是一种新型室内地面铺设材料，它具有耐磨、耐腐蚀、隔凉、防潮、不易燃等特点，又具有色泽美观、铺设方法简单、可拼成各种图案和装饰效果好等特点，已被广泛应用。

(1)原料组成(质量份)　废旧聚氯乙烯农膜100份，碳酸钙120～150份，润滑剂1.5份，稳定剂4份，色浆剂适量。

(2)制备方法　将废旧聚氯乙烯农膜和碳酸钙配比，然后经密炼、两辊炼塑拉片、切粒、挤出片、两辊压延冷却、剪片、冲块即成。

4. 保温、防水、隔热板

(1)原料组成(质量份)　废旧塑料100份，相溶剂氯化聚乙烯3～5份，增塑剂二辛脂2份，石油脂4份，稳定剂二盐亚美酸铅1份，三盐亚美酸铅4份，抗老化剂双酚A 4份。保温隔热材料有珍珠岩或矿渣。

(2)制备方法　先将废旧塑料加热到160～180℃，然后放入热搅拌机中搅拌1～2 min，加入相溶剂氯化聚乙烯，因为相溶剂能使废旧塑料混合而相互粘成一体，搅拌1～2 min，再加入增塑剂二辛脂、石油脂(由于废旧塑料在自然过程中老化损失了一些成分，增塑剂用于补充这些成分)，搅拌2～3 min后，加入稳定剂二盐亚美酸铅、三盐亚美酸铅。对加入增塑剂后的塑料，各种化学成分容易遇热挥发，稳定剂的作用是使这些化学成分在加工过程中不会随热而挥发。搅拌2 min后，最后加入抗老化剂双酚A制成塑料混合料，抗老化剂能防止产品随环境温度、时间的变化出现老化或形成断裂等问题，并延长产品的使用寿命。然后用挤压机将塑料混合料挤压成空心板，再在空心板的空孔内填满保温隔热材料制成成品保温、防水、隔热板材。

5. 泡沫塑料片材

(1)原料配方(质量份)　废旧聚乙烯薄膜70～90份，交联剂(DCP)0.5～1.5份，高分子改性剂10～30份，填充剂($CaCO_3$)30～100份，发泡剂CA 3～8份，发泡助剂适量。

(2)制备方法　设备采用 XKR-160 热炼机和 25 t 平板硫化机，制备工艺如图 7-34 所示。

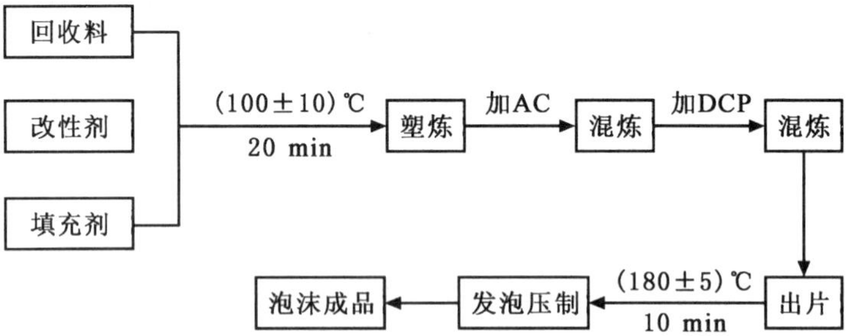

图 7-34　泡沫塑料片材制备工艺流程

(六)生产化工材料技术

1. 制备絮凝剂

(1)原料配方(质量份)　废旧 PS 泡沫塑料粉料 50 份，浓硫酸 5 份，环己酮 50～80 份，NaOH 适量，催化剂 0.05 份，其他助剂适量。

(2)制备方法　称取制备的 PSF(粉末状)置于装有 50 mL 环己酮及带有回流冷凝器的 500 mL 三口烧瓶中，恒温(35℃)快速搅拌，使 PSF 完全消泡且溶解在环己酮中，形成乳白色均相溶液。将催化剂、PSF、浓硫酸进行反应。反应过程中，催化剂和磺化剂溶液经由滴液漏斗均匀加入环己酮/PSF 溶液中，每隔一定时间取样于饱和食盐水中洗涤分析其水溶性，并观察混合液的变化。当盐析产物的水溶性较好时停止反应并加入 10%氢氧化钠溶液，室温静置 30 min，可分离去 80%的环己酮，再进行凝胶蒸馏，可回收 15%的环己酮，把产品用蒸馏水快速洗涤几次，放入真空干燥箱中恒温 80℃，干燥 36 h，得聚苯乙烯磺酸钠(NaPSS)。

2. 制备石油树脂

(1)原料配方(质量份)　废旧 PS 泡沫塑料 100 份，$AlCl_3$ 催化剂 0.4～0.6 份，白土填料适量。

(2)制备方法

①原料制备：将废旧 PS 泡沫塑料热融固化后，称取一定量的固体 PS 放入装有 Y 型分子筛催化剂的裂解器中，在 350～450℃下进行催化裂解，收集裂解气体冷凝产物(相对于原料废旧 PS 的收率为 73%～85%)，用活性白土精制，再进行常压精馏，截取 134～154℃馏分(相对于原料废旧 PS 的收率为 58%～68%)备用。

②石油树脂制备：量取 100 g 的 134～154℃馏分装入 500 mL 三口瓶中，加入无水 $AlCl_3$ 做催化剂，选取不同的反应温度，常压搅拌下进行反应。终止反应后，水洗脱除 $AlCl_3$。静置分层后分离残留水，得到透明的聚合液。减压蒸馏除去未反应的组分约 65 g，冷却得到约 35 g 半透明琥珀色质脆的固体。

3. 制备石蜡

(1)原料配方(质量份)　废聚乙烯薄膜 100 份，201# 催化剂 0.6 份。

(2)制备方法　①将废聚乙烯薄膜用自来水冲洗干净，晾干后用两辊压机开炼，开炼温度 120℃左右。开炼的目的是使薄膜的体积收缩，便于装入容器。②剪成长 10～15 mm、宽 3～5 mm 的长条。③在四口烧瓶中加入 100 份废聚乙烯、0.6 份 201# 催化剂，加热(或加热、减压)蒸馏。工艺流程如图 7-35 所示。

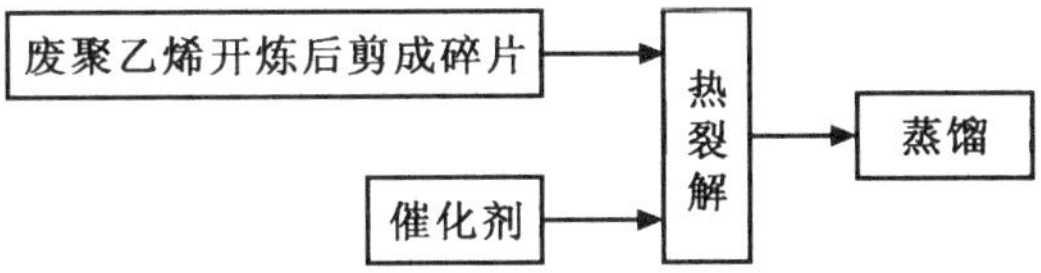

图 7-35　石蜡制备工艺流程

4. 制备塑料油膏

塑料油膏是一种新型建筑防水嵌缝材料，可利用废 PVC 代替 PVC 树脂生产得到。表 7-2 为塑料油膏的配方。

表 7-2　塑料油膏的原料配方　%

组成	煤焦油	废聚氯乙烯塑料	滑石粉	碳(C9)	邻苯二甲酸二丁酯	稳定剂
含量	58	7.0	17.5	10.0	7.0	0.5

以煤焦油为基料，加入废 PVC 对煤焦油进行改性塑化。加热时，PVC 分子键作为骨架，煤焦油分子进入骨架中，既可改善煤焦油的流动性，又可提高 PVC 分子链的柔韧性。加入增塑剂提高产品的低温柔韧性和塑性，加入稳定剂阻止 PVC 高温分解放出氯化氢气体。图 7-36 所示为塑料油膏制备工艺流程。

向反应釜中加入适量已脱水的煤焦油，再加入定量清洗过的废 PVC 塑料、增塑剂、稳定剂、稀释剂和填充剂等。边加料边搅拌，加温至 140℃，恒温，待塑化合格后出料、冷却、切块包装，即为 PVC 油膏成品。

5. 制备复合改性沥青

复合改性沥青能提高桥面、路面强度、质量，增长寿命，使夏季桥面、路面不会

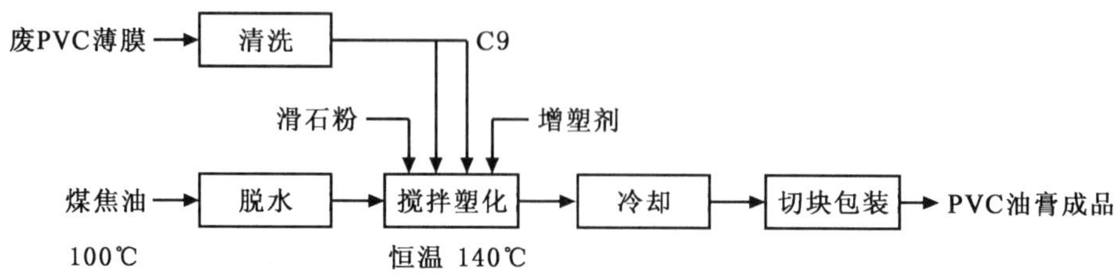

图 7-36 塑料油膏制备工艺流程

推挤拥包造成车辙破坏，冬季不会网裂、龟裂、松散。

(1)原料组成 废胶粉 6%～9%、煤焦油 3%～5%、活化剂 0.1%～0.15%、聚乙烯 4%～6%、聚丙烯 0.3%～0.85%、沥青 80%～87%。

(2)制备方法 将废塑料进行人工筛选，然后进行两级粉碎，进入浮选槽进行清洗和浮选，通过物料泵进行循环清洗，然后送入挤压脱水机，挤压脱水后送入烘干管道，烘干后进入计量秤计量，计量后装袋备用。在制备改性沥青时，首先按原料比例取料，如沥青 83%、废胶粉 7%、煤焦油 4%、活化剂 0.15%、聚乙烯 5%、聚丙烯 0.85%；然后将沥青投入搅拌器同时计量，对沥青进行加热，当沥青达到 150℃时，加入废胶粉，保持温度 160℃，同时加入煤焦油和活化剂，0.5 h 后加入聚乙烯，这时搅拌器进行高速搅拌，0.5 h 后升温到 185℃，加入聚丙烯，降低搅拌速度，再搅拌 0.5 h 即成改性沥青。

6. 生产活性炭

先将酚醛废塑料粉碎成粉末，在炉内升温，升温速度为每分钟 10～30℃，升温到 600℃持续 30 min 可被炭化形成炭化物。将此炭化物用盐酸溶液进行处理，使其中灰分被溶解除掉，从而增大炭化物比表面积。将处理过的炭化物再升高到 850℃，用水蒸气进行活化，即得到活性炭产品。

(七)生产建材技术

1. 生产建筑用瓦

(1)原料组成 废旧聚乙烯塑料 30%～40%，石墨 3%～5%，粉煤灰 50%～55%，碳酸钙 5%～7%。

(2)制备方法

①废旧塑料的预处理：首先将待清洗的废旧塑料放在稀碱水中浸泡 2 h，再搅拌 5～8 min；然后将其放入第一遍清水中搅拌 5～8 min，再放入第二遍清水中搅拌 5～8 min；最后将其晾干。

②工艺流程：熔融法制瓦工艺流程如图 7-37 所示。本法分为 2 步，第一步是制造混合物的粒状粉料，第二步是热压成型。热压温度为(145±5)℃，热压压力为 130～140 MPa。

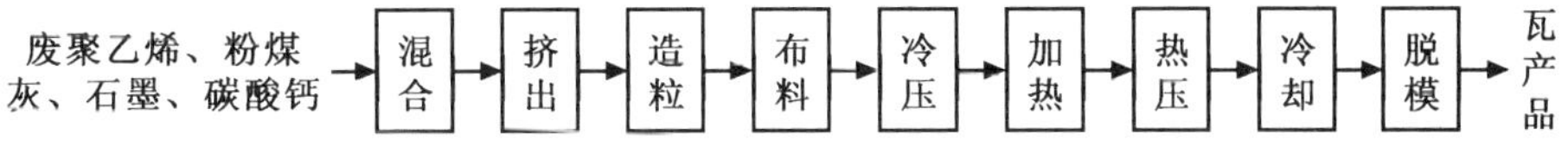

图 7-37　熔融法制瓦工艺流程

2. 制备排水管

(1)原料组成　废旧 PP 编织袋料 80 份，嵌段共聚丙烯(PPB3412)20 份，BS-10 增韧剂 10 份，BS-5 增韧剂 20 份，抗氧剂、光稳定剂及其他助剂适量。

(2)制备方法

①废旧编织袋回收料制备

切碎清洗：除去废旧编织袋缝口的棉线，送入切碎机切碎，放入 20 m 长的清洗槽中，经皮带输送水洗，晒干。

熔融挤出：将切碎清洗后的编织袋条送进熔融挤出机，控制在一定的温度，熔融后，在挤出压力推动下，从造粒机模头的若干小孔挤出，经过水槽形成条状聚丙烯。

造粒：将条状聚丙烯回收料送入切粒机，切成 2～6 mm 长的粒状回收料。

②改性料的制备：将高速混合机预热至 110℃，加入一定量的无机增强成分，低速搅拌 15 min 后，分 3 次加入填料量 1%的改性剂。按配方准确称取废旧聚丙烯编织袋料、部分新鲜聚丙烯和助剂，混合后加入双螺杆挤出机料斗中挤出造粒。工艺条件为温度 165～180℃，主螺杆转速 200 r/min，喂料螺杆转速 50 r/min。造粒料干燥后注射成型为标准样条，注射条件为温度 180～200℃，注射和保压压力为 35 MPa，预塑压力为 35 MPa，注射和保压时间为 10 min，总成型周期为 35 min。

③聚丙烯管材制备：首先混料，然后将混好的原料送入塑化挤出机的料斗中，控制在一定的温度，熔融，通过塑化装置喷嘴将熔融状的熟料注入注塑料缸中，通过电加热炉和电加热圈使注塑料缸的熟料保持熔融状态。启动液压机油泵，使注射活塞的注射头垂直向注塑料缸压下。在注射头的作用下，注塑料缸的熟料通过料嘴注入到模具腔内，通过电加热圈使料嘴保持一定的温度，待模具排气孔冒出熟料后，塞紧排气孔，保压一定的时间，冷却、拆模，取出工件。

四、塑料残膜的能源化技术

塑料残膜的能源化技术主要是指塑料残膜的热解油化技术，即通过加热或加入一定的催化剂使废塑料分解，获得汽油、燃料气、焦炭和地蜡等能源物质。塑料残膜的热解油化不仅对环境无污染，又能将原先用石油制成的塑料还原成石油制品，能最有效地回收能源。

(一)塑料残膜热解图

塑料残膜由于组成不同，其裂解行为也各不相同，图 7-38 为各种塑料的热分解图。

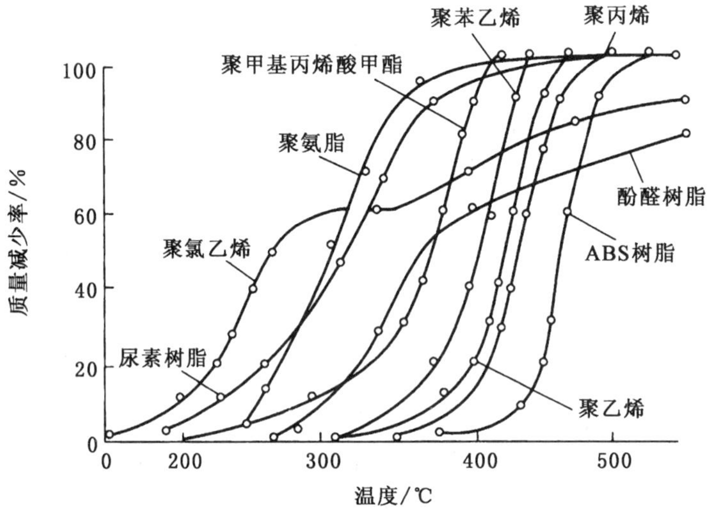

热解条件：升温速度300℃/h，氮气氛

图 7-38 各种塑料的热分解图

聚乙烯(PE)、聚丙烯(PP)和聚苯乙烯(PS)在 300～400℃之间几乎全部分解。而聚氯乙烯(PVC)分 200～300℃和 300～400℃两段分解，先在较低温度下释放出 HCl，并产生多烃，然后再在较高温度下进一步分解。由于 HCl 气体对反应设备具有严重的腐蚀性，而且影响裂解催化剂的使用寿命和柴油、汽油的质量。因此，裂解原料中一般要求不含聚氯乙烯废塑料。

(二)热解油化工艺流程

按热解原理，塑料残膜油化工艺可分为热裂解和催化裂解两种。催化裂解常用 $Al_2(SiO_3)_3$ 为催化剂。一般热裂解在较高温度下进行，温度为 600～900℃，而催化裂解则在较低温度下进行，温度为300～450℃。图7-39为塑料残膜热解油化的一般工艺流程。

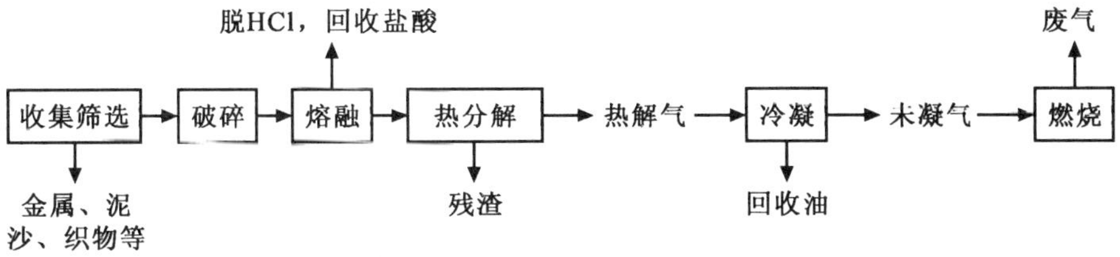

图7-39　塑料残膜热解油化的一般工艺流程

塑料残膜经分选除去杂质后破碎至10 mm左右，再在230～280℃熔融除去低温易挥发物质。剩余产物在400～500℃下热解，得到的热解气经冷凝回收油品，未冷凝气燃烧后排放。

塑料残膜焚烧直接回收热能也是目前常用的塑料残膜能源化技术之一。一般对于那些难以清洗分选处理、无法回收的混杂塑料残膜，可以在焚烧炉中焚烧而直接回收热能。塑料残膜焚烧热能回收技术有以下优点：①燃烧热值高，可高效回收热能。②塑料燃烧比较完全，能最大限度地减量化。③除专用燃烧装置外，配套设备不多，预处理要求也较低等优点。这种技术适用于各类塑料残膜和较发达农村地区，但由于焚烧过程会产生大量废气，且这些废气常具有较大的危害性，容易对大气造成污染，如PVC燃烧可产生氯化氢（HCl）、PAN（聚丙烯腈）燃烧可产生氰化氢（HCN）等，因此必须采取有效的防污措施。

思考题

1. 农村生活垃圾分为哪几类？
2. 农村生活垃圾如何进行填埋？
3. 农村生活垃圾如何焚烧？
4. 塑料残膜有哪些种类？各有何特点？
5. 塑料残膜的再生利用技术有哪些？如何再生利用？
6. 如何实现塑料残膜的能源化？

阅读材料

白色污染

“白色污染”主要指塑料制品、包装品使用后被遗弃于环境中对环境所造成的污染。其品种主要有塑料、包装袋、泡沫塑料餐盒、一次性饮料杯、农用塑料薄膜及其他塑料包装用品等。

据统计，我国每年快餐盒需用量为50亿只，饮料杯约120亿只，仅京沪两地需求快餐盒就达8亿只。上海每天处理的垃圾中有废旧塑料350 t，其中快餐盒占了200 t，而每年废农膜达1.5 t。北京市对8个城市近郊区抽查调查结果显示，塑料袋年用量约23亿个。“白色污染”不仅破坏环境景观，而且极难降解，造成土壤恶化，不利于农作物生长；被牲畜误吃，轻者妨碍消化系统，重者导致死亡：成为社会公害之一。

国家环保局提出“以宣传教育为先导，强化管理为核心，回收利用为手段，产品替代为补充”的防治对策，自1997年开始重点治理“白色污染”。1995年，铁道部率先发起了向“白色污染”挑战，组织283万人次到铁路沿线清理废旧餐盒、塑料袋等垃圾1.8万t。1996年7月1日起，全路各次列车统一使用换代快餐盒。目前，仅生物双降解的占95%，纸餐盒占5%。一年时间，全路减少使用4亿只发泡塑料饭盒。

在铁道部挑战“白色污染”之后，杭州、武汉、哈尔滨、厦门、苏州等几十个城市先后立法，要求在本市内停止使用发泡塑料餐具，实施以纸代塑工程，抵御白色污染的侵袭。消除“白色污染”已经逐步走上法制轨道。2008年6月1日起我国全面实施“限塑令”。

高中生成“塑料袋克星”

塑料袋的自然分解时间很长，通常从20年到1 000年不等。最近，加拿大高中生伯德找出可以分解塑料袋原料——聚乙烯的细菌。在老师的指导下，他将绿脓杆菌和甲氰菊酯降解菌混合使用，塑料袋的分解速度大大加快。这两种细菌均属于假单细胞菌，而伯德的研究是全球首度证明假单细胞菌可以分解制造塑料袋的原料——聚乙烯。

伯德将分离出的这两种细菌混合醋酸钠，然后将温度调节至37℃。他惊喜地发现，细菌在这样的环境下，6周内就能分解43%的塑料袋碎片。按照这个速度，伯德认为塑料袋只需3个月便可以完全被分解。他又测试了这个分解塑料袋的方法能否大规模应用，结果发现，只要好好控制温度，令细菌变得活跃，它们便能大量分解塑料袋，所需成本极低。分解过程中亦不会产生大量污染物，只会产生水和少量二氧化碳。

伯德的发现将使人类对塑料袋的处理方法向前跨进一大步，只要塑料袋可以被快速分解，就不怕大量塑料袋弃置于填埋区对环境造成污染，亦可减少海洋垃圾。伯德想象将来可以设立大型的塑料袋分解站，所谓分解站其实就是一个大型容器，里面放置溶液和细菌，可将放进去的塑料袋快速分解。

据悉，伯德将继续研究加速分解塑料袋的方法，希望可以进一步缩短塑料袋被完全分解的时间。虽然目前这项研究仍然处于实验阶段，但伯德已经有了更长远的想法：他正在为此申请专利，准备将这种技术打入市场。

附　　录

附录1　中华人民共和国固体废物污染环境防治法(摘录)

第一章　总　　则

第一条　为了防治固体废物污染环境，保障人体健康，维护生态安全，促进经济社会可持续发展，制定本法。

第二条　本法适用于中华人民共和国境内固体废物污染环境的防治。

固体废物污染海洋环境的防治和放射性固体废物污染环境的防治不适用本法。

第三条　国家对固体废物污染环境的防治，实行减少固体废物的产生量和危害性、充分合理利用固体废物和无害化处置固体废物的原则，促进清洁生产和循环经济发展。

国家采取有利于固体废物综合利用活动的经济、技术政策和措施，对固体废物实行充分回收和合理利用。

国家鼓励、支持采取有利于保护环境的集中处置固体废物的措施，促进固体废物污染环境防治产业发展。

第四条　县级以上人民政府应当将固体废物污染环境防治工作纳入国民经济和社会发展计划，并采取有利于固体废物污染环境防治的经济、技术政策和措施。

国务院有关部门、县级以上地方人民政府及其有关部门组织编制城乡建设、土地利用、区域开发、产业发展等规划，应当统筹考虑减少固体废物的产生量和危害性、促进固体废物的综合利用和无害化处置。

第五条　国家对固体废物污染环境防治实行污染者依法负责的原则。

产品的生产者、销售者、进口者、使用者对其产生的固体废物依法承担污染防治责任。

第六条　国家鼓励、支持固体废物污染环境防治的科学研究、技术开发、推广先进的防治技术和普及固体废物污染环境防治的科学知识。

各级人民政府应当加强防治固体废物污染环境的宣传教育，倡导有利于环境保护的生产方式和生活方式。

第七条　国家鼓励单位和个人购买、使用再生产品和可重复利用产品。

第八条　各级人民政府对在固体废物污染环境防治工作以及相关的综合利用活动中作出显著成绩的单位和个人给予奖励。

第九条　任何单位和个人都有保护环境的义务，并有权对造成固体废物污染环境的单位和个人进行检举和控告。

第十条　国务院环境保护行政主管部门对全国固体废物污染环境的防治工作实施统一监督管理。国务院有关部门在各自的职责范围内负责固体废物污染环境防治的监督管理工作。

县级以上地方人民政府环境保护行政主管部门对本行政区域内固体废物污染环境的防治工作实施统一监督管理。县级以上地方人民政府有关部门在各自的职责范围内负责固体废物污染环境防治的监督管理工作。

国务院建设行政主管部门和县级以上地方人民政府环境卫生行政主管部门负责生活垃圾清扫、收集、贮存、运输和处置的监督管理工作。

第二章　固体废物污染环境防治的监督管理

第十一条　国务院环境保护行政主管部门会同国务院有关行政主管部门根据国家环境质量标准和国家经济、技术条件，制定国家固体废物污染环境防治技术标准。

第十二条　国务院环境保护行政主管部门建立固体废物污染环境监测制度，制定统一的监测规范，并会同有关部门组织监测网络。

大、中城市人民政府环境保护行政主管部门应当定期发布固体废物的种类、产生量、处置状况等信息。

第十三条　建设产生固体废物的项目以及建设贮存、利用、处置固体废物的项目，必须依法进行环境影响评价，并遵守国家有关建设项目环境保护管理的规定。

第十四条　建设项目的环境影响评价文件确定需要配套建设的固体废物污染环境防治设施，必须与主体工程同时设计、同时施工、同时投入使用。固体废物污染环境防治设施必须经原审批环境影响评价文件的环境保护行政主管部门验收合格后，该建设项目方可投入生产或者使用。对固体废物污染环境防治设施的验收应当与对主体工程的验收同时进行。

第十五条　县级以上人民政府环境保护行政主管部门和其他固体废物污染环境防治工作的监督管理部门，有权依据各自的职责对管辖范围内与固体废物污染环境防治有关的单位进行现场检查。被检查的单位应当如实反映情况，提供必要的资料。检查机关应当为被检查的单位保守技术秘密和业务秘密。

检查机关进行现场检查时，可以采取现场监测、采集样品、查阅或者复制与固体废物污染环境防治相关的资料等措施。检查人员进行现场检查，应当出示证件。

第三章　固体废物污染环境的防治

第一节　一般规定

第十六条　产生固体废物的单位和个人，应当采取措施，防止或者减少固体废物对环境的污染。

第十七条　收集、贮存、运输、利用、处置固体废物的单位和个人，必须采取防扬散、防流失、防渗漏或者其他防止污染环境的措施；不得擅自倾倒、堆放、丢弃、遗撒固体废物。

禁止任何单位或者个人向江河、湖泊、运河、渠道、水库及其最高水位线以下的滩地和岸坡等法律、法规规定禁止倾倒、堆放废弃物的地点倾倒、堆放固体废物。

第十八条　产品和包装物的设计、制造，应当遵守国家有关清洁生产的规定。国务院标准化行政主管部门应当根据国家经济和技术条件、固体废物污染环境防治状况以及产品的技术要求，组织制定有关标准，防止过度包装造成环境污染。

生产、销售、进口依法被列入强制回收目录的产品和包装物的企业，必须按照国家有关规定对该产品和包装物进行回收。

第十九条　国家鼓励科研、生产单位研究、生产易回收利用、易处置或者在环境中可降解的薄膜覆盖物和商品包装物。

使用农用薄膜的单位和个人，应当采取回收利用等措施，防止或者减少农用薄膜对环境的污染。

第二十条　从事畜禽规模养殖应当按照国家有关规定收集、贮存、利用或者处置养殖过程中产生的畜禽粪便，防止污染环境。

禁止在人口集中地区、机场周围、交通干线附近以及当地人民政府划定的区域露天焚烧秸秆。

第二十一条　对收集、贮存、运输、处置固体废物的设施、设备和场所，应当加强管理和维护，保证其正常运行和使用。

第二十二条　在国务院和国务院有关主管部门及省、自治区、直辖市人民政府划定的自然保护区、风景名胜区、饮用水水源保护区、基本农田保护区和其他需要特别保护的区域内，禁止建设工业固体废物集中贮存、处置的设施、场所和生活垃圾填埋场。

第二十三条 转移固体废物出省、自治区、直辖市行政区域贮存、处置的,应当向固体废物移出地的省、自治区、直辖市人民政府环境保护行政主管部门提出申请。移出地的省、自治区、直辖市人民政府环境保护行政主管部门应当商经接受地的省、自治区、直辖市人民政府环境保护行政主管部门同意后,方可批准转移该固体废物出省、自治区、直辖市行政区域。未经批准的,不得转移。

第二十四条 禁止中华人民共和国境外的固体废物进境倾倒、堆放、处置。

第二十五条 禁止进口不能用作原料或者不能以无害化方式利用的固体废物;对可以用作原料的固体废物实行限制进口和自动许可进口分类管理。

国务院环境保护行政主管部门会同国务院对外贸易主管部门、国务院经济综合宏观调控部门、海关总署、国务院质量监督检验检疫部门制定、调整并公布禁止进口、限制进口和自动许可进口的固体废物目录。

禁止进口列入禁止进口目录的固体废物。进口列入限制进口目录的固体废物,应当经国务院环境保护行政主管部门会同国务院对外贸易主管部门审查许可。进口列入自动许可进口目录的固体废物,应当依法办理自动许可手续。

进口的固体废物必须符合国家环境保护标准,并经质量监督检验检疫部门检验合格。

进口固体废物的具体管理办法,由国务院环境保护行政主管部门会同国务院对外贸易主管部门、国务院经济综合宏观调控部门、海关总署、国务院质量监督检验检疫部门制定。

第二十六条 进口者对海关将其所进口的货物纳入固体废物管理范围不服的,可以依法申请行政复议,也可以向人民法院提起行政诉讼。

第二节 工业固体废物污染环境的防治(略)

第三节 生活垃圾污染环境的防治

第三十八条 县级以上人民政府应当统筹安排建设城乡生活垃圾收集、运输、处置设施,提高生活垃圾的利用率和无害化处置率,促进生活垃圾收集、处置的产业化发展,逐步建立和完善生活垃圾污染环境防治的社会服务体系。

第三十九条 县级以上地方人民政府环境卫生行政主管部门应当组织对城市生活垃圾进行清扫、收集、运输和处置,可以通过招标等方式选择具备条件的单位从事生活垃圾的清扫、收集、运输和处置。

第四十条 对城市生活垃圾应当按照环境卫生行政主管部门的规定,在指定的地点放置，不得随意倾倒、抛撒或者堆放。

第四十一条　清扫、收集、运输、处置城市生活垃圾，应当遵守国家有关环境保护和环境卫生管理的规定，防止污染环境。

第四十二条　对城市生活垃圾应当及时清运，逐步做到分类收集和运输，并积极开展合理利用和实施无害化处置。

第四十三条　城市人民政府应当有计划地改进燃料结构，发展城市煤气、天然气、液化气和其他清洁能源。

城市人民政府有关部门应当组织净菜进城，减少城市生活垃圾。

城市人民政府有关部门应当统筹规划，合理安排收购网点，促进生活垃圾的回收利用工作。

第四十四条　建设生活垃圾处置的设施、场所，必须符合国务院环境保护行政主管部门和国务院建设行政主管部门规定的环境保护和环境卫生标准。

禁止擅自关闭、闲置或者拆除生活垃圾处置的设施、场所；确有必要关闭、闲置或者拆除的，必须经所在地县级以上地方人民政府环境卫生行政主管部门和环境保护行政主管部门核准，并采取措施，防止污染环境。

第四十五条　从生活垃圾中回收的物质必须按照国家规定的用途或者标准使用，不得用于生产可能危害人体健康的产品。

第四十六条　工程施工单位应当及时清运工程施工过程中产生的固体废物，并按照环境卫生行政主管部门的规定进行利用或者处置。

第四十七条　从事公共交通运输的经营单位，应当按照国家有关规定，清扫、收集运输过程中产生的生活垃圾。

第四十八条　从事城市新区开发、旧区改建和住宅小区开发建设的单位，以及机场、码头、车站、公园、商店等公共设施、场所的经营管理单位，应当按照国家有关环境卫生的规定，配套建设生活垃圾收集设施。

第四十九条　农村生活垃圾污染环境防治的具体办法，由地方性法规规定。

第四章　危险废物污染环境防治的特别规定(略)

第五章　法律责任(略)

第六章　附则(略)

附录2　畜禽养殖污染防治管理办法

（2001年3月20日公布实施）

第一条　为防治畜禽养殖污染，保护环境，保障人体健康，根据环境保护法律、法规的有关规定，制定本办法。

第二条　本办法所称畜禽养殖污染，是指在畜禽养殖过程中，畜禽养殖场排放的废渣，清洗畜禽体和饲养场地、器具产生的污水及恶臭等对环境造成的危害和破坏。

第三条　本办法适用于中华人民共和国境内畜禽养殖场的污染防治。畜禽放养不适用本办法。

第四条　畜禽养殖污染防治实行综合利用优先，资源化、无害化和减量化的原则。

第五条　县级以上人民政府环境保护行政主管部门在拟定本辖区的环境保护规划时，应根据本地实际，对畜禽养殖污染防治状况进行调查和评价，并将其污染防治纳入环境保护规划中。

第六条　新建、改建和扩建畜禽养殖场，必须按建设项目环境保护法律、法规的规定，进行环境影响评价，办理有关审批手续。畜禽养殖场的环境影响评价报告书（表）中，应规定畜禽废渣综合利用方案和措施。

第七条　禁止在下列区域内建设畜禽养殖场：

（一）生活饮用水水源保护区、风景名胜区、自然保护区的核心区及缓冲区；

（二）城市和城镇中居民区、文教科研区、医疗区等人口集中地区；

（三）县级人民政府依法划定的禁养区域；

（四）国家或地方法律、法规规定需特殊保护的其他区域。

本办法颁布前已建成的、地处上述区域内的畜禽养殖场应限期搬迁或关闭。

第八条　畜禽养殖场污染防治设施必须与主体工程同时设计、同时施工、同时使用；畜禽废渣综合利用措施必须在畜禽养殖场投入运营的同时予以落实。环境保护行政主管部门在对畜禽养殖场污染防治设施进行竣工验收时，其验收内容中应包括畜禽废渣综合利用措施的落实情况。

第九条　畜禽养殖场必须按有关规定向所在地的环境保护行政主管部门进行排污申报登记。

第十条　畜禽养殖场排放污染物，不得超过国家或地方规定的排放标准。在依法实施污染物排放总量控制的区域内，畜禽养殖场必须按规定取得《排污许可证》,并按照《排污许可证》的规定排放污染物。

第十一条　畜禽养殖场排放污染物,应按照国家规定缴纳排污费;向水体排放污染物,超过国家或地方规定排放标准的,应按规定缴纳超标准排污费。

第十二条　县级以上人民政府环境保护行政主管部门有权对本辖区范围内的畜禽养殖场的环境保护工作进行现场检查,索取资料,采集样品、监测分析。被检查单位和个人必须如实反映情况,提供必要资料。检察机关和人员应当为被检查的单位和个人保守技术秘密和业务秘密。

第十三条　畜禽养殖场必须设置畜禽废渣的储存设施和场所,采取对储存场所地面进行水泥硬化等措施,防止畜禽废渣渗漏、散落、溢流、雨水淋失、恶臭气味等对周围环境造成污染和危害。畜禽养殖场应当保持环境整洁,采取清污分流和粪尿的干湿分离等措施,实现清洁养殖。

第十四条　畜禽养殖场应采取将畜禽废渣还田、生产沼气、制造有机肥料、制造再牛饲料等方法进行综合利用。用于直接还田利用的畜禽粪便,应当经处理达到规定的无害化标准,防止病菌传播。

第十五条　禁止向水体倾倒畜禽废渣。

第十六条　运输畜禽废渣,必须采取防渗漏、防流失、防遗撒及其他防止污染环境的措施,妥善处置贮运工具清洗废水。

第十七条　对超过规定排放标准或排放总量指标,排放污染物或造成周围环境严重污染的畜禽养殖场,县级以上人民政府环境保护行政主管部门可提出限期治理建议,报同级人民政府批准实施。被责令限期治理的畜禽养殖场应向做出限期治理决定的人民政府的环境保护行政主管部门提交限期治理计划,并定期报告实施情况。提交的限期治理计划中,应规定畜禽废渣综合利用方案。环境保护行政主管部门在对畜禽养殖场限期治理项目进行验收时,其验收内容中应包括上述综合利用方案的落实情况。

第十八条　违反本办法规定,有下列行为之一的,由县级以上人民政府环境保护行政主管部门责令停止违法行为,限期改正,并处以 1 000 元以上 1 万元以下罚款:

(一)未采取有效措施,致使储存的畜禽废渣渗漏、散落、溢流、雨水淋失、散发恶臭气味等对周围环境造成污染和危害的;

(二)向水体或其他环境倾倒、排放畜禽废渣和污水的。违反本办法其他有关规定,由环境保护行政主管部门依据有关环境保护法律、法规的规定给予处罚。

第十九条　本办法中的畜禽养殖场,是指常年存栏量为 500 头以上的猪、3 万羽以上的鸡和 100 头以上的牛的畜禽养殖场,以及达到规定规模标准的其他类型的畜禽养殖场。其他类型的畜禽养殖场的规模标准,由省级环境保护行政主管部门根据本地区实际,参照上述标准做出规定。地方法规或规章对畜禽养殖场的规模标准规定严于第一款确定的规模标准的,从其规定。

第二十条　本办法中的畜禽废渣,是指畜禽养殖场的畜禽粪便、畜禽舍垫料、废饲料及散落的毛羽等固体废物。

第二十一条　本办法自公布之日起实施。

附录3 畜禽养殖业污染物排放标准（GB 18596—2001）

1 主题内容与适用范围

1.1 主题内容

本标准按集约化畜禽养殖业的不同规模分别规定了水污染物，恶臭气体的最高允许日均排放浓度、最高允许排水量，畜禽养殖业废渣无害化环境标准。

1.2 适用范围

本标准适用于全国集约化畜禽养殖场和养殖区污染物的排放管理，以及这些建设项目环境影响评价、环境保护设施设计、竣工验收及其投产后的排放管理。

1.2.1 本标准适用的畜禽养殖场和养殖区的规模分级，按表1和表2执行。

表1 集约化畜禽养殖场的适用规模（以存栏数计）

类别 规模分级	猪（头） （25 kg 以上）	鸡（只）		牛（头）	
		蛋鸡	肉鸡	成年奶牛	肉牛
Ⅰ级	≥3 000	≥100 000	≥200 000	≥200	≥400
Ⅱ级	500≤Q<3 000	15 000≤Q<100 000	30 000≤Q<200 000	100≤Q<200	200≤Q<400

表2 集约化畜禽养殖区的适用规模（以存栏数计）

类别 规模分级	猪（头） （25 kg 以上）	鸡（只）		牛（头）	
		蛋鸡	肉鸡	成年奶牛	肉牛
Ⅰ级	≥6 000	≥200 000	≥400 000	>400	≥800
Ⅱ级	3 000≤Q<6 000	100 000≤Q<200 000	200 000≤Q<400 000	200≤Q<400	400≤Q<800

注：Q表示养殖量。

1.2.2 对具有不同畜禽种类的养殖场和养殖区，其规模可将鸡、牛的养殖量换算成猪的养殖量，换算比例为：30只蛋鸡折算成1头猪，60只肉鸡折算成1头猪，1头奶牛折算成10头猪，1头肉牛折算成5头猪。

1.2.3 所有Ⅰ级规模范围内的集约化畜禽养殖场和养殖区，以及Ⅱ级规模范围内且地处国家环境保护重点城市、重点流域和污染严重河网地区的集约化畜禽养殖场和养殖区，自本标准实施之日起开始执行。

1.2.4 其他地区Ⅱ级规模范围内的集约化养殖场和养殖区，实施标准的具体时间可由县级以上人民政府环境保护行政主管部门确定，但不得迟于2004年7月1日。
1.2.5 对集约化养羊场和养羊区，将羊的养殖量换算成猪的养殖量，换算比例为：3只羊换算成1头猪，根据换算后的养殖量确定养羊场或养羊区的规模级别，并参照本标准的规定执行。

2 定义

2.1 集约化畜禽养殖场

指进行集约化经营的畜禽养殖场。集约化养殖是指在较小的场地内，投入较多的生产资料和劳动，采用新的工艺与技术措施，进行精心管理的饲养方式。

2.2 集约化畜禽养殖区

指距居民区一定距离，经过行政区划确定的多个畜禽养殖个体生产集中的区域。

2.3 废渣

指养殖场外排的畜禽粪便、畜禽舍垫料、废饲料及散落的毛羽等固体废物。

2.4 恶臭污染物

指一切刺激嗅觉器官，引起人们不愉快及损害生活环境的气体物质。

2.5 臭气浓度

指恶臭气体(包括异味)用无臭空气进行稀释，稀释到刚好无臭时所需的稀释倍数。

2.6 最高允许排水量

指在畜禽养殖过程中直接用于生产的水的最高允许排放量。

3 技术内容

本标准按水污染物、废渣和恶臭气体的排放分为以下三部分。

3.1 畜禽养殖业水污染物排放标准

3.1.1 畜禽养殖业废水不得排入敏感水域和有特殊功能的水域。排放去向应符合国家和地方的有关规定。

3.1.2 标准适用规模范围内的畜禽养殖业的水污染物排放分别执行表3、表4和表5的规定。

表 3 集约化畜禽养殖业水冲工艺最高允许排水量

种类	猪[m^3/(百头·d)]		鸡[m^3/(千只·d)]		牛[m^3/(百头·d)]	
季节	冬季	夏季	冬季	夏季	冬季	夏季
标准值	2.5	3.5	0.8	1.2	20	30

注:废水最高允许排放量的单位中,百头、千只均指存栏数。春、秋季废水最高允许排放量按冬、夏两季的平均值计算。

表 4 集约化畜禽养殖业干清粪工艺最高允许排水量

种类	猪[m^3/(百头·d)]		鸡[m^3/(千只·d)]		牛[m^3/(百头·d)]	
季节	冬季	夏季	冬季	夏季	冬季	夏季
标准值	1.2	1.8	0.5	0.7	17	20

注:废水最高允许排放量的单位中,百头、千只均指存栏数。春、秋季废水最高允许排放量按冬、夏两季的平均值计算。

表 5 集约化畜禽养殖业水污染物最高允许日均排放浓度

控制项目	五日生化需氧量(mg/L)	化学需氧量(mg/L)	悬浮物(mg/L)	氨氮(mg/L)	总磷(以P计)(mg/L)	粪大肠菌群数(个/100 mL)	蛔虫卵(个/L)
标准值	150	400	200	80	8.0	1 000	2.0

3.2 畜禽养殖业废渣无害化环境标准

3.2.1 畜禽养殖业必须设置废渣的固定储存设施和场所,储存场所要有防止粪液渗漏、溢流措施。

3.2.2 用于直接还田的畜禽粪便,必须进行无害化处理。

3.2.3 禁止直接将废渣倾倒入地表水体或其他环境中。畜禽粪便还田时,不能超过当地的最大农田负荷量,避免造成面源污染和地下水污染。

3.2.4 经无害化处理后的废渣,应符合表 6 的规定。

表 6 畜禽养殖业废渣无害化环境标准

控 制 项 目	指 标
蛔虫卵	死亡率≥95%
粪大肠菌群数	≤10^5 个/kg

3.3 畜禽养殖业恶臭污染物排放标准

3.3.1 集约化畜禽养殖业恶臭污染物的排放执行表 7 的规定。

表 7　集约化畜禽养殖业恶臭污染物排放标准

控制项目	标准值
臭气浓度(无量纲)	70

3.4　畜禽养殖业应积极通过废水和粪便的还田或其他措施对所排放的污染物进行综合利用，实现污染物的资源化。

4　监测

污染物项目监测的采样点和采样频率应符合国家环境监测技术规范的要求。污染物项目的监测方法按表 8 执行。

表 8　畜禽养殖业污染物排放配套监测方法

序号	项　目	监测方法	方法来源
1	生化需氧(BOD_5)	稀释与接种法	GB 7488—87
2	化学需氧(COD_{Cr})	重铬酸钾法	GB 11914—89
3	悬浮物(SS)	重量法	GB 11901—89
4	氨氮(NH_3-N)	钠氏试剂比色法 水杨酸分光光度法	GB 7479—87 GB 7481—87
5	总 P(以 P 计)	钼蓝比色法	1)
6	粪大肠菌群数	多管发酵法	GB 5750—85
7	蛔虫卵	吐温-80 柠檬酸缓冲液离心沉淀集卵法	2)
8	蛔虫卵死亡率	堆肥蛔虫卵检查法	GB 7959—87
9	寄生虫卵沉降率	粪稀蛔虫卵检查法	GB 7959—87
10	臭气浓度	三点式比较臭袋法	GB 14675

注：分析方法中，未列出国标的暂时采用下列方法，待国家标准方法颁布后执行国家标准。
1)水和废水监测分析方法(第三版)，中国环境科学出版社，1989。
2)卫生防疫检验，上海科学技术出版社，1964。

5　标准的实施

5.1　本标准由县级以上人民政府环境保护行政主管部门实施统一监督管理。

5.2　省、自治区、直辖市人民政府可根据地方环境和经济发展的需要，确定严于本标准的集约化畜禽养殖业适用规模，或制定更为严格的地方畜禽养殖业污染物排放标准，并报国务院环境保护行政主管部门备案。

附录4 畜禽养殖业污染防治技术规范（HJ/T 81—2001）

1 主题内容

本技术规范规定了畜禽养殖场的选址要求、场区布局与清粪工艺、畜禽粪便贮存、污水处理、固体粪肥的处理利用、饲料和饲养管理、病死畜禽尸体处理与处置、污染物监测等污染防治的基本技术要求。

2 技术原则

2.1 畜禽养殖场的建设应坚持农牧结合、种养平衡的原则，根据本场区土地（包括与其他法人签约承诺消纳本场区产生粪便污水的土地）对畜禽粪便的消纳能力，确定新建畜禽养殖场的养殖规模。

2.2 对于无相应消纳土地的养殖场，必须配套建立具有相应加工（处理）能力的粪便污水处理设施或处理（置）机制。

2.3 畜禽养殖场的设置应符合区域污染物排放总量控制要求。

3 选址要求

3.1 禁止在下列区域内建设畜禽养殖场：

3.1.1 生活饮用水水源保护区、风景名胜区、自然保护区的核心区及缓冲区；

3.1.2 城市和城镇居民区，包括文教科研区、医疗区、商业区、工业区、游览区等人口集中地区；

3.1.3 县级人民政府依法划定的禁养区域；

3.1.4 国家或地方法律、法规规定需特殊保护的其他区域。

3.2 新建、改建、扩建的畜禽养殖场选址应避开3.1规定的禁建区域，在禁建区域附近建设的，应设在3.1规定的禁建区域常年主导风向的下风向或侧风向处，场界与禁建区域边界的最小距离不得小于500 m。

4 场区布局与清粪工艺

4.1 新建、改建、扩建的畜禽养殖场应实现生产区、生活管理区的隔离，粪便污水处理设施和禽畜尸体焚烧炉应设在养殖场的生产区、生活管理区的常年主导风向的下风向或侧风向处。

4.2　养殖场的排水系统应实行雨水和污水收集输送系统分离，在场区内外设置的污水收集输送系统，不得采取明沟布设。

4.3　新建、改建、扩建的畜禽养殖场应采取干法清粪工艺，采取有效措施将粪及时、单独清出，不可与尿、污水混合排出，并将产生的粪渣及时运至贮存或处理场所，实现日产日清。采用水冲粪、水泡粪湿法清粪工艺的养殖场，要逐步改为干法清粪工艺。

5　畜禽粪便的贮存

5.1　畜禽养殖场产生的畜禽粪便应设置专门的贮存设施，其恶臭及污染物排放应符合《畜禽养殖业污染物排放标准》。

5.2　贮存设施的位置必须远离各类功能地表水体（距离不得小于 400 m），并应设在养殖场生产及生活管理区的常年主导风向的下风向或侧风向处。

5.3　贮存设施应采取有效的防渗处理工艺，防止畜禽粪便污染地下水。

5.4　对于种养结合的养殖场，畜禽粪便贮存设施的总容积不得低于当地农林作物生产用肥的最大间隔时间内本养殖场所产生粪便的总量。

5.5　贮存设施应采取设置顶盖等防止降雨（水）进入的措施。

6　污水的处理

6.1　畜禽养殖过程中产生的污水应坚持种养结合的原则，经无害化处理后尽量充分还田，实现污水资源化利用。

6.2　畜禽污水经治理后向环境中排放，应符合《畜禽养殖业污染物排放标准》的规定，有地方排放标准的应执行地方排放标准。

污水作为灌溉用水排入农田前，必须采取有效措施进行净化处理（包括机械的、物理的、化学的和生物学的），并须符合《农田灌溉水质标准》（GB 5084—92）的要求。

6.2.1　在畜禽养殖场与还田利用的农田之间应建立有效的污水输送网络，通过车载或管道形式将处理（置）后的污水输送至农田，要加强管理，严格控制污水输送沿途的弃、撒和跑、冒、滴、漏。

6.2.2　畜禽养殖场污水排入农田前必须进行预处理（采用格栅、厌氧、沉淀等工艺、流程），并应配套设置田间贮存池，以解决农田在非施肥期间的污水出路问题，田间贮存池的总容积不得低于当地农林作物生产用肥的最大间隔时间内畜禽养殖场排放污水的总量。

6.3　对没有充足土地消纳污水的畜禽养殖场，可根据当地实际情况选用下列综合利用措施：

6.3.1 经过生物发酵后，可浓缩制成商品液体有机肥料。

6.3.2 进行沼气发酵，对沼渣、沼液应尽可能实现综合利用，同时要避免产生新的污染，沼渣及时清运至粪便贮存场所；沼液尽可能进行还田利用，不能还田利用并需外排的要进行进一步净化处理，达到排放标准。沼气发酵产物应符合《粪便无害化卫生标准》(GB 7959—87)。

6.3.3 制取其他生物能源或进行其他类型的资源回收综合利用，要避免二次污染，并应符合《畜禽养殖业污染物排放标准》的规定。

6.4 污水的净化处理应根据养殖种类、养殖规模、清粪方式和当地的自然地理条件，选择合理、适用的污水净化处理工艺和技术路线，尽可能采用自然生物处理的方法，达到回用标准或排放标准。

6.5 污水的消毒处理提倡采用非氯化的消毒措施，要注意防止产生二次污染物。

7 固体粪肥的处理利用

7.1 土地利用

7.1.1 畜禽粪便必须经过无害化处理，并且须符合《粪便无害化卫生标准》后，才能进行土地利用，禁止未经处理的畜禽粪便直接施入农田。

7.1.2 经过处理的粪肥作为土地的肥料或土壤调节剂来满足作物生长的需要，其用量不能超过作物当年生长所需养分的需求量。

在确定粪肥的最佳使用量时需要对土壤肥力和粪肥肥效进行测试评价，并应符合当地环境容量的要求。

7.1.3 对高降雨区、坡地及沙质容易产生径流和渗透性较强的土壤，不适宜施用粪肥或粪肥使用量过高易使粪肥流失引起地表水或地下水污染时，应禁止或暂停使用粪肥。

7.2 对没有充足土地消纳利用粪肥的大中型畜禽养殖场和养殖小区，应建立集中处理畜禽粪便的有机肥厂或处理(置)机制。

7.2.1 固体粪肥的堆制可采用高温好氧发酵或其他适用技术和方法，以杀死其中的病原菌和蛔虫卵，缩短堆制时间，实现无害化。

7.2.2 高温好氧堆制法分自然堆制发酵法和机械强化发酵法，可根据本场的具体情况选用。

8 饲料和饲养管理

8.1 畜禽养殖饲料应采用合理配方，如理想蛋白质体系配方等，提高蛋白质及其他营养的吸收效率,减少氮的排放量和粪的生产量。

8.2 提倡使用微生物制剂、酶制剂和植物提取液等活性物质,减少污染物排放和恶臭气体的产生。

8.3 养殖场场区、畜禽舍、器械等消毒应采用环境友好的消毒剂和消毒措施(包括紫外线、臭氧、双氧水等方法),防止产生氯代有机物及其他的二次污染物。

9 病死畜禽尸体的处理与处置

9.1 病死畜禽尸体要及时处理,严禁随意丢弃,严禁出售或作为饲料再利用。

9.2 病死畜禽尸体处理应采用焚烧炉焚烧的方法,在养殖场比较集中的地区,应集中设置焚烧设施,同时焚烧产生的烟气应采取有效的净化措施,防止烟尘、一氧化碳、恶臭等对周围大气环境的污染。

9.3 不具备焚烧条件的养殖场应设置两个以上安全填埋井,填埋井应为混凝土结构,深度大于 2 m,直径 1 m,井口加盖密封。进行填埋时,在每次投入畜禽尸体后,应覆盖一层厚度大于 10 cm 的熟石灰,井填满后,须用黏土填埋压实并封口。

10 畜禽养殖场排放污染物的监测

10.1 畜禽养殖场应安装水表,对用水实行计量管理。

10.2 畜禽养殖场每年应至少两次定期向当地环境保护行政主管部门报告污水处理设施和粪便处理设施的运行情况,提交排放污水、废气、恶臭以及粪肥的无害化指标的监测报告。

10.3 对粪便污水处理设施的水质应定期进行监测,确保达标排放。

10.4 排污口应设置国家环境保护总局统一规定的排污口标志。

11 其他

养殖场防疫、化验等产生的危险废水和固体废弃物应按国家的有关规定进行处理。

附录五　生活垃圾填埋场污染控制标准（GB 16889—2008）

1　适用范围

本标准规定了生活垃圾填埋场选址、设计与施工、填埋废物的入场条件、运行、封场、后期维护与管理的污染控制和监测等方面的要求。

本标准适用于生活垃圾填埋场建设、运行和封场后的维护与管理过程中的污染控制和监督管理。本标准的部分规定也适用于与生活垃圾填埋场配套建设的生活垃圾转运站的建设、运行。

本标准只适用于法律允许的污染物排放行为；新设立污染源的选址和特殊保护区域内现有污染源的管理按照《中华人民共和国大气污染防治法》、《中华人民共和国水污染防治法》、《中华人民共和国海洋环境保护法》、《中华人民共和国固体废物污染环境防治法》、《中华人民共和国放射性污染防治法》、《中华人民共和国环境影响评价法》等法律、法规、规章的相关规定执行。

2　规范性引用文件

本标准内容引用了下列文件中的条款。凡是不注日期的引用文件，其有效版本适用于本标准。

GB 5750—1985　生活饮用水标准检验法

GB 7466—1987　水质　总铬的测定

GB 7467—1987　水质　六价铬的测定　二苯碳酰二肼分光光度法

GB 7468—1987　水质　总汞的测定　冷原子吸收分光光度法

GB 7469—1987　水质　总汞的测定　高锰酸钾-过硫酸钾消解法　双硫腙分光光度法

GB 7470—1987　水质　铅的测定　双硫腙分光光度法

GB 7471—1987　水质　镉的测定　双硫腙分光光度法

GB 7485—1987　水质　总砷的测定　二乙基二硫代氨基甲酸银分光光度法

GB 7488—1987　水质　五日生化需氧量（BOD_5）的测定　稀释与接种法

GB 11893—1989　水质　总磷的测定　钼酸铵分光光度法

GB 11901—1989　水质　悬浮物的测定　重量法

GB 11903—1989　水质　色度的测定

GB 11914—1989　水质　化学需氧量的测定　重铬酸盐法

GB 13486　便携式热催化甲烷检测报警仪

GB 14554　恶臭污染物排放标准

GB/T 14675　空气质量　恶臭的测定　三点式比较臭袋法

GB/T 14678　空气质量　硫化氢、甲硫醇、甲硫醚和二甲二硫的测定　气相色谱法

GB/T 14848　地下水质量标准

GB/T 15562.1　环境保护图形标志——排放口(源)

GB/T 50123　土工试验方法标准

HJ/T 38—1999　固定污染源排气中非甲烷总烃的测定　气相色谱法

HJ/T 195—2005　水质　氨氮的测定　气相分子吸收光谱法

HJ/T 199—2005　水质　总氮的测定　气相分子吸收光谱法

HJ/T 228　医疗废物化学消毒集中处理工程技术规范(试行)

HJ/T 229　医疗废物微波消毒集中处理工程技术规范(试行)

HJ/T 276　医疗废物高温蒸汽集中处理工程技术规范(试行)

HJ/T 300　固体废物 浸出毒性浸出方法 醋酸缓冲溶液法

HJ/T 341—2007　水质　汞的测定　冷原子荧光法(试行)

HJ/T 347—2007　水质　粪大肠菌群的测定　多管发酵法和滤膜法(试行)

CJ/T 234　垃圾填埋场用高密度聚乙烯土工膜

《医疗废物分类目录》(卫医发[2003]287 号)

《排污口规范化整治技术要求》(环监字[1996]470 号)

《污染源自动监控管理办法》(国家环境保护总局令第 28 号)

《环境监测管理办法》(国家环境保护总局令第 39 号)

3　术语和定义

下列术语和定义适用于本标准。

3.1　运行期　生活垃圾填埋场进行填埋作业的时期。

3.2　后期维护与管理期 生活垃圾填埋场终止填埋作业后,进行后续维护、污染控制和环境保护管理直至填埋场达到稳定化的时期。

3.3　防渗衬层　设置于生活垃圾填埋场底部及四周边坡的由天然材料和(或)人工合成材料组成的防止渗漏的垫层。

3.4　天然基础层　位于防渗衬层下部,由未经扰动的土壤等构成的基础层。

3.5　天然黏土防渗衬层　由经过处理的天然黏土机械压实形成的防渗衬层。

3.6 单层人工合成材料防渗衬层 由一层人工合成材料衬层与黏土(或具有同等以上隔水效力的其他材料)衬层组成的防渗衬层。

3.7 双层人工合成材料防渗衬层 由两层人工合成材料衬层与黏土(或具有同等以上隔水效力的其他材料)衬层组成的防渗衬层。

3.8 环境敏感点 指生活垃圾填埋场周围可能受污染物影响的住宅、学校、医院、行政办公区、商业区以及公共场所等地点。

3.9 场界 指法律文书(如土地使用证、房产证、租赁合同等)中确定的业主所拥有使用权(或所有权)的场地或建筑物边界。

3.10 现有生活垃圾填埋场 指本标准实施之日前,已建成投产或环境影响评价文件已通过审批的生活垃圾填埋场。

3.11 新建生活垃圾填埋场 指本标准实施之日起环境影响文件通过审批的新建、改建和扩建的生活垃圾填埋场。

4 选址要求

4.1 生活垃圾填埋场的选址应符合区域性环境规划、环境卫生设施建设规划和当地的城市规划。

4.2 生活垃圾填埋场场址不应选在城市工农业发展规划区、农业保护区、自然保护区、风景名胜区、文物(考古)保护区、生活饮用水水源保护区、供水远景规划区、矿产资源储备区、军事要地、国家保密地区和其他需要特别保护的区域内。

4.3 生活垃圾填埋场选址的标高应位于重现期不小于50年一遇的洪水位之上,并建设在长远规划中的水库等人工蓄水设施的淹没区和保护区之外。拟建有可靠防洪设施的山谷型填埋场,并经过环境影响评价证明洪水对生活垃圾填埋场的环境风险在可接受范围内,前款规定的选址标准可以适当降低。

4.4 生活垃圾填埋场场址的选择应避开下列区域:破坏性地震及活动构造区;活动中的坍塌、滑坡和隆起地带;活动中的断裂带;石灰岩溶洞发育带;废弃矿区的活动塌陷区;活动沙丘区;海啸及涌浪影响区;湿地;尚未稳定的冲积扇及冲沟地区;泥炭以及其他可能危及填埋场安全的区域。

4.5 生活垃圾填埋场场址的位置及与周围人群的距离应依据环境影响评价结论确定,并经地方环境保护行政主管部门批准。在对生活垃圾填埋场场址进行环境影响评价时,应考虑生活垃圾填埋场产生的渗滤液、大气污染物(含恶臭物质)、滋养动物(蚊、蝇、鸟类等)等因素,根据其所在地区的环境功能区类别,综合评价其对周围环境、居住人群的身体健康、日常生活和生产活动的影响,确定生活垃圾填埋场与常住居民居住场所、地表水域、高速公路、交通主干道(国道或省道)、铁路、飞机场、军事基地等敏感对象之间合理的位置关系以及合理的防护距离。环境影响评价的结论可作为规划控制的依据。

5　设计、施工与验收要求

5.1　生活垃圾填埋场应包括下列主要设施:防渗衬层系统、渗滤液导排系统、渗滤液处理设施、雨污分流系统、地下水导排系统、地下水监测设施、填埋气体导排系统、覆盖和封场系统。

5.2　生活垃圾填埋场应建设围墙或栅栏等隔离设施,并在填埋区边界周围设置防飞扬设施、安全防护设施及防火隔离带。

5.3　生活垃圾填埋场应根据填埋区天然基础层的地质情况以及环境影响评价的结论,并经当地地方环境保护行政主管部门批准,选择天然黏土防渗衬层、单层人工合成材料防渗衬层或双层人工合成材料防渗衬层作为生活垃圾填埋场填埋区和其他渗滤液流经或储留设施的防渗衬层。填埋场黏土防渗衬层饱和渗透系数按照 GB/T 50123 中 13.3 节"变水头渗透试验"的规定进行测定。

5.4　如果天然基础层饱和渗透系数小于 1.0×10^{-7}cm/s,且厚度不小于2 m,可采用天然黏土防渗衬层。采用天然黏土防渗衬层应满足以下基本条件:

(1)压实后的黏土防渗衬层饱和渗透系数应小于 1.0×10^{-7} cm/s;

(2)黏土防渗衬层的厚度应不小于 2 m。

5.5　如果天然基础层饱和渗透系数小于 1.0×10^{-5}cm/s,且厚度不小于2 m,可采用单层人工合成材料防渗衬层。人工合成材料衬层下应具有厚度不小于 0.75 m,且其被压实后的饱和渗透系数小于 1.0×10^{-7} cm/s 的天然黏土防渗衬层,或具有同等以上隔水效力的其他材料防渗衬层。人工合成材料防渗衬层应采用满足 CJ/T 234 中规定技术要求的高密度聚乙烯或者其他具有同等效力的人工合成材料。

5.6　如果天然基础层饱和渗透系数不小于 1.0×10^{-5} cm/s,或者天然基础层厚度小于 2 m,应采用双层人工合成材料防渗衬层。下层人工合成材料防衬层下应具有厚度不小于 0.75 m,且其被压实后的饱和渗透系数小于 1.0×10^{-7} cm/s 的天然黏土衬层,或具有同等以上隔水效力的其他材料衬层;两层人工合成材料衬层之间应布设导水层及渗漏检测层。人工合成材料的性能要求同第 5.5 条。

5.7　生活垃圾填埋场应设置防渗衬层渗漏检测系统,以保证在防渗衬层发生渗滤液渗漏时能及时发现并采取必要的污染控制措施。

5.8　生活垃圾填埋场应建设渗滤液导排系统,该导排系统应确保在填埋场的运行期内防渗衬层上的渗滤液深度不大于 30 cm。为检测渗滤液深度，生活垃圾填埋场内应设置渗滤液监测井。

5.9 生活垃圾填埋场应建设渗滤液处理设施，以在填埋场的运行期和后期维护与管理期内对渗滤液进行处理达标后排放。

5.10 生活垃圾填埋场渗滤液处理设施应设渗滤液调节池，并采取封闭等措施防止恶臭物质的排放。

5.11 生活垃圾填埋场应实行雨污分流并设置雨水集排水系统，以收集、排出汇水区内可能流向填埋区的雨水、上游雨水以及未填埋区域内未与生活垃圾接触的雨水。雨水集排水系统收集的雨水不得与渗滤液混排。

5.12 生活垃圾填埋场各个系统在设计时应保证能及时、有效地导排雨、污水。

5.13 生活垃圾填埋场填埋区基础层底部应与地下水年最高水位保持 1 m 以上的距离。当生活垃圾填埋场填埋区基础层底部与地下水年最高水位距离不足 1 m 时，应建设地下水导排系统。地下水导排系统应确保填埋场的运行期和后期维护与管理期内地下水水位维持在距离填埋场填埋区基础层底部 1 m 以下。

5.14 生活垃圾填埋场应建设填埋气体导排系统，在填埋场的运行期和后期维护与管理期内将填埋层内的气体导出后利用、焚烧或达到 9.2.2 的要求后直接排放。

5.15 设计填埋量大于 250 万 t 且垃圾填埋厚度超过 20 m 生活垃圾填埋场，应建设甲烷利用设施或火炬燃烧设施处理含甲烷填埋气体。小于上述规模的生活垃圾填埋场，应采用能够有效减少甲烷产生和排放的填埋工艺或采用火炬燃烧设施处理含甲烷填埋气体。

5.16 生活垃圾填埋场周围应设置绿化隔离带，其宽度不小于 10 m。

5.17 在生活垃圾填埋场施工前应编制施工质量保证书并作为环境监理和环境保护竣工验收的依据。施工过程中应严格按照施工质量保证书中的质量保证程序进行。

5.18 在进行天然黏土防渗衬层施工之前，应通过现场施工实验确定压实方法、压实设备、压实次数等因素，以确保可以达到设计要求。同时在施工过程中应进行现场施工检验，检验内容与频率应包括在施工设计书中。

5.19 在进行人工合成材料防渗衬层施工前，应对人工合成材料的各项性能指标进行质量测试；在需要进行焊接之前，应进行试验焊接。

5.20 在人工合成材料防渗衬层和渗滤液导排系统的铺设过程中与完成之后，应通过连续性和完整性检测检验施工效果，以确定人工合成材料防渗衬层没有破损、漏洞等。

5.21 填埋场人工合成材料防渗衬层铺设完成后，未填埋的部分应采取有效的工程措施防止人工合成材料防渗衬层在日光下直接暴露。

5.22 在生活垃圾填埋场的环境保护竣工验收中，应对已建成的防渗衬层系统的完整性、渗滤液导排系统、填埋气体导排系统和地下水导排系统等的有效性进行质量验收，同时验收场址选择、勘察、征地、设计、施工、运行管理制度、监测计划等全过程的技术和管理文件资料。

5.23 生活垃圾转运站应采取必要的封闭和负压措施防止恶臭污染的扩散。

5.24 生活垃圾转运站应设置具有恶臭污染控制功能及渗滤液收集、贮存设施。

6 填埋废物的入场要求

6.1 下列废物可以直接进入生活垃圾填埋场填埋处置：

(1)由环境卫生机构收集或者自行收集的混合生活垃圾，以及企事业单位产生的办公废物；

(2)生活垃圾焚烧炉渣(不包括焚烧飞灰)；

(3)生活垃圾堆肥处理产生的固态残余物；

(4)服装加工、食品加工以及其他城市生活服务行业产生的性质与生活垃圾相近的一般工业固体废物。

6.2 《医疗废物分类目录》中的感染性废物经过下列方式处理后，可以进入生活垃圾填埋场填埋处置。

(1)按照 HJ/T 228 要求进行破碎毁形和化学消毒处理，并满足消毒效果检验指标；

(2)按照 HJ/T 229 要求进行破碎毁形和微波消毒处理，并满足消毒效果检验指标；

(3)按照 HJ/T 276 要求进行破碎毁形和高温蒸汽处理，并满足处理效果检验指标；

(4)医疗废物焚烧处置后的残渣的入场标准按照第 6.3 条执行。

6.3 生活垃圾焚烧飞灰和医疗废物焚烧残渣(包括飞灰、底渣)经处理后满足下列条件，可以进入生活垃圾填埋场填埋处置。

(1)含水率小于 30%；

(2)二噁英含量低于 3 μg TEQ/kg；

(3)按照 HJ/T 300 制备的浸出液中危害成分浓度低于表 1 规定的限值。

表 1　浸出液污染物浓度限值

序号	污染物项目	浓度限值(mg/L)
1	汞	0.05
2	铜	40
3	锌	100
4	铅	0.25
5	镉	0.15
6	铍	0.02
7	钡	25
8	镍	0.5
9	砷	0.3
10	总铬	4.5
11	六价铬	1.5
12	硒	0.1

6.4　一般工业固体废物经处理后，按照 HJ/T 300 制备的浸出液中危害成分浓度低于表 1 规定的限值，可以进入生活垃圾填埋场填埋处置。

6.5　经处理后满足第 6.3 条要求的生活垃圾焚烧飞灰和医疗废物焚烧残渣(包括飞灰、底渣)和满足第 6.4 条要求的一般工业固体废物在生活垃圾填埋场中应单独分区填埋。

6.6　厌氧产沼等生物处理后的固态残余物、粪便经处理后的固态残余物和生活污水处理厂污泥经处理后含水率小于 60%，可以进入生活垃圾填埋场填埋处置。

6.7　处理后分别满足第 6.2、6.3、6.4 和 6.6 条要求的废物应由地方环境保护行政主管部门认可的监测部门检测、经地方环境保护行政主管部门批准后，方可进入生活垃圾填埋场。

6.8　下列废物不得在生活垃圾填埋场中填埋处置。

(1)除符合第 6.3 条规定的生活垃圾焚烧飞灰以外的危险废物；

(2)未经处理的餐饮废物；

(3)未经处理的粪便；

(4)禽畜养殖废物；

(5)电子废物及其处理处置残余物；

(6)除本填埋场产生的渗滤液之外的任何液态废物和废水。国家环境保护标准另有规定的除外。

7　运行要求

7.1　填埋作业应分区、分单元进行，不运行作业面应及时覆盖。不得同时进行多作业面填埋作业或者不分区全场敞开式作业。中间覆盖应形成一定的坡度。每天填埋作业结束后，应对作业面进行覆盖；特殊气象条件下应加强对作业面的覆盖。

7.2　填埋作业应采取雨污分流措施，减少渗滤液的产生量。

7.3　生活垃圾填埋场运行期内，应控制堆体的坡度，确保填埋堆体的稳定性。

7.4　生活垃圾填埋场运行期内，应定期检测防渗衬层系统的完整性。当发现防渗衬层系统发生渗漏时，应及时采取补救措施。

7.5　生活垃圾填埋场运行期内，应定期检测渗滤液导排系统的有效性，保证正常运行。当衬层上的渗滤液深度大于 30 cm 时，应及时采取有效疏导措施排除积存在填埋场内的渗滤液。

7.6　生活垃圾填埋场运行期内，应定期检测地下水水质。当发现地下水水质有被污染的迹象时，应及时查找原因，发现渗漏位置并采取补救措施，防止污染进一步扩散。

7.7　生活垃圾填埋场运行期内，应定期并根据场地和气象情况随时进行防蚊蝇、灭鼠和除臭工作。

7.8　生活垃圾填埋场运行期以及封场后期维护与管理期间，应建立运行情况记录制度，如实记载有关运行管理情况，主要包括生活垃圾处理、处置设备工艺控制参数，进入生活垃圾填埋场处置的非生活垃圾的来源、种类、数量、填埋位置，封场及后期维护与管理情况及环境监测数据等。运行情况记录簿应当按照国家有关档案管理等法律法规进行整理和保管。

8　封场及后期维护与管理要求

8.1　生活垃圾填埋场的封场系统应包括气体导排层、防渗层、雨水导排层、最终覆土层、植被层。

8.2　气体导排层应与导气竖管相连。导气竖管应高出最终覆土层上表面 100 cm 以上。

8.3　封场系统应控制坡度，以保证填埋堆体稳定，防止雨水侵蚀。

8.4　封场系统的建设应与生态恢复相结合，并防止植物根系对封场土工膜的损害。

8.5 封场后进入后期维护与管理阶段的生活垃圾填埋场，应继续处理填埋场产生的渗滤液和填埋气，并定期进行监测，直到填埋场产生的渗滤液中水污染物浓度连续两年低于表2、表3中的限值。

9 污染物排放控制要求

9.1 水污染物排放控制要求

9.1.1 生活垃圾填埋场应设置污水处理装置，生活垃圾渗滤液（含调节池废水）等污水经处理并符合本标准规定的污染物排放控制要求后，可直接排放。

9.1.2 现有和新建生活垃圾填埋场自2008年7月1日起执行表2规定的水污染物排放浓度限值。

表2 现有和新建生活垃圾填埋场水污染物排放浓度限值

序号	控制污染物	排放浓度限值	污染物排放监控位置
1	色度（稀释倍数）	40	常规污水处理设施排放口
2	化学需氧量（COD_{Cr}）(mg/L)	100	常规污水处理设施排放口
3	生化需氧量（BOD_5）(mg/L)	30	常规污水处理设施排放口
4	悬浮物(mg/L)	30	常规污水处理设施排放口
5	总氮(mg/L)	40	常规污水处理设施排放口
6	氨氮(mg/L)	25	常规污水处理设施排放口
7	总磷(mg/L)	3	常规污水处理设施排放口
8	粪大肠菌群数(个/L)	10 000	常规污水处理设施排放口
9	总汞(mg/L)	0.001	常规污水处理设施排放口
10	总镉(mg/L)	0.01	常规污水处理设施排放口
11	总铬(mg/L)	0.1	常规污水处理设施排放口
12	六价铬(mg/L)	0.05	常规污水处理设施排放口
13	总砷(mg/L)	0.1	常规污水处理设施排放口
14	总铅(mg/L)	0.1	常规污水处理设施排放口

9.1.3 2011年7月1日前，现有生活垃圾填埋场无法满足表2规定的水污染物排放浓度限值要求的，满足以下条件时可将生活垃圾渗滤液送往城市二级污水处理厂进行处理：

(1)生活垃圾渗滤液在填埋场经过处理后，总汞、总镉、总铬、六价铬、总砷、总铅等污染物浓度达到表2规定浓度限值；

(2)城市二级污水处理厂每日处理生活垃圾渗滤液总量不超过污水处理量的0.5%，并不超过城市二级污水处理厂额定的污水处理能力；

(3)生活垃圾渗滤液应均匀注入城市二级污水处理厂；

(4)不影响城市二级污水处理场的污水处理效果。

2011 年 7 月 1 日起，现有全部生活垃圾填埋场应自行处理生活垃圾渗滤液并执行表 2 规定的水污染排放浓度限值。

9.1.4　根据环境保护工作的要求，在国土开发密度已经较高、环境承载能力开始减弱，或环境容量较小、生态环境脆弱，容易发生严重环境污染问题而需要采取特别保护措施的地区，应严格控制生活垃圾填埋场的污染物排放行为，在上述地区的现有和新建生活垃圾填埋场自 2008 年 7 月 1 日起执行表 3 规定的水污染物特别排放限值。

表 3　现有和新建生活垃圾填埋场水污染物特别排放限值

序号	控制污染物	排放浓度限值	污染物排放监控位置
1	色度(稀释倍数)	30	常规污水处理设施排放口
2	化学需氧量(COD_{Cr})(mg/L)	60	常规污水处理设施排放口
3	生化需氧量(BOD_5)(mg/L)	20	常规污水处理设施排放口
4	悬浮物(mg/L)	30	常规污水处理设施排放口
5	总氮(mg/L)	20	常规污水处理设施排放口
6	氨氮(mg/L)	8	常规污水处理设施排放口
7	总磷(mg/L)	1.5	常规污水处理设施排放口
8	粪大肠菌群数(个/L)	1 000	常规污水处理设施排放口
9	总汞(mg/L)	0.001	常规污水处理设施排放口
10	总镉(mg/L)	0.01	常规污水处理设施排放口
11	总铬(mg/L)	0.1	常规污水处理设施排放口
12	六价铬(mg/L)	0.05	常规污水处理设施排放口
13	总砷(mg/L)	0.1	常规污水处理设施排放口
14	总铅(mg/L)	0.1	常规污水处理设施排放口

9.2　甲烷排放控制要求

9.2.1　填埋工作面上 2 m 以下高度范围内甲烷的体积百分比应不大于 0.1%。

9.2.2　生活垃圾填埋场应采取甲烷减排措施；当通过导气管道直接排放填埋气体时，导气管排放口的甲烷的体积百分比不大于 5%。

9.3　生活垃圾填埋场在运行中应采取必要的措施防止恶臭物质的扩散。在生活垃圾填埋场周围环境敏感点方位的场界的恶臭污染物浓度应符合 GB 14554 的规定。

9.4 生活垃圾转运站产生的渗滤液经收集后，可采用密闭运输送到城市污水处理厂处理、排入城市排水管道进入城市污水处理厂处理或者自行处理等方式。排入设置城市污水处理厂的排水管网的，应在转运站内对渗滤液进行处理，总汞、总镉、总铬、六价铬、总砷、总铅等污染物浓度限值达到表 2 规定浓度限值，其他水污染物排放控制要求由企业与城镇污水处理厂根据其污水处理能力商定或执行相关标准。排入环境水体或排入未设置污水处理厂的排水管网的，应在转运站内对渗滤液进行处理并达到表 2 规定的浓度限值。

10 环境和污染物监测要求

10.1 水污染物排放监测基本要求

10.1.1 生活垃圾填埋场的水污染物排放口须按照《排污口规范化整治技术要求》(试行)建设，设置符合 GB/T 15562.1 要求的污水排放口标志。

10.1.2 新建生活垃圾填埋场应按照《污染源自动监控管理办法》的规定，安装污染物排放自动监控设备，并与环保部门的监控中心联网，并保证设备正常运行。各地现有生活垃圾填埋场安装污染物排放自动监控设备的要求由省级环境保护行政主管部门规定。

10.1.3 对生活垃圾填埋场污染物排放情况进行监测的频次、采样时间等要求，按国家有关污染源监测技术规范的规定执行。

10.2 地下水水质监测基本要求

10.2.1 地下水水质监测井的布置应根据场地水文地质条件，以及时反映地下水水质变化为原则，布设地下水监测系统。

(1)本底井，一眼，设在填埋场地下水流向上游 30～50 m 处；

(2)排水井，一眼，设在填埋场地下水主管出口处；

(3)污染扩散井，两眼，分别设在垂直填埋场地下水走向的两侧各 30～50 m 处；

(4)污染监视井，两眼，分别设在填埋场地下水流向下游 30 m、50 m 处。大型填埋场可以在上述要求基础上适当增加监测井的数量。

10.2.2 在生活垃圾填埋场投入使用之前应监测地下水本底水平；在生活垃圾填埋场投入使用之时即对地下水进行持续监测，直至封场后填埋场产生的渗滤液中水污染物浓度连续两年低于表 2 中的限值时为止。

10.2.3 地下水监测指标为 pH 值、总硬度、溶解性总固体、高锰酸盐指数、氨氮、硝酸盐、亚硝酸盐、硫酸盐、氯化物、挥发性酚类、氰化物、砷、汞、六价铬、铅、氟、镉、铁、锰、铜、锌、粪大肠菌群，不同质量类型地下水的质量标准执行 GB/T 14848 中的规定。

10.2.4　生活垃圾填埋场管理机构对排水井的水质监测频率应不少于每周一次，对污染扩散静和污染监视井的水质监测频率应不少于每 2 周一次，对本底井的水质监测频率应不少于每个月。

10.2.5　地方环境保护行政主管部门应对地下水水质进行监督性监测，频率应不少于每 3 个月一次。

10.3　生活垃圾填埋场管理机构应每 6 个月进行一次防渗衬层完整性的监测。

10.4　甲烷监测基本要求

10.4.1　生活垃圾填埋场管理机构应每天进行一次填埋场区和填埋气体排放口的甲烷浓度监测。

10.4.2　地方环境保护行政主管部门应每 3 个月对填埋区和填埋气体排放口的甲烷浓度进行一次监督性监测。

10.4.3　对甲烷浓度的每日监测可采用符合 GB 13486 要求或者具有相同效果的便携式甲烷测定器进行测定。对甲烷浓度的监督性监测应按照 HJ/T 38 中甲烷的测定方法进行测定。

10.5　生活垃圾填埋场管理机构和地方环境保护行政主管部门均应对封场后的生活垃圾填埋场的污染物浓度进行测定。化学需氧量、生化需氧量、悬浮物、总氮、氨氮等指标每 3 个月测定一次，其他指标每年测定一次。

10.6　恶臭污染物监测基本要求

10.6.1　生活垃圾填埋场管理机构应根据具体情况适时进行场界恶臭污染物监测。

10.6.2　地方环境保护行政主管部门应每 3 个月对场界恶臭污染物进行一次监督性监测。

10.6.3　恶臭污染物监测应按照 GB/T 14675 和 GB/T 14678 规定的方法进行测定。

10.7　污染物浓度测定方法采用表 4 所列的方法标准，地下水质量检测方法采用 GB 5750 中的检测方法。

10.8　生活垃圾填埋场应按照有关法律和《环境监测管理办法》的规定，对排污状况进行监测，并保存原始监测记录。

表 4 污染物浓度测定方法标准

序号	污染物项目	方法标准名称	方法标准编号
1	色度(稀释倍数)	水质 色度的测定	GB 11903—1989
2	化学需氧量(COD_{Cr})	水质 化学需氧量的测定 重铬酸盐法	GB 11914—1989
3	生化需氧量(BOD_5)	水质 五日生化需氧量(BOD_5)的测定 稀释与接种法	GB 7488—1987
4	悬浮物	水质 悬浮物的测定 重量法	GB 11901—1989
5	总氮	水质 总氮的测定 气相分子吸收光谱法	HJ/T 199—2005
6	氨氮	水质 氨氮的测定 气相分子吸收光谱法	HJ/T 195—2005
7	总磷	水质 总磷的测定 钼酸铵分光光度法	GB 11893—1989
8	粪大肠菌群数	水质 粪大肠菌群的测定 多管发酵法和滤膜法(试行)	HJ/T 347—2007
9	总汞	水质 总汞的测定 冷原子吸收分光光度法	GB 7468—1987
		水质 总汞的测定 高锰酸钾-过硫酸钾消解法 双硫腙分光光度法	GB 7469—1987
		水质 汞的测定 冷原子荧光法(试行)	HJ/T 341—2007
10	总镉	水质 镉的测定 双硫腙分光光度法	GB 7471—1987
11	总铬	水质 总铬的测定	GB 7466—1987
12	六价铬	水质 六价铬的测定 二苯碳酰二肼分光光度法	GB 7467—1987
13	总砷	水质 总砷的测定 二乙基二硫代氨基甲酸银分光光度法	GB 7485—1987
14	总铅	水质 铅的测定 双硫腙分光光度法	GB 7470—1987
15	甲烷	固定污染源排气中非甲烷总烃的测定 气相色谱法	HJ/T 38 —1999
16	恶臭	空气质量 恶臭的测定 三点式比较臭袋法	GB/T 14675
17	硫化氢、甲硫醇、甲硫醚和二甲二硫	空气质量 硫化氢、甲硫醇、甲硫醚和二甲二硫的测定 气相色谱法	GB/T 14678

11 实施要求

11.1 本标准由县级以上人民政府环境保护行政主管部门负责监督实施。

11.2 在任何情况下,生活垃圾填埋场均应遵守本标准的污染物排放控制要求,采取必要措施保证污染防治设施正常运行。各级环保部门在对生活垃圾填埋场进行监督性检查时，可以现场即时采样，将监测的结果作为判定排污行为是否符合排放标准以及实施相关环境保护管理措施的依据。

11.3　对现有和新建生活垃圾填埋场执行水污染物特别排放限值的地域范围、时间，由国务院环境保护主管部门或省级人民政府规定。

参 考 文 献

[1] 卞有生.生态农业中废弃物的处理与再生利用. 2 版.北京:化学工业出版社,2005.

[2] 黄士忠.农林牧废弃物资源饲料化的新途径.农业环境保护,1993,2(5): 233-235.

[3] 庄伟强.固体废物处理与利用.北京:化学工业出版社,2001.

[4] 芈振明,高忠爱,祁梦兰,等.固体废物处理与处置.2 版.北京:高等教育出版社,1993.

[5] 方创琳.中国垃圾资源的综合开发利用.自然资源学报,1996,11(4):333-339.

[6] 冯树,周樱桥.微生物混合培养及其应用.微生物学通报,2001,28(3) :92-95.

[7] 王洪涛,陆文静.农村固体废物处理处置与资源化技术.北京:中国环境科学出版社,2006.

[8] 蒋建国.固体废物处理处置工程.北京:化学工业出版社,2005.

[9] 席北斗.有机固体废弃物管理与资源化技术.北京:国防工业出版社,2006.

[10] 胡代泽. 综合利用农业副产物资源建立饲-能-环生态工程.资源开发与保护,1992,8(4):243-246.

[11] 黄国锋,钟流举,张振钿,等.有机固体废弃物堆肥的物质变化及腐熟度评价.应用生态学报,2003,14(5):813-818.

[12] 杨玉楠,熊运实,杨军,等.固体废物的处理处置工程与管理.北京:科学出版社,2004.

[13] 李国鼎,金子奇.固体废物处理与资源化,北京:清华大学出版社,1990.

[14] 盛奎川.农业废弃物热解的试验研究.农业工程学报,1997,13 (1): 149-152.

[15] 张颖.农业固体废弃物资源化利用.北京:化学工业出版社,2005.

[16] 朱能武.固体废物处理与利用.北京:北京大学出版社,2006.

[17] 王久峰.动物营养学.6 版.北京:中国农业大学出版社,2007.

[18] 李国学, 张福锁.固体废物堆肥化与有机复混肥生产.北京:化学工业出版社,2000.

[19] 张志明.复混肥料生产与利用指南.北京:中国农业出版社,2000.

[20] 杨国清.固体废物处理工程.北京:科学出版社,2000.

[21] 边炳鑫,赵由才.农业固体废物的处理与综合利用.北京:化学工业出版社,

2005.
[22] 肖乔辛,南方.生物质能源工程技术的研究与开发.辽宁城乡环境科技,1995,17(5):28-31.
[23] 尹宝华.动物蛋白资源的开发应用.生物学通报,1993,28(8):45-47.
[24] 李秀金.固体废物工程.北京:中国环境科学出版社,2003.
[25] 李建政,汪群慧.废物资源化与生物利用.北京:化学工业出版社,2003.
[26] 苑瑞华.沼气生态农业技术.北京:化学工业出版社,2001.
[27] 王凯军.畜禽养殖污染防治技术与政策.北京:化学工业出版社,2004.
[28] 张无敌.我国农村有机废物资源及沼气潜力.自然资源,1997(1):67-71.
[29] 周孟津,张榕林,蔺金印.沼气实用技术.北京:化学工业出版社,2004.
[30] 张子仪.中国饲料学.北京:中国农业出版社,2000.
[31] 陈秀为.生物技术与蛋白质饲料资源的开发.国外农业环境保护,1993(2):16-18.
[32] 张小平.固体废物污染控制工程.北京:化学工业出版社,2004.
[33] 胡纪萃.废水厌氧生物处理理论与技术.北京:中国建军筑工业出版社,2002.
[34] 孙可伟,李如燕.废弃物复合成材技术.北京:化学工业出版社,2005.
[35] 李长生.农家沼气实用技术(修订版).北京:金盾出版社,2004.
[36] 赵由才,宋玉.生活垃圾处理与资源化技术手册.北京:冶金工业出版社,2007.
[37] 杨慧芬,张强.固体废物资源化.北京:化学工业出版社,2004.
[38] 邢廷铣.农作物秸秆饲料加工与应用(修订版).北京:金盾出版社,2008.
[39] 刘振祥,张胜.食用菌栽培技术.北京:化学工业出版社,2007.
[40] 张玉龙.废旧塑料回收制备与配方.北京:化学工业出版社,2008.

相关网站

[1] 中华人民共和国农业部:www.agri.gov.cn
[2] 美国农业部:www.usda.gov/wps/portal/usdahome
[3] 中华人民共和国环境保护部:www.zhb.gov.cn
[4] 中国清洁发展机制网:cdm.ccchina.gov.cn/web/index.asp
[5] 中国农业科学院饲料研究所:http://fri.caas.net.cn
[6] 国家饲料科技与经济网:www.cfeed.net
[7] 中国饲料在线:www.chinafeedonline.com
[8] 饲料机械专家网:www.chsljx.com.cn

[9] 中国饲料行业信息网：www.feedtrade.com.cn
[10] 中国畜牧业信息网：www.caaa.cn
[11] 中华农牧企业网：www.boyar.cn
[12] 中国饲料数据库：www.chinafeeddata.org.cn
[13] 武汉环宇博创沼气网：www.hybc168.cn
[14] 有机肥料网：www.orgfer.com/index.html
[15] 中国农业科学院沼气科学研究所：www.biogas.com.cn
[16] 中国新能源网：www.newenergy.org.cn
[17] 农博网：www.cnm51.com
[18] 中国国家知识产权局：www.sipo.gov.cn
[19] 河南桑达能源环保有限公司：www.sundar.cn

图书在版编目(CIP)数据

农业固体废物处理与处置技术/胡华锋,介晓磊主编. —北京:中国农业大学出版社,2009.4(2017.7 重印)

(普通高等教育“十一五”国家级规划教材)

ISBN 978-7-81117-740-4

Ⅰ.农…　Ⅱ.①胡…　②介…　Ⅲ.①农业废物:固体废物-废物处理　②农业废物:固体废物-废物综合利用　Ⅳ.X71

中国版本图书馆 CIP 数据核字(2009)第 031962 号

书　　名　农业固体废物处理与处置技术

作　　者　胡华锋　介晓磊　主编

策划编辑　陈巧莲　姚慧敏　丛晓红　　**责任编辑**　李秉真　张苏明

封面设计　郑　川　　**责任校对**　陈　莹　王晓凤

出版发行　中国农业大学出版社

社　　址　北京市海淀区圆明园西路 2 号　　**邮政编码**　100193

电　　话　发行部 010-62818525,8625　　读者服务部 010-62732336

编辑部 010-62732617,2618　　出　版　部 010-62733440

网　　址　http://www.cau.edu.cn/caup　　**e-mail** cbsszs @ cau.edu.cn

经　　销　新华书店

印　　刷　北京鑫丰华彩印有限公司

版　　次　2009 年 4 月第 1 版　　2017 年 7 月第 2 次印刷

规　　格　787×980　　16 开本　　19 印张　　348 千字

定　　价　29.00 元